高等职业教育新形态一体化教材

预制装配式
混凝土结构施工

王军强 编著

高等教育出版社·北京

内容提要

本书以装配式混凝土结构施工为主线，重点围绕装配式剪力墙结构工程项目，任务包括装配式混凝土结构施工图表示方法、装配式混凝土结构施工、装配式混凝土结构施工计算、装配式混凝土结构施工质量检验与安全管理。编写过程中围绕装配式剪力墙结构施工项目，突出装配式混凝土结构施工技术与理论实践结合，借鉴现行装配式混凝土结构施工的规范、标准、图集以及施工企业的工程经验，比较全面地介绍装配式混凝土结构施工图图示，装配式混凝土结构制作、运输、堆放、构件安装、钢筋连接施工、后浇混凝土施工，装配式混凝土结构施工方案以及计算与验收的内容。

本书可作为高等职业院校建筑工业化技术、建筑工程技术、工程监理、建筑钢结构工程技术、工程造价等专业的教学用书，也可以作为相关建筑类专业参考用书和培训用书。

图书在版编目（CIP）数据

预制装配式混凝土结构施工/王军强编著.--北京：高等教育出版社，2021.2（2024.12重印）

ISBN 978-7-04-049431-0

Ⅰ.①预… Ⅱ.①王… Ⅲ.①预制结构-混凝土结构-混凝土施工-高等职业教育-教材 Ⅳ.①TU755

中国版本图书馆 CIP 数据核字（2018）第 023467 号

策划编辑	刘东良	责任编辑	刘东良	封面设计	赵 阳	版式设计	徐艳妮
插图绘制	杜晓丹	责任校对	王 雨	责任印制	耿 轩		

出版发行	高等教育出版社	网 址	http://www.hep.edu.cn
社 址	北京市西城区德外大街 4 号		http://www.hep.com.cn
邮政编码	100120	网上订购	http://www.hepmall.com.cn
印 刷	河北信瑞彩印刷有限公司		http://www.hepmall.com
开 本	850mm×1168mm 1/16		http://www.hepmall.cn
印 张	11.5		
字 数	250 千字	版 次	2021 年 2 月第 1 版
购书热线	010-58581118	印 次	2024 年 12 月第 2 次印刷
咨询电话	400-810-0598	定 价	33.80 元

本书如有缺页、倒页、脱页等质量问题，请到所购图书销售部门联系调换

版权所有 侵权必究

物 料 号 49431-00

智慧职教服务指南

基于"智慧职教"开发和应用的新形态一体化教材,素材丰富、资源立体,教师在备课中不断创造,学生在学习中享受过程,新旧媒体的融合生动演绎了教学内容,线上线下的平台支撑创新了教学方法,可完美打造优化教学流程、提高教学效果的"智慧课堂"。

"智慧职教"是由高等教育出版社建设和运营的职业教育数字教学资源共建共享平台和在线教学服务平台,包括职业教育数字化学习中心(www.icve.com.cn)、职教云(zjy2.icve.com.cn)和职教云学生端(APP)三个组件。其中:

- 职业教育数字化学习中心为学习者提供了包括"职业教育专业教学资源库"项目建设成果在内的大规模在线开放课程的展示学习。
- 职教云实现学习中心资源的共享,可构建适合学校和班级的小规模专属在线课程(SPOC)教学平台。
- 云课堂是对职教云的教学应用,可开展混合式教学,是以课堂互动性、参与感为重点贯穿课前、课中、课后的移动学习 APP 工具。

"智慧课堂"具体实现路径如下:

1. 基本教学资源的便捷获取

职业教育数字化学习中心为教师提供了丰富的数字化课程教学资源,包括与本书配套的微课、视频、教学课件、拓展资源等。未在 www.icve.com.cn 网站注册的用户,请先注册。用户登录后,在首页"高教社专区"频道"数字课程"子频道搜索本书对应课程"预制装配式混凝土结构施工",即可进入课程进行在线学习或资源下载。

2. 个性化 SPOC 的重构

教师若想开通职教云 SPOC 空间,可在 zjy2.icve.com.cn,申请开通教师账号,审核通过后,即可开通专属云空间。教师可根据本校的教学需求,通过示范课程调用及个性化改造,快捷构建自己的 SPOC,也可灵活调用资源库资源和自有资源新建课程。

3. 职教云学生端的移动应用

职教云学生端对接职教云课程,是"互联网+"时代的课堂互动教学工具,支持无线投屏、手势签到、随堂测验、课堂提问、讨论答疑、头脑风暴、电子白板、课业分享等,帮助激活课堂,教学相长。

微课资源二维码索引

序号	资源名称	页码	序号	资源名称	页码
1	课程简介	1	27	叠合楼板安装	100
2	装配式混凝土结构相关术语	3	28	叠合楼板安装控制要点	104
3	装配式混凝土剪力墙结构拆分	5	29	预制阳台板、空调板安装施工工艺	105
4	预制混凝土剪力墙外墙板2	19	30	预制阳台板、空调板施工控制要点	106
5	预制混凝土剪力墙外墙板	19	31	预制楼梯施工工艺	107
6	预制混凝土剪力墙内墙板	29	32	预制楼梯施工要点	109
7	叠合楼盖施工图制图规则	37	33	预制构件钢筋连接施工	109
8	叠合楼板模板与配筋	40	34	钢筋套筒灌浆连接	110
9	预制混凝土楼梯	49	35	钢筋浆锚搭接连接	113
10	预制楼梯模板和配筋	53	36	后浇混凝土施工	116
11	预制钢筋混凝土阳台板	57	37	后浇混凝土施工-模板	116
12	预制钢筋混凝土空调板	63	38	装配式混凝土结构施工方案	121
13	预制钢筋混凝土女儿墙	65	39	预制墙板支撑计算1	127
14	装配式混凝土剪力墙结构示例	68	40	预制墙板支撑计算2	127
15	装配式混凝土剪力墙结构施工图示例	71	41	现浇节点模板计算1	130
16	生产准备	81	42	现浇节点模板计算2	130
17	叠合板制作	82	43	预制构件吊装计算1	135
18	预制楼梯制作	82	44	预制构件吊装计算2	135
19	预制构件制作	84	45	安全防护架计算	138
20	预制墙制作	85	46	模具质量检验	147
21	叠合梁制作	85	47	预制构件质量检验主控项目	149
22	预制柱制作	85	48	预制构件质量检验一般项目	150
23	质量检验	86	49	安装与连接质量检验主控项目	152
24	预制构件运输要求	88	50	安装与连接质量检验一般项目	156
25	预制构件堆垛要求	91	51	归档资料	169
26	预制构件进场检查	92			

前　言

装配式混凝土结构由预制混凝土构件通过可靠的连接方式装配而成，包括装配整体式混凝土结构、全装配混凝土结构等。装配式混凝土结构是建筑结构发展的重要方向之一，是实现新型建筑工业化的主要方式和手段。

为了大力推广装配式混凝土结构发展，促进建筑工业化生产方式的转型升级，在工程建设中应进一步落实装配式混凝土结构的施工技术标准，培养和培训学习者正确选择和应用装配式混凝土结构施工技术。

本书以装配式混凝土结构施工为主线，重点围绕装配式剪力墙结构工程项目，任务包括装配式混凝土结构施工图表示方法，装配式混凝土结构施工，装配式混凝土结构施工计算，装配式混凝土结构施工质量检验与安全管理。形成围绕装配式剪力墙结构施工项目，突出施工技术任务，让学习者习得装配式混凝土结构施工的综合知识和能力。

本书由廊坊市中科建筑产业化创新研究中心组织编写。在编写过程中，参照引用了现行的标准、规范、图集以及同行的一些研究成果，结合企业对施工技术管理人员从事装配式混凝土结构施工的岗位职责、能力和知识的综合需求，简化了装配式混凝土结构理论设计方面的要点，补充了规范、规程、图集中更新的知识点。编写中由于内容较多、工作量较大以及时间紧凑，现场实例有限，技术还在不断更新发展，难免存在一些问题、缺点和疏漏之处，敬请读者批评指正，以利今后不断修订、更新和完善。

编著者

2019 年 11 月

目 录

单元 1　装配式混凝土结构施工图表示方法 ········· 1

1.1　装配式混凝土结构 ········· 1
 1.1.1　概述 ········· 1
 1.1.2　相关术语 ········· 3
1.2　装配式混凝土剪力墙结构体系与制图规则 ········· 5
 1.2.1　结构体系 ········· 5
 1.2.2　基本规定 ········· 5
1.3　预制混凝土剪力墙 ········· 10
 1.3.1　预制混凝土剪力墙制图规则 ········· 10
 1.3.2　预制混凝土剪力墙外墙板 ········· 19
 1.3.3　预制混凝土剪力墙内墙板 ········· 29
1.4　钢筋混凝土叠合板 ········· 37
 1.4.1　叠合楼盖施工图制图规则 ········· 37
 1.4.2　叠合楼板模板与配筋 ········· 40
1.5　预制钢筋混凝土板式楼梯 ········· 49
 1.5.1　预制楼梯的制图规则 ········· 49
 1.5.2　预制板式楼梯安装、模板与配筋图 ········· 53
1.6　预制钢筋混凝土阳台板、空调板及女儿墙 ········· 57
 1.6.1　预制钢筋混凝土阳台板 ········· 57
 1.6.2　预制空调板 ········· 63
 1.6.3　预制钢筋混凝土女儿墙 ········· 65
1.7　装配式混凝土剪力墙结构示例 ········· 68
 1.7.1　装配式混凝土剪力墙结构专项说明 ········· 68
 1.7.2　装配式混凝土剪力墙结构施工图示例 ········· 71

单元 2　装配式混凝土结构施工 ········· 81

2.1　预制构件制作 ········· 81
 2.1.1　生产准备 ········· 81
 2.1.2　构件制作 ········· 84
 2.1.3　质量检验 ········· 85
2.2　预制构件运输、堆垛与进场检查 ········· 88

2.2.1 预制构件运输要求 ... 88
2.2.2 预制构件堆垛要求 ... 91
2.2.3 预制构件进场检查 ... 92

2.3 预制墙板施工 ... 93
- 2.3.1 预制墙板施工与安装要求 ... 93
- 2.3.2 预制墙板安装施工工艺流程 ... 95

2.4 叠合楼板施工 ... 99
- 2.4.1 叠合楼板施工工艺 ... 100
- 2.4.2 叠合楼板施工控制要点 ... 104

2.5 预制阳台板、空调板安装施工 ... 105
- 2.5.1 预制阳台板、空调板安装施工工艺 ... 105
- 2.5.2 预制阳台板、空调板安装控制 ... 106

2.6 预制楼梯施工 ... 107
- 2.6.1 预制楼梯施工工艺 ... 107
- 2.6.2 预制楼梯吊装安全 ... 109

2.7 预制构件钢筋连接施工 ... 109
- 2.7.1 钢筋套筒灌浆连接施工 ... 110
- 2.7.2 钢筋浆锚搭接连接施工 ... 113
- 2.7.3 直螺纹套筒连接施工 ... 115

2.8 后浇混凝土施工 ... 116
- 2.8.1 后浇混凝土模板施工工艺 ... 116
- 2.8.2 后浇混凝土模板设计要求 ... 117
- 2.8.3 后浇混凝土施工 ... 119

2.9 装配式混凝土结构施工方案 ... 121
- 2.9.1 施工组织设计的内容 ... 121
- 2.9.2 施工方案 ... 121
- 2.9.3 材料与机具 ... 122

单元3 装配式混凝土结构施工计算 ... 127

3.1 预制墙板支撑计算实例 ... 127
- 3.1.1 基本情况 ... 127
- 3.1.2 计算分析 ... 127

3.2 现浇节点模板计算实例 ... 129
- 3.2.1 基本情况 ... 129
- 3.2.2 模板计算 ... 130

3.3 预制构件吊装计算实例 ... 135
- 3.3.1 基本情况 ... 135
- 3.3.2 计算分析 ... 135

3.4 安全防护架计算实例 ... 138

  3.4.1 基本情况 …………………………………………………………………… 138
  3.4.2 计算分析 …………………………………………………………………… 138

单元 4 装配式混凝土结构施工质量验收与安全管理 …………………………… 143

 4.1 一般规定 ……………………………………………………………………………… 143
 4.2 预制构件制作质量检验 ……………………………………………………………… 147
  4.2.1 预制构件制作的规定 ……………………………………………………… 147
  4.2.2 模具与材料质量检验 ……………………………………………………… 147
  4.2.3 构件制作过程质量检验 …………………………………………………… 148
 4.3 装配式混凝土结构预制构件质量验收 ……………………………………………… 149
  4.3.1 装配式混凝土结构预制构件主控项目 …………………………………… 149
  4.3.2 装配式混凝土结构预制构件一般项目 …………………………………… 150
 4.4 装配式混凝土结构安装与连接质量检验 …………………………………………… 152
  4.4.1 装配式混凝土结构安装与连接主控项目 ………………………………… 152
  4.4.2 装配式混凝土结构安装与连接一般项目 ………………………………… 156
 4.5 装配式混凝土结构检验与验收控制 ………………………………………………… 157
  4.5.1 检验项目 …………………………………………………………………… 157
  4.5.2 预制构件进场检验 ………………………………………………………… 158
  4.5.3 预制构件安装与连接检验 ………………………………………………… 159
 4.6 装配式混凝土结构安全施工管理 …………………………………………………… 161
  4.6.1 安全施工管理基本要求 …………………………………………………… 161
  4.6.2 施工安全 …………………………………………………………………… 161
 4.7 装配式混凝土结构验收记录 ………………………………………………………… 164
 4.8 装配式混凝土结构资料及交付 ……………………………………………………… 169

参考文献 ……………………………………………………………………………………… 171

单元 1
装配式混凝土结构施工图表示方法

1.1 装配式混凝土结构

1.1.1 概述

装配式混凝土结构出现于 19 世纪的欧洲，20 世纪初伴随着工业革命得到快速发展。在我国始于 20 世纪 50 年代，70 年代中期进入发展时期，因质量、地震、渗漏、经济转型等原因在 80 年代末基本处于停顿状态。直到 21 世纪初，随着我国快速城镇化，发展以装配式混凝土结构为核心的新型建筑工业化，实现建筑产业现代化成为国家解决民生、能源、资源等问题的重要战略。在新时期，装配式混凝土结构体系发展面临着重大机遇，期待着通过主体结构技术体系以及与其相适应的支撑要素技术，现代化的经营管理模式创新等，由目前社会化程度低、专业化分工未形成的初级阶段，逐步发展至形成社会化大生产、专业化分工合作的新型建筑工业化。

装配式混凝土结构(precast concrete structure)是由预制混凝土构件通过可靠的连接方式装配而成的混凝土结构，包括装配整体式混凝土结构、全装配混凝土结构等。在建筑工程中，简称装配式建筑；在结构工程中，简称装配式结构。按照结构材料分类，有装配式钢结构建筑、装配式钢筋混凝土建筑、装配式轻钢结构建筑、装配式复合材料建筑。按照结构体系分类，有框架结构、框架剪力墙结构、剪力墙结构、筒体结构、无梁板结构等。

装配式混凝土结构是建筑结构发展的重要方向之一，装配整体式混凝土结构是实现新型建筑工业化的主要方式和手段。依据我国国情，目前应用最多的装配式混凝土结构体系是装配整体式剪力墙结构，装配式混凝土框架结构有一定的应用，装配式混

课程简介

凝土框架-剪力墙结构有少量的应用。装配式建筑是建筑产业现代化的重要内容,是建筑走向工业化、信息化、产业化和智能化的前提条件。装配式混凝土建筑具有提高工业化水平,减少材料浪费,便于冬期施工,减少施工现场湿作业量、落地灰和其他建筑垃圾,减少工地扬尘等作用,从而达到提高建筑质量、提高生产效率和降低成本的目的,实现节约各种资源(包括能源)和环境保护的要求。装配式混凝土建筑在许多国家,如美国、欧洲各国、新加坡,以及日本这种高地震烈度的国家都得到广泛的应用。在我国,近年来,预制构件的应用也开始摆脱低谷,并且以一个全新的姿态,保持上升趋势。与上一代的装配式混凝土建筑相比,技术上有较大的提升。装配式结构可采用装配整体式框架结构、装配整体式剪力墙结构、装配整体式框架-剪力墙结构体系。其中,装配整体式剪力墙结构又可分为全预制剪力墙结构、部分预制剪力墙结构和多层剪力墙结构。

装配式混凝土结构实现等同现浇的重要条件是预制构件的连接方式,重点是节点和连接构造。装配式结构宜通过节点和连接构造的合理设计,使装配式结构成为等同现浇结构,并具有与现浇混凝土结构相同的承载能力、刚性和延性。等同现浇的装配式混凝土结构中,在节点及接缝处,主筋和横向补强筋同现浇混凝土结构一样要保持连续性。节点区应采用现浇混凝土或者砂浆将预制构件连成整体,干式连接很难达到等同现浇的要求。

装配式混凝土结构设计的基本原理是等同原理,就是采用可靠的连接技术和必要的结构构造措施,使装配式混凝土结构与现浇混凝土结构的效能基本相同。装配式混凝土结构的连接方式包括套筒灌浆连接、浆锚搭接连接、后浇混凝土连接、螺栓连接、焊接连接等。等同现浇混凝土结构应该满足以下要求:

在竖向使用荷载下,装配整体式结构的骨架构件,如柱、主梁、剪力墙以及构件的交叉节点,必须满足正常使用极限状态的有关裂缝宽度和挠度的要求;其他预制构件,如次梁、板等应满足正常使用极限状态的有关裂缝宽度和挠度的要求;装配整体式结构中的节点,不产生由于竖向使用荷载的作用而造成的有害残余变形。预制构件与叠合构件的强度、刚度、破坏模式、恢复力特性应与现场浇注的混凝土构件无明显差异。节点及接缝强度、刚度、破坏模式、恢复力特性应与现场浇注的混凝土节点及接缝无明显差异。节点及接缝在往复荷载作用下,不应发生由于接缝破坏而产生的不可恢复的有害残余变形。在罕遇地震作用下,不发生叠合构件斜截面剪切破坏、接合面的剪切破坏和构件坠落;预制构件的耐久性、耐火性等不低于现浇构件。预制装配式框架结构、框架剪力墙结构中的框架部分应满足以上要求,高层预制装配式剪力墙结构应尽量满足以上要求。等同现浇混凝土结构可采用与现浇混凝土结构相同的方法来进行结构分析。预制构件的连接部位应满足耐久性和防火、防水的要求。对装配式结构的节点和连接应综合考虑各种问题。除抗震、防灾、耐久、节材、降耗、环保等各方面的要求外,满足建筑物的物理性能也是十分重要的。预制构件的连接部位会对接缝处的建筑功能,如装修观感、止水防渗、保温隔声等造成影响,特别是预制外墙板。我国20世纪80年代的全装配大板建筑最后走向消亡的重要原因之一,就是预制外墙板的防水、保温等物理性能显现弊端,渗、漏、裂等问题引起居民不满。目前,随着各种防水、保温新型材料的出现,可以保证各种预制构件连接部位,同时满足防火、防水、防渗和墙体保温等要求,这已得到一定数量的工程实践的证实。但是,对新型外墙板的研究工作,总体来说,还不够深入,因此在必要时,应对外墙板进行大型耐候性和燃烧性能的试验研究。

1.1.2 相关术语

（1）装配式建筑(assembled building):结构系统、外围护系统、设备与管线系统、内装系统的主要部分采用预制部品部件集成的建筑。

（2）装配式混凝土建筑(assembled building with concrete structure):建筑的结构系统由混凝土部件(预制构件)构成的装配式建筑。

（3）建筑系统集成(integration of building systems):以装配化建造方式为基础,统筹策划、设计、生产和施工等,实现建筑结构系统、外围护系统、设备与管线系统、内装系统一体化的过程。

（4）集成设计(integrated design):建筑结构系统、外围护系统、设备与管线系统、内装系统一体化的设计。

（5）协同设计(collaborative design):装配式建筑设计中通过建筑、结构、设备、装修等专业相互配合,并运用信息化技术手段满足建筑设计、生产运输、施工安装等要求的一体化设计。

（6）结构系统(structure system):由结构构件通过可靠的连接方式装配而成,以承受或传递荷载作用的整体。

（7）外围护系统(envelope system):建筑外墙、屋面、外门窗及其他部品部件等组合而成,用于分隔建筑室内外环境的部品部件的整体。

（8）预制混凝土构件(precast concrete component):在工厂或现场预先制作的混凝土构件,简称预制构件。

（9）装配式混凝土结构(precast concrete structure):由预制混凝土构件通过可靠的连接方式装配而成的混凝土结构,包括装配整体式混凝土结构、全装配混凝土结构等。在建筑工程中,简称装配式建筑;在结构工程中,简称装配式结构。

（10）装配整体式混凝土结构(monolithic precast concrete structure):由预制混凝土构件通过可靠的方式进行连接并与现场后浇混凝土、水泥基灌浆料形成整体的装配式混凝土结构,简称装配整体式结构。

（11）装配整体式混凝土框架结构(monolithic precast concrete frame structure):全部或部分框架梁、柱采用预制构件构建成的装配整体式混凝土结构,简称装配整体式框架结构。

（12）装配整体式混凝土剪力墙结构(monolithic precast concrete shear wall structure):全部或部分剪力墙采用预制墙板构建成的装配整体式混凝土结构,简称装配整体式剪力墙结构。

（13）混凝土叠合受弯构件(concrete composite flexural component):预制混凝土梁、板顶部在现场后浇混凝土而形成的整体受弯构件,简称叠合板、叠合梁。

（14）预制外挂墙板(precast concrete facade panel):安装在主体结构上,起围护、装饰作用的非承重预制混凝土外墙板,简称外挂墙板。

（15）预制混凝土夹心保温外墙板（precast concrete sandwich facade panel）：中间夹有保温层的预制混凝土外墙板，简称夹心外墙板。

（16）混凝土粗糙面（concrete bough surface）：预制构件结合面上的凹凸不平或骨料显露的表面，简称粗糙面。

（17）钢筋套筒灌浆连接（rebar splicing by groutfilled coupling sleeve）：在预制混凝土构件内预埋的金属套筒中插入钢筋并灌注水泥基灌浆料而实现的钢筋连接方式。

（18）钢筋浆锚搭接连接（rebar lapping in groutfilled hole）：在预制混凝土构件中预留孔道，在孔道中插入需搭接的钢筋，并灌注水泥基灌浆料而实现的钢筋搭接连接方式。

（19）金属波纹管浆锚搭接连接（rebar lapping in grout-filled/hole formed with metal bellow）：在预制混凝土剪力墙中预埋金属波纹管形成孔道，在孔道中插入需搭接的钢筋，并灌注水泥基灌浆料而实现的钢筋搭接连接方式。

（20）水平锚环灌浆连接（connection between precast panel post-cast area and horizontal anchor loop）：同一楼层预制墙板拼接处设置后浇段，预制墙板侧边甩出钢筋锚环并在后浇段内相互交叠而实现的预制墙板竖缝连接方式。

（21）钢筋连接用灌浆套筒（grouting coupler for rebars splicing）：采用铸造工艺或机械加工工艺制造，可通过水泥基灌浆料的传力作用实现钢筋对接连接的金属套筒，简称钢筋套筒。

（22）板类构件（precast concrete panel）：水平使用的平面板型预制构件的统称，简称"板"。

（23）墙板类构件（precast concrete wall panel）：用于内外承重墙、外墙围护或内墙分隔的板类预制构件，简称"墙板"。

（24）梁柱类构件（precast concrete beam and column）：混凝土梁或柱等细长杆型预制构件的统称，简称"梁"或"柱"。

（25）预制混凝土夹心保温墙板（precast concrete wall panel with sandwich insulation）：在墙厚方向，采用内外预制，中间夹保温材料，通过连接件相连而成的钢筋混凝土复合墙板。

（26）预制叠合夹心保温墙板（composite precast concrete wall panel with sandwich insulation）：在墙厚方向，部分采用预制，部分采用现浇，其预制与现浇墙板之间夹有保温材料，并通过连接件而形成的钢筋混凝土叠合墙体的预制部分。

（27）面砖套件（suite for installing facing brick）：在面砖反打成型工艺中，根据构件饰面布置图，为方便铺贴，取一个或若干个饰面单元预先加工成型的面砖组件。

（28）钢筋制品（steel bar product）：经过工厂加工的钢筋产品，包括成型钢筋、网片、骨架等钢筋半成品和成品。

（29）钢筋桁架（grid bar）：由一根上弦钢筋、两根下弦钢筋和两侧腹筋经电阻焊接成截面为倒"V"字形的钢筋焊接骨架。

（30）固定模台（fixed mould platform）：由型钢和钢板焊接而成，固定放置于预制构件生产工位，并具有一定刚度和表面平整度的通用底模。

（31）移动模台（movable mould platform）：由型钢和钢板焊接而成，能按工序在构件生产的不同工位之间移动,并具有一定刚度和表面平整度的通用底模。

（32）移动模台预制构件生产线（production line with movable mould platform）：一种生产设备及人员相对固定,模台移动的预制构件生产线。

（33）固定模台预制构件生产线（production line with fixed mould platform）：一种模台固定,作业设备和人员移动的预制构件生产线。

（34）吊具（lifting）：预制构件在生产、运输和吊装中所用的装置,包括安装在预制构件上的吊钩、吊环、预埋螺栓等装置和在起重设备上配合使用的起吊装置两部分。

（35）运输堆放架（stacking stand）：预制构件运输或堆放时所采用的竖直立放或靠放的工具式架子。

（36）严重缺陷（serious defect）：影响预制构件的受力性能或安装使用功能的缺陷。

（37）一般缺陷（common defect）：不影响预制构件的受力性能或安装使用功能的缺陷。

（38）结构性能检验（inspection of structural performance）：针对结构构件的承载力、挠度、裂缝控制性能等各项指标所进行的检验。

（39）预制率：装配式结构建筑单体±0.000以上的主体结构和围护结构中,预制构件部分的混凝土用量占对应部分混凝土总用量的体积比。

（40）装配率：装配式结构建筑中预制构件、建筑部品的数量（或面积）占同类构件或部品总数量的比率。

1.2 装配式混凝土剪力墙结构体系与制图规则

1.2.1 结构体系

装配式混凝土剪力墙结构（图1.2.1～图1.2.8）的预制构件可以拆分为预制外墙、预制内墙、叠合楼板、预制楼梯、预制阳台板等。

1.2.2 基本规定

装配式混凝土剪力墙结构施工图文件的编制宜按构件平面布置图（基础、剪力墙、板、楼梯等）、节点、预制构件模板及配筋的顺序排列。在装配式混凝土剪力墙结构的施工图设计中,现浇结构及基础施工图可参照16G101-1《混凝土结构施工图平面整体表示方法制图规则和构造详图（现浇混凝土框架、剪力墙、梁、板）》、16G101-3《混凝土结构施工图平面整体表示方法制图规则和构造详图（独立基础、条形基础、筏形基础、桩基础）》执行。

为了确保施工人员准确无误地按结构施工图进行施工,在具体工程施工图中必须写明以下内容：

1) 注明所选用装配式混凝土结构表示方法标准图的图集号（如本图集号为15G107-1）,以免图集升版后在施工图中用错版本;注明选用的构件标准图集号;如结构中包括现浇混凝土部分,还需要注明选用的相应图集编号。

装配式混凝土剪力墙结构拆分

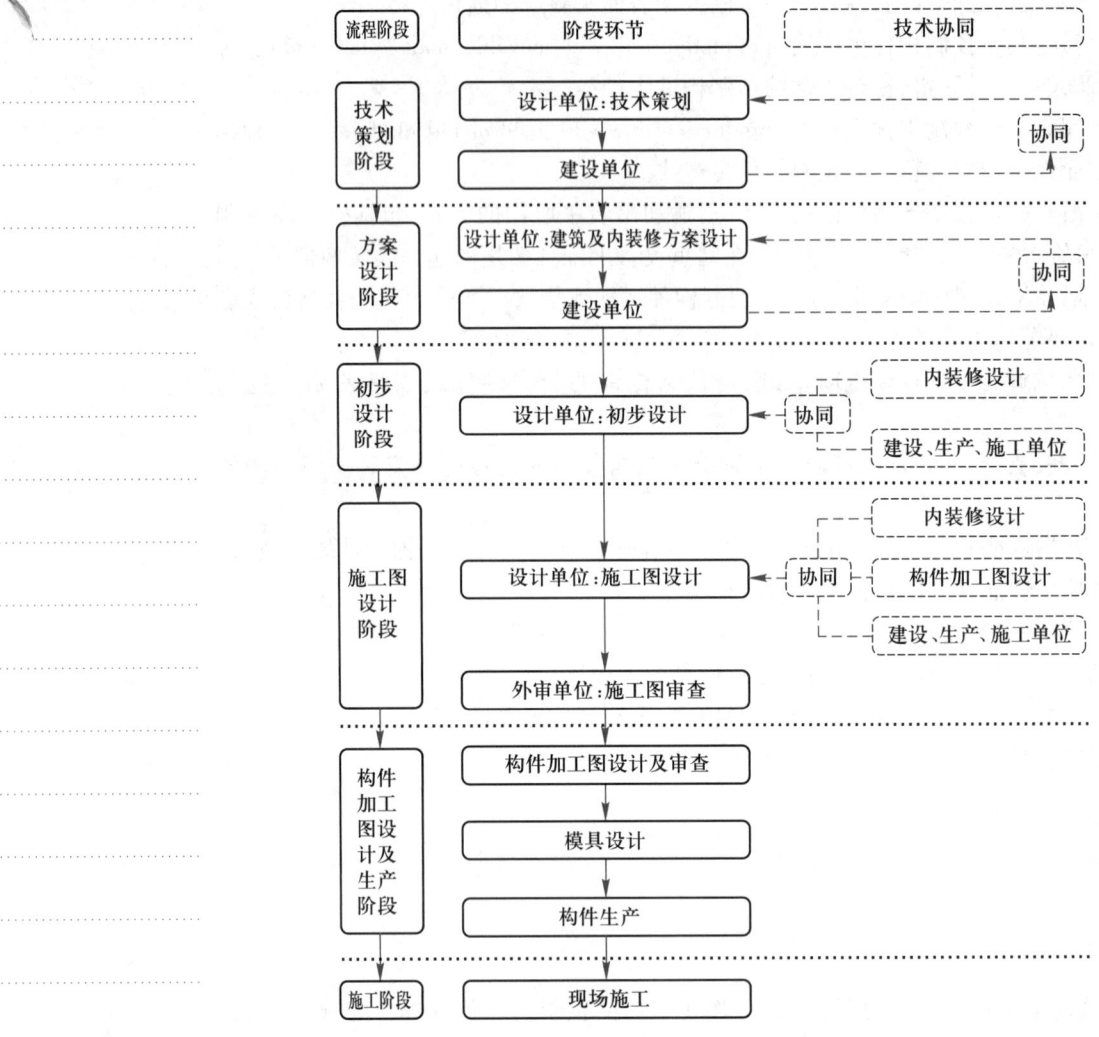

```
流程阶段        阶段环节                技术协同

技术       设计单位:技术策划  ←----
策划                              ┊
阶段          建设单位       ←---- 协同

方案       设计单位:建筑及内装修方案设计 ←----
设计                                    ┊
阶段          建设单位              ←---- 协同

初步                           ┌-- 内装修设计
设计       设计单位:初步设计 -- 协同
阶段                           └-- 建设、生产、施工单位

                              ┌-- 内装修设计
施工图                         │
设计       设计单位:施工图设计 -- 协同 -- 构件加工图设计
阶段                           │
                              └-- 建设、生产、施工单位

          外审单位:施工图审查

构件       构件加工图设计及审查
加工
图设          模具设计
计及
生产          构件生产
阶段

施工阶段      现场施工
```

图 1.2.1 装配式混凝土结构设计流程示意图

2) 注明装配式混凝土结构的设计使用年限。

3) 注明各类预制构件和现浇构件在不同部位所选用的混凝土强度等级和钢筋级别,以确定相应预制构件预留钢筋的最小锚固长度及最小搭接长度等。当采用机械锚固形式时,设计者应指定机械锚固的具体形式、必要的构件尺寸以及质量要求。

4) 当标准构造详图有多种可选择的构造做法时,设计者应写明在何部位选用何种构造做法。

5) 注明后浇段、纵筋、预制墙体分布筋等在具体工程中需接长时所采用的连接形式及有关要求。必要时,尚应注明对接头的性能要求。轴心受拉及小偏心受拉构件的纵向受力钢筋不得采用绑扎搭接,设计者应在结构平面图中注明其平面位置及层数。

6) 注明结构不同部位所处的环境类别。

7) 注明上部结构的嵌固位置。

8) 当具体工程中有特殊要求时,应在施工图中另加说明。

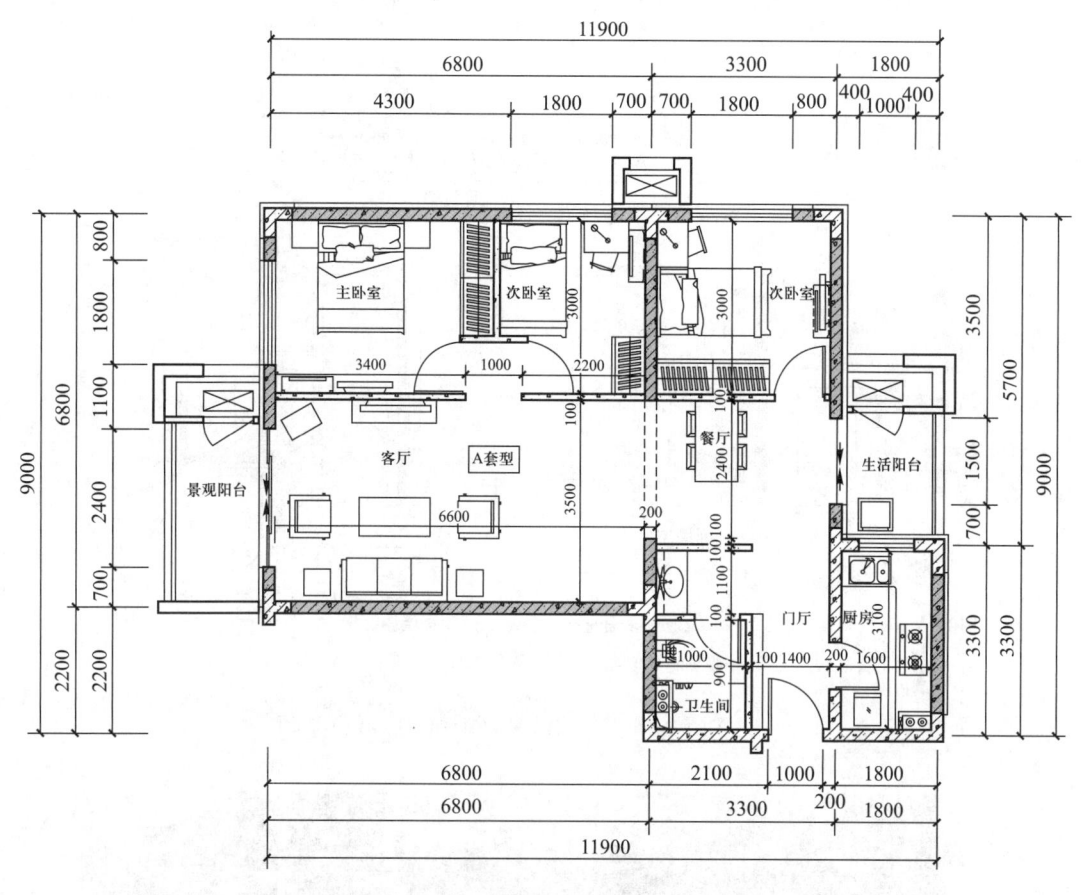

图 1.2.2 装配式混凝土结构套型示意图

绘制施工图时,可在结构平面布置图中直接标注各类预制构件的编号,并列表注释预制构件的尺寸、重量、数量和选用方法等。

1) 预制构件编号中应含有类型代号和序号。类型代号指明预制构件种类,序号用于将同类构件顺序编号。

2) 当直接选用标准图集中的预制构件时,因配套图集中已按构件类型注明编号并配以详图,只需在构件表中明确平面布置图中构件编号与所选图集中构件编号的对应关系,使两者结合构成完整的结构设计图。

3) 当自行设计预制构件时,设计者需根据具体工程绘制构件详图,可参考相关配套图集。设计绘制装配式混凝土结构施工图时,标高注写应满足以下要求:

① 用表格或其他方式注明包括地下和地上各层的结构层楼(地)面标高、结构层高及相应的结构层。

② 其结构层楼面标高和结构层高在单项工程中必须统一。为方便施工,应将统一的结构楼面标高和结构层高分别放在墙、板等各类构件的施工图中。

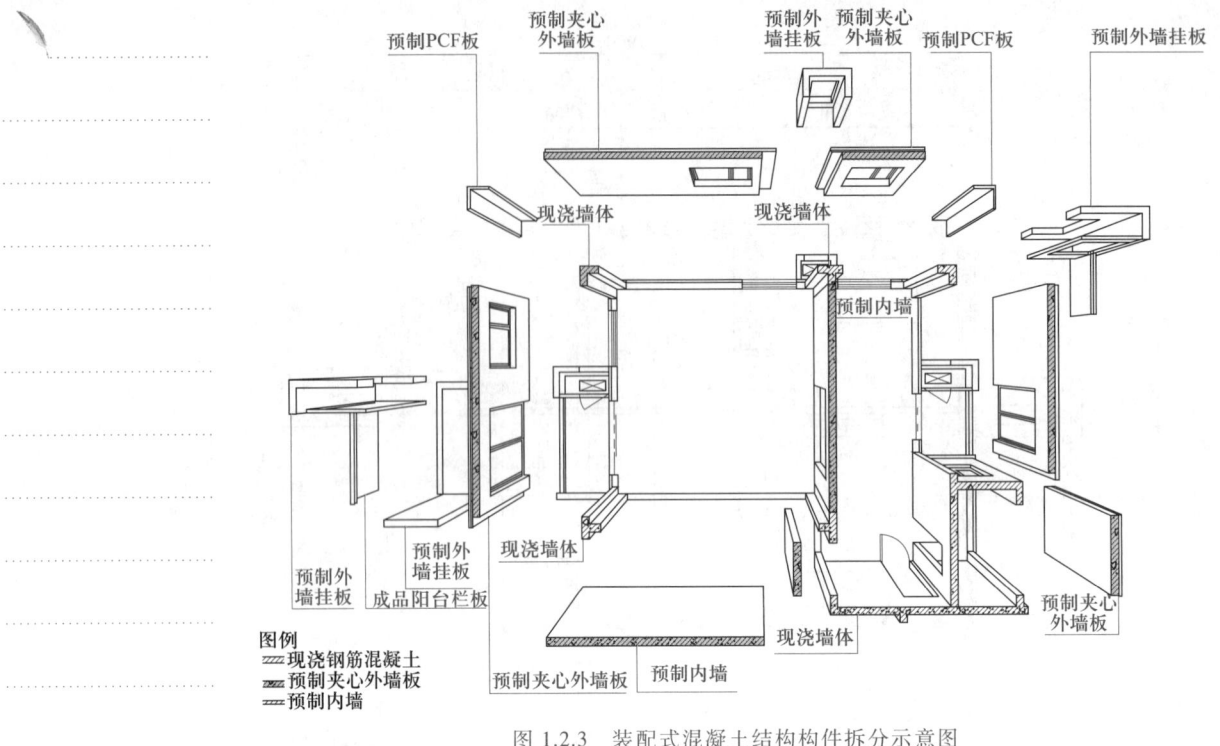

图 1.2.3　装配式混凝土结构构件拆分示意图

图 1.2.4　预制构件示意图

图 1.2.5　预制墙板支撑示意图

图 1.2.6　预制楼梯

图 1.2.7　预制阳台板

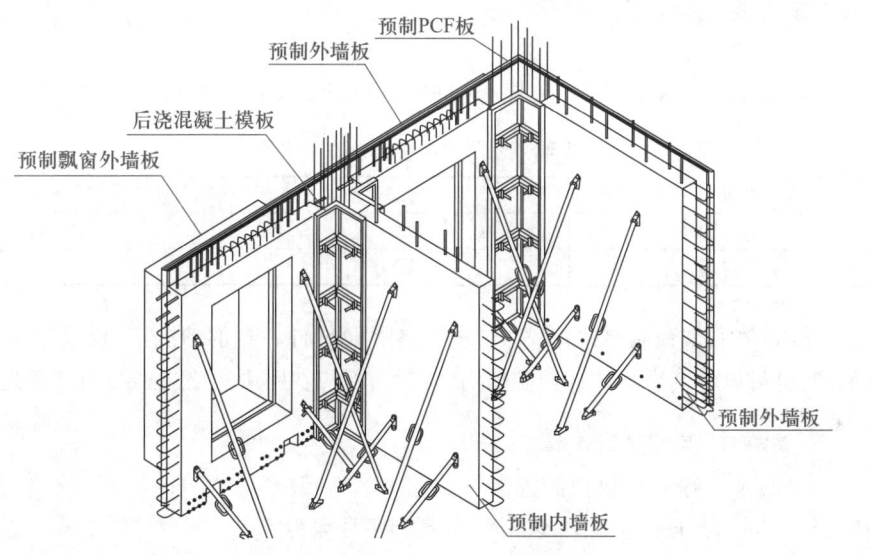

图 1.2.8　预制混凝土结构施工示意图

注:结构层楼面标高系指将建筑图中的各层地面和楼面标高值扣除建筑面层及垫层做法厚度后的标高,结构层号应与建筑楼层号对应一致。

图例按表 1.2.1 规定采用。

预制混凝土剪力墙(简称"预制剪力墙")平面布置图应按标准层绘制,内容包括预制剪力墙、现浇混凝土墙体、后浇段、现浇梁、楼面梁、水平后浇带或圈梁等。

表 1.2.1　图　　例

名称	图例	名称	图例
预制钢筋混凝土(包括内墙、内叶墙、外叶墙)		后浇段、边缘构件	
保温层		夹心保温外墙	
现浇钢筋混凝土墙体		预制外墙模板	

1.3 预制混凝土剪力墙

1.3.1 预制混凝土剪力墙制图规则

为表达清楚、简便,装配式剪力墙墙体结构可视为由预制剪力墙、后浇段、现浇剪力墙身、现浇剪力墙柱、现浇剪力墙梁等构件构成。其中,现浇剪力墙身、现浇剪力墙柱和现浇剪力墙梁的注写方式应符合16G101-1图集的规定。

对应于预制剪力墙平面布置图上的编号,在预制墙板表中,选用标准图集中的预制剪力墙,或引用施工图中自行设计的预制剪力墙;在后浇段表中,绘制截面配筋图并注写几何尺寸与配筋具体数值。

1. 预制墙板表中表达的内容

(1) 注写墙板编号

预制剪力墙编号由墙板代号、序号组成,表达形式应符合表1.3.1的规定。

表 1.3.1 预制混凝土剪力墙编号

预制墙板类型	代号	序号
预制外墙	YWQ	××
预制内墙	YNQ	××

注:在编号中,若预制墙体在模板、配筋、各类预埋件一致的情况下,仅墙厚与轴线的关系不同,也可以将其变为同一预制剪力墙编号,但应在图中注明与轴线的位置关系。

[例]YWQ1:表示预制外墙,序号为1。

YNQ5a:某工程有一块预制混凝土内墙板与已编号的YNQ5除线盒位置外,其他参数均相同,为方便起见,将该预制内墙板序号编为5a。

(2) 注写各段墙板位置信息

墙板位置信息包括所在轴号和所在楼层号。所在轴号应先标注垂直于墙板的起止轴号,用"~"表示起止方向;再标注墙板所在轴线轴号,二者用"/"分隔,如图1.3.1所示。如果同一轴线、同一起止区域内有多块墙板,可在所在轴号后用"-1""-2"、…顺序标注。

同时,需要在平面图中注明预制剪力墙的装配方向,外墙板以内侧为装配方向,不需特殊标注,内墙板用▲表示装配方向,如图1.3.1b所示。

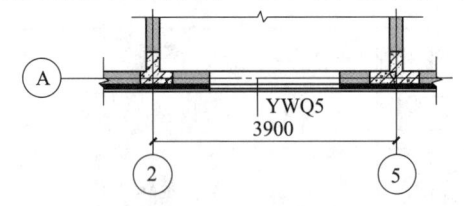

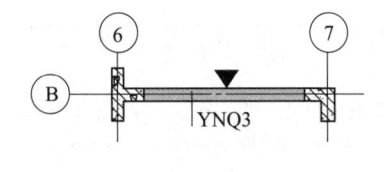

(a) 外墙板YWQ5所在轴号为②~⑤/Ⓐ   (b) 内墙板YNQ3所在轴号为⑥~⑦/Ⓑ 装配方向如图所示

图 1.3.1 墙板标注示意图

（3）注写管线预埋位置信息

当选用标准图集时，高度方向可只注写低区、中区和高区，水平方向根据标准图集的参数进行选择；当不选用标准图集时，高度方向和水平方向均应注写具体定位尺寸，其参数位置所在装配方向为 X、Y，装配方向背面为 X′、Y′，可用下角标编号区分不同线盒，如图 1.3.2 所示。

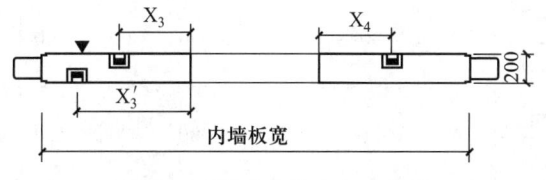

图 1.3.2　线盒参数含义示意图

（4）构件重量、构件数量

当选用标准图集的预制混凝土外墙板时，可选类型详见 15G365-1《预制混凝土剪力墙外墙板》。标准图集的预制混凝土剪力墙外墙由内叶墙板、保温层和外叶墙板组成。预制墙板表中需注写所选图集中内叶墙板编号和外叶墙板控制尺寸。

1）标准图集中的内叶墙板共有 5 种形式，编号规则见表 1.3.2，示例见表 1.3.3。

表 1.3.2　内叶墙板编号

预制内叶墙板类型	示意图	编号
无洞口外墙		WQ-×××× （无洞口外墙—标志宽度 层高）
一个窗洞高窗台外墙		WQC1-×××-×-× （一窗洞外墙（高窗台）—标志宽度 层高 窗宽 窗高）
一个窗洞矮窗台外墙		WQCA-×××-×-× （一窗洞外墙（矮窗台）—标志宽度 层高 窗宽 窗高）
两窗洞外墙		WQC2-××××-×-×-× （两窗洞外墙—标志宽度 层高 左窗高 右窗高 左窗宽 右窗宽）
一个门洞外墙		WQM-×××-×-× （一门洞外墙—标志宽度 层高 门宽 门高）

表 1.3.3　内叶墙板编号示例　　　　　　　　　　　　　　mm

预制墙板类型	示意图	墙板编号	标志宽度	层高	门/窗宽	门/窗高	门/窗宽	门/窗高
无洞外墙		WQ-1828	1 800	2 800	—	—	—	—
带一窗洞高窗台		WQC1-3028-1514	3 000	2 800	1 500	1 400	—	—
带一窗洞矮窗台		WQCA-3028-1518	3 000	2 800	1 500	1 800	—	—
带两窗洞外墙		WQC2-4828-0614-1514	4 800	2 800	600	1 400	1 500	1 400
带一门洞外墙		WQM-3628-1823	3 600	2 800	1 800	2 300	—	—

2）标准图集中的外叶墙板共有两种类型（图 1.3.3、图 1.3.4）：

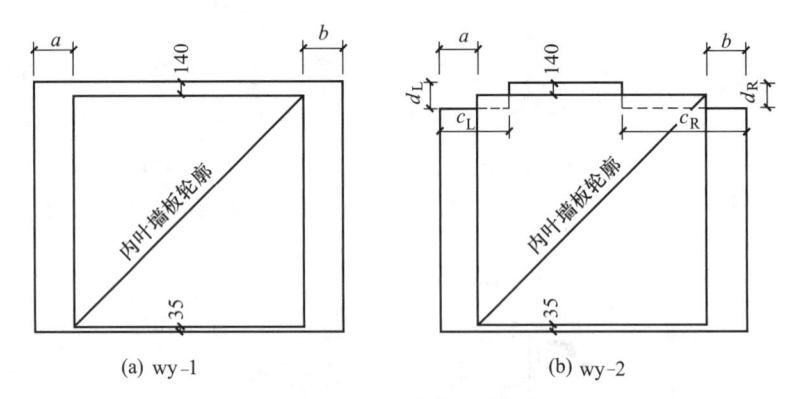

(a) wy-1　　　　　(b) wy-2

图 1.3.3　外叶墙板内表面图

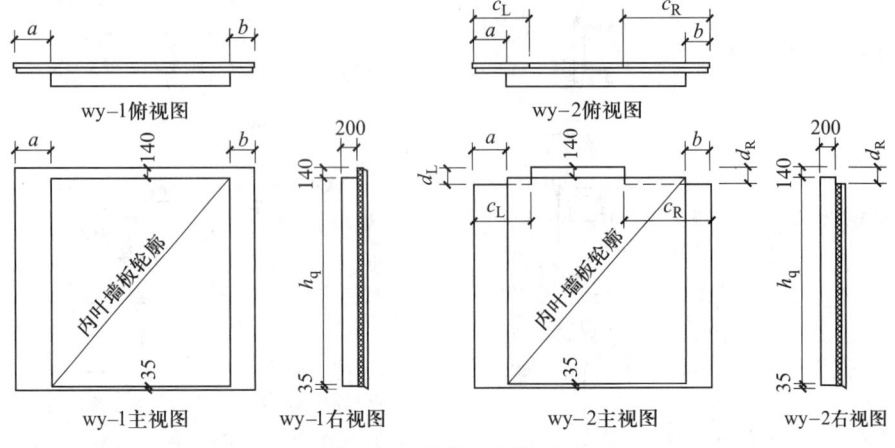

wy-1俯视图　　　wy-2俯视图

wy-1主视图　　wy-1右视图　　wy-2主视图　　wy-2右视图

图 1.3.4　外叶墙板类型图

① 标准图集中外叶墙板 wy-1(a、b),按实际情况标注 a、b。

② 带阳台板外叶墙板 wy-2(a、b、c_L 或 c_R、d_L 或 d_R),选用时按外叶板实际情况标注 a、b、c、d。

3) 若设计的预制外墙板与标准图集中板型的模板、配筋不同,应由设计单位进行构件详图设计。预制外墙板详图可参考 15G365-1《预制混凝土剪力墙外墙板》。

4) 当部分预制外墙板选用 15G365-1《预制混凝土剪力墙外墙板》时,另行设计的墙板应与该图集做法及要求相配套。

2. 预制墙板的选用方法

(1) 选用方法

尺寸选择:内墙板分段自由,根据具体工程中的户型布置和墙段长度,结合图集中的墙板类型尺寸,将内墙板分段,通过调整后浇段长度,使预制构件均能够直接选用标准墙板,若具体工程中设计与图集中墙板模板、配筋相差较大,设计可参考图集中墙板类型相关构件详图,重新进行构件设计。

(2) 选用步骤

1) 确定各参数与图集适用范围要求一致。

2) 结构抗震等级、混凝土强度等级、建筑面层厚度、保温层厚度等相关参数应在施工图中统一说明。

3) 按现行国家相关标准进行剪力墙结构计算分析,根据结构平面布置及计算结果,确定所选预制外墙板的计算配筋与图集构件详图一致,并对内叶墙板水平接缝的受剪承载力进行核算。

4) 根据预制外墙板门窗洞口位置及尺寸、墙板标志宽度及层高,确定预制外墙板内叶墙板、外叶墙板编号。

5) 根据工程实际情况,对构件详图中 MJ1、MJ2、MJ3 进行补充设计,进行必要的施工验算。

6) 结合生产、施工实际需求,补充相关预埋件(窗框预埋件、模板固定预埋件、施工安全防护措施预埋件等)。

7) 拉结件布置图由设计人员与拉结件生产厂家协调补充设计。

8) 结合设备专业图纸,选用电线盒预埋位置,补充预制外墙板中其他设备孔洞及管线。

[选用示例]以图 1.3.5、图 1.3.6 为例,说明预制外墙板的选用办法。

已知条件:

1) 建筑层高为 2 900 mm,①~②轴墙板标志宽度 3 300 mm,卧室窗洞尺寸为 1 800 mm×1 700 mm,窗台高度为 600 mm;②~③轴墙板标志宽度 3 900 mm,客厅门洞尺寸为 2 400 mm×2 300 mm。

2) 建筑保温层厚度为 70 mm。

3) 叠合楼板和预制阳台板厚度均为 130 mm,建筑面层厚度为 50 mm。

4) 抗震等级为二级,混凝土强度等级为 C30,所在楼层为标准层,剪力墙边缘构件为构造边缘构件,墙身计算结果为构造配筋。

①~②轴间墙板预制墙板选用：

（1）内叶墙板选用

图中参数①~②轴间内叶墙板与图集 15G365-1 中墙板 WQCA-3329-1817 的模板图参数对比，将①轴右侧后浇段预留 400 mm，②轴左侧后浇段预留 200 mm 后，可直接选用。WQCA-3329-1817，"3329"表示宽度 3 300 mm，层高 2 900 mm；"1817"表示窗宽 1 800 mm，窗高 1 700 mm。窗洞口宽度方向往外对称放置 450 mm，左侧后浇预留 400 mm（合计 400+450=850 mm）；右侧后浇预留 200 mm（合计 450+200=650 mm）。

（2）外叶墙板选用

图中①~②轴间外叶墙板符合 WQCA-wy-2 的构造，从内向外看，外叶墙板两侧相对于内叶墙板分别伸出 190 mm 和 20 mm，阳台板左侧局部缺口尺寸 c 为 400 mm，阳台板厚度为 130 mm，考虑 20 mm 的板缝，可选用 WQCA-wy-2（190，20，$c_L=410$，$d_L=150$）。

②~③轴间预制墙板选用：

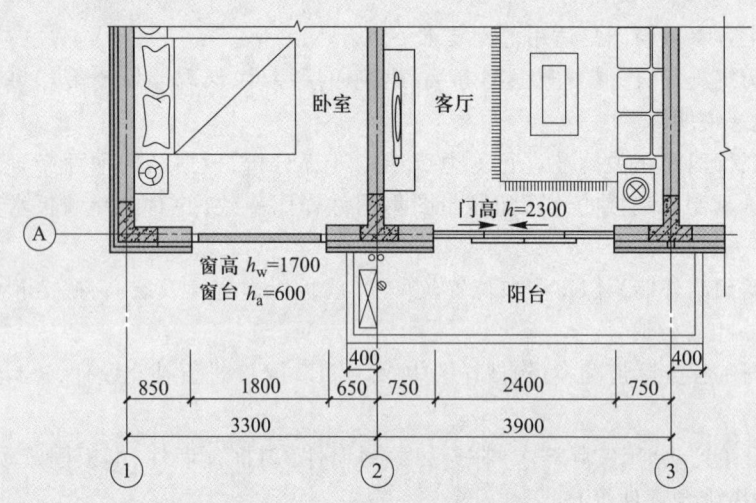

图 1.3.5　外叶墙板布置平面图

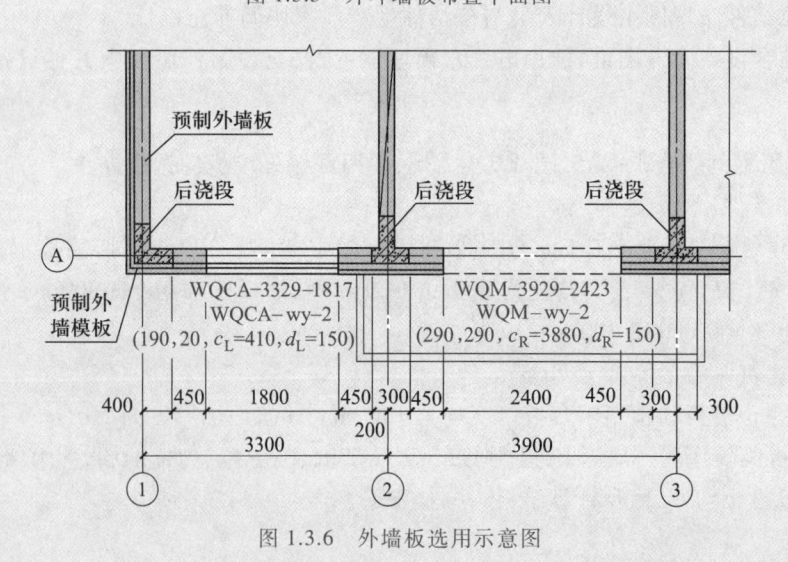

图 1.3.6　外墙板选用示意图

（1）内叶墙板选用

图中参数②~③轴间墙板按图集中墙板 WQM-3929-2423 的模板图参数对比，完全符合，可直接选用。

（2）外叶墙板选用

图中②~③轴间外叶墙板符合 WQM-wy-2 的构造，从内向外看，外叶墙板两侧相对于内叶墙板均伸出 290 mm，阳台板全部缺口，缺口尺寸水平段 c 为 3 880 mm，阳台板厚度为 130 mm，考虑 20 mm 的板缝，可选用 WQM-wy-2(290,290,c_R = 3 880,d_R = 150)，选用标准构件后，应在结构设计说明或结构施工图中补充以下内容：

结构抗震等级为二级，预制外墙板混凝土强度等级为 C30，保温层厚度为 70 mm，建筑面层厚度为 50 mm；设计人员与生产单位、施工单位确定吊件型式并进行核算，补充施工相关预埋件，核对并补充各专业预埋管线。

调整选用方法：开间尺寸与图集预制外墙板标志宽度不同时，可局部调整后选用，见图 1.3.7。

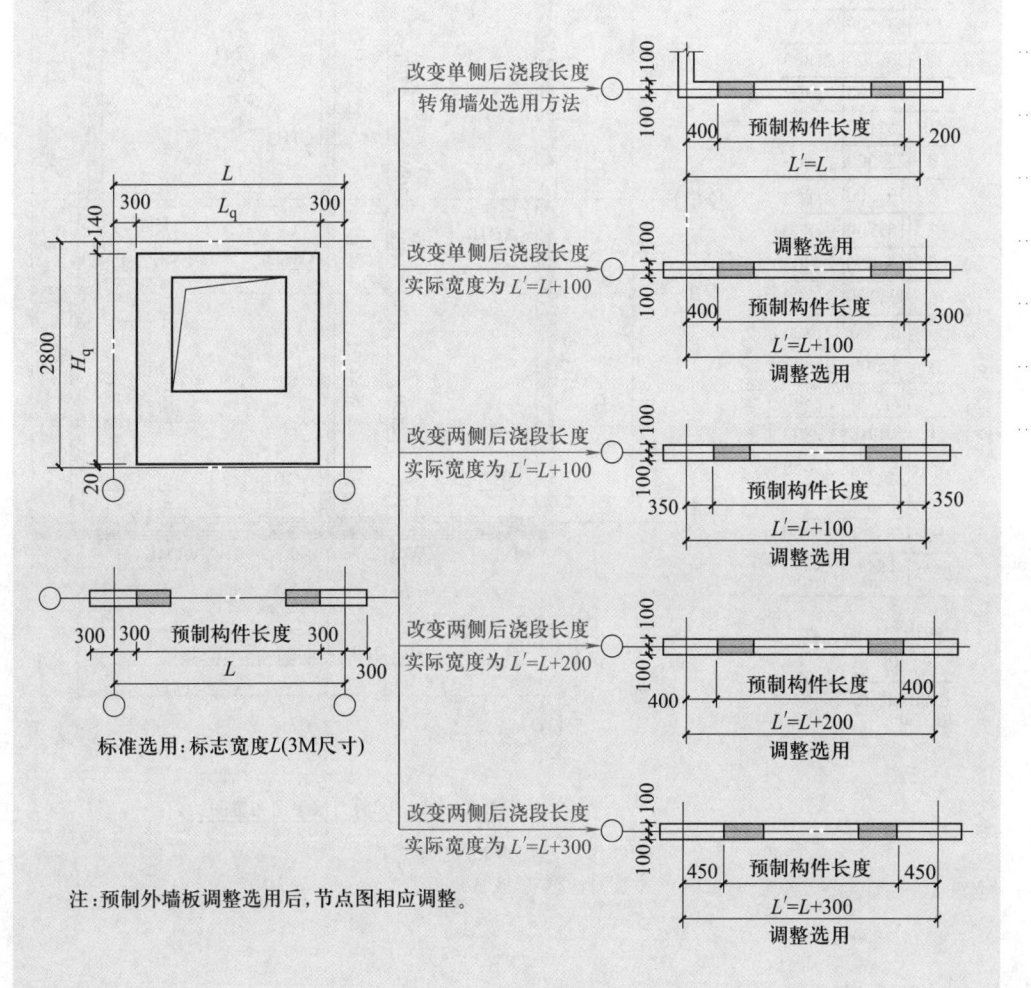

注：预制外墙板调整选用后，节点图相应调整。

图 1.3.7 开间尺寸局部调整示意图

剪力墙平面布置及后浇段配筋见图1.3.8、图1.3.9。

3. 预制混凝土剪力墙内墙板编号规定

选用预制混凝土内墙板可以参照15G365-2《预制混凝土剪力墙内墙板》,参见表1.3.4、表1.3.5,示例见图1.3.10、图1.3.11。

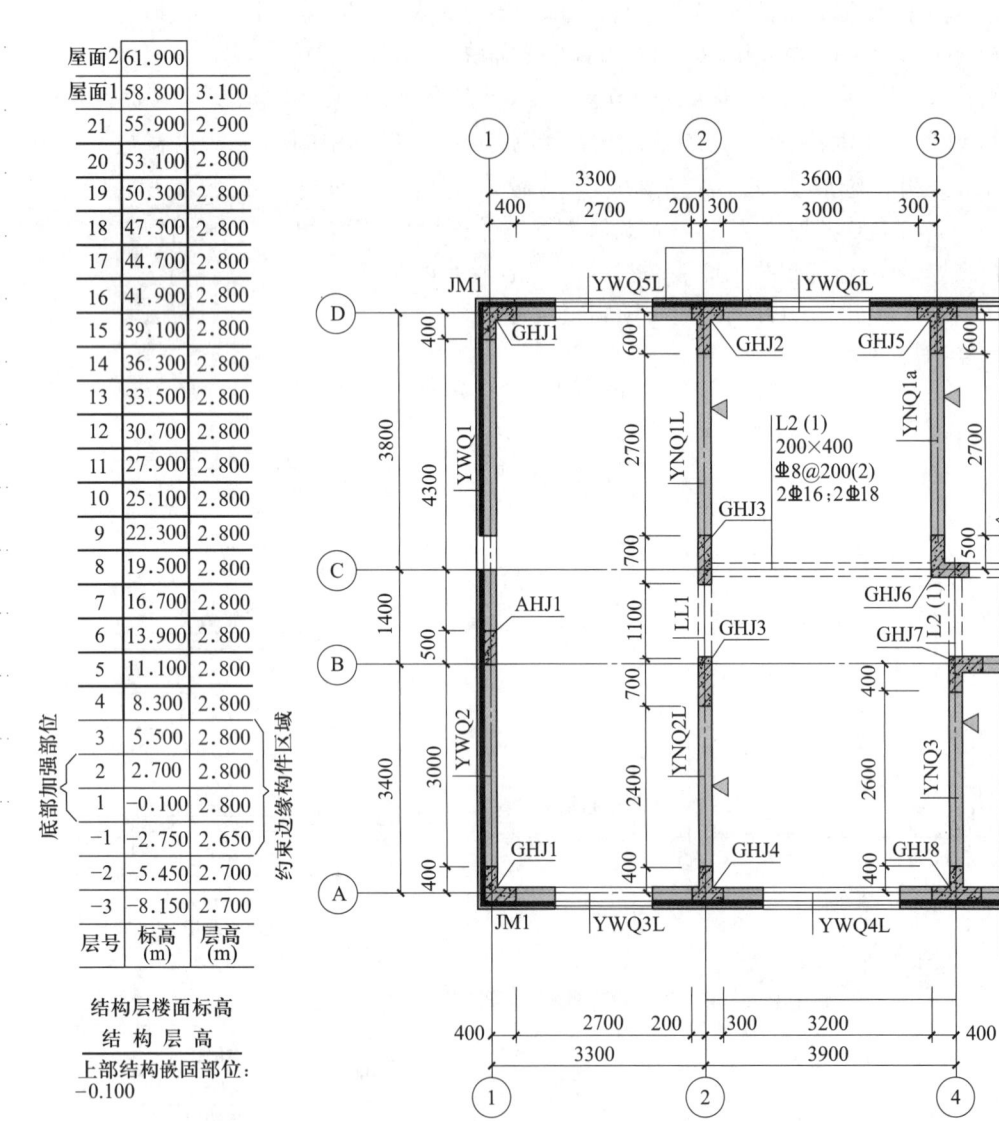

层号	标高(m)	层高(m)
屋面2	61.900	
屋面1	58.800	3.100
21	55.900	2.900
20	53.100	2.800
19	50.300	2.800
18	47.500	2.800
17	44.700	2.800
16	41.900	2.800
15	39.100	2.800
14	36.300	2.800
13	33.500	2.800
12	30.700	2.800
11	27.900	2.800
10	25.100	2.800
9	22.300	2.800
8	19.500	2.800
7	16.700	2.800
6	13.900	2.800
5	11.100	2.800
4	8.300	2.800
3	5.500	2.800
2	2.700	2.800
1	-0.100	2.800
-1	-2.750	2.650
-2	-5.450	2.700
-3	-8.150	2.700

底部加强部位：1~3层
约束边缘构件区域

结构层楼面标高
结构层高
上部结构嵌固部位：-0.100

8.300~55.900剪力墙平面布置图

图1.3.8 剪力墙平面布置图

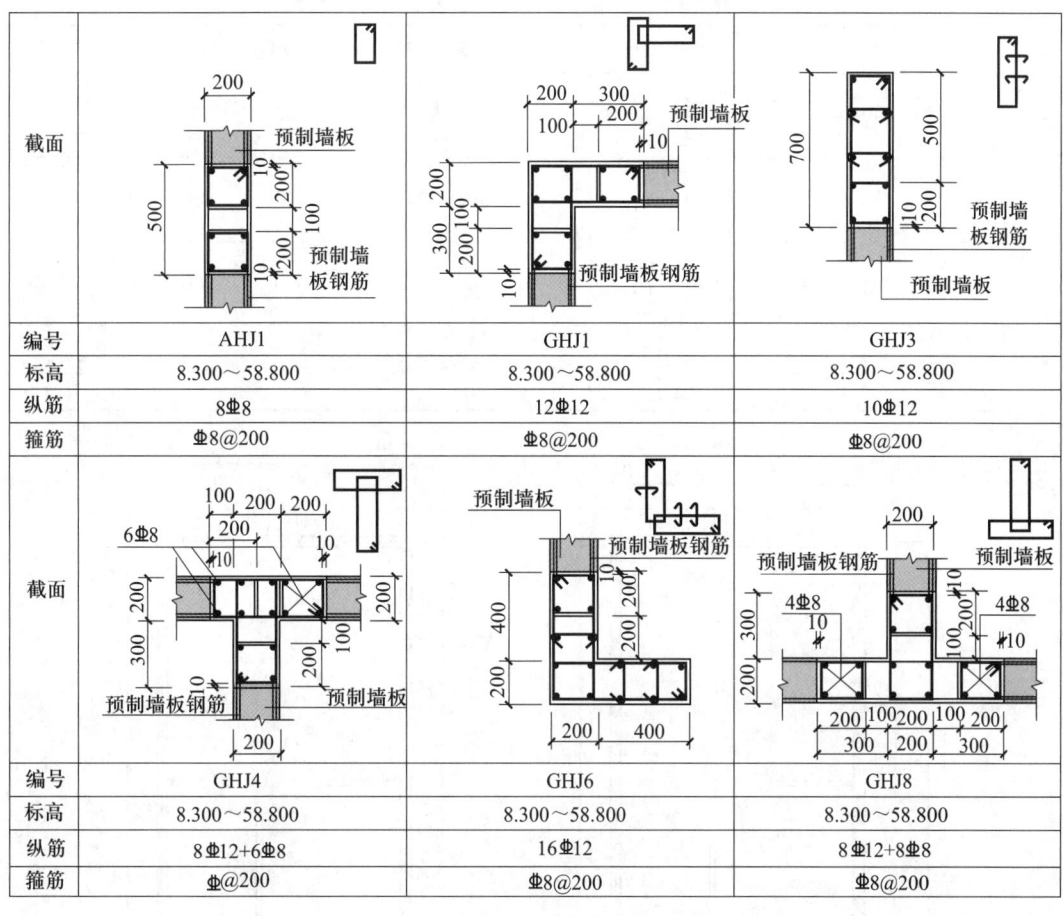

截面	(AHJ1 图示)	(GHJ1 图示)	(GHJ3 图示)
编号	AHJ1	GHJ1	GHJ3
标高	8.300～58.800	8.300～58.800	8.300～58.800
纵筋	8⊕8	12⊕12	10⊕12
箍筋	⊕8@200	⊕8@200	⊕8@200
截面	(GHJ4 图示)	(GHJ6 图示)	(GHJ8 图示)
编号	GHJ4	GHJ6	GHJ8
标高	8.300～58.800	8.300～58.800	8.300～58.800
纵筋	8⊕12+6⊕8	16⊕12	8⊕12+8⊕8
箍筋	⊕@200	⊕8@200	⊕8@200

图 1.3.9 后浇段配筋图示

表 1.3.4 预制混凝土剪力墙内墙板编号示意图

预制内墙板类型	示意图	编号
无洞口内墙	□	NQ-×××× 无洞口内墙 ┘ │ 层高 标志宽度
固定门垛内墙	⊓	NQM1-××××-×××× 一门洞内墙（固定门垛）┘ │ 层高 门宽 门高 标志宽度
中间门洞内墙	⊓	NQM2-××××-×××× 一门洞外墙（中间门洞）┘ │ 层高 门宽 门高 标志宽度
刀把内墙	⌐	NQM3-××××-×××× 一门洞内墙（刀把内墙）┘ │ 层高 门宽 门高 标志宽度

表 1.3.5　预制混凝土剪力墙内墙板编号示例　　　　　　　　　　mm

预制墙板类型	示意图	墙板编号	标志宽度	层高	门宽	门高
无洞口内墙		NQ-2128	2 100	2 800	—	—
固定门垛内墙	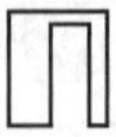	NQM1-3028-0921	3 000	2 800	900	2 100
中间门洞内墙		NQM2-3029-1022	3 000	2 900	1 000	2 200
刀把内墙		NQM3-3329-1022	3 300	2 900	1 000	2 200

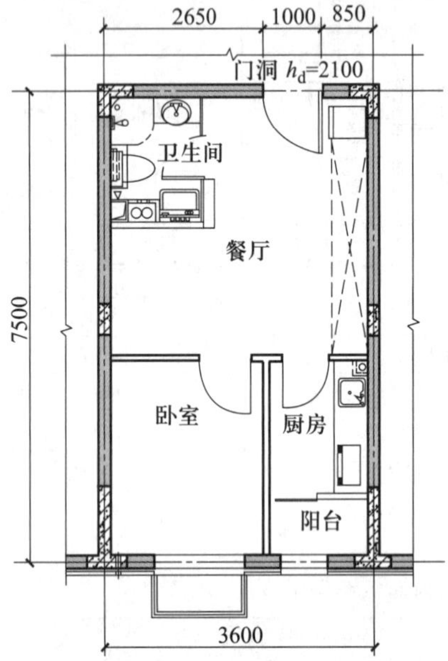

图 1.3.10　建筑平面图

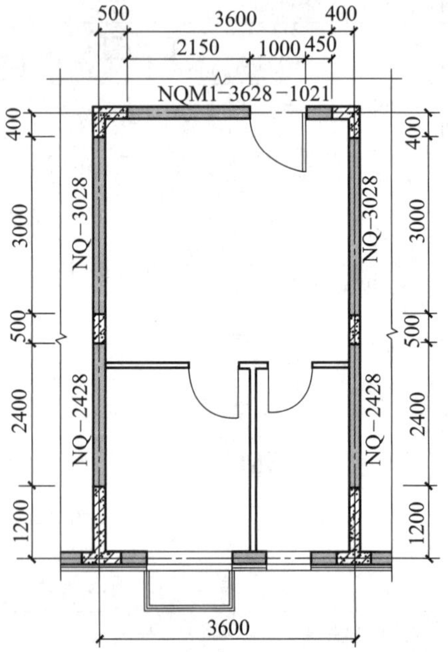

图 1.3.11　内墙板选用示例图

[选用示例]以图 1.3.10、图 1.3.11 为例说明预制内墙板选用方法。

已知条件：

1）建筑层高 2 800 mm，墙板标志宽度为 3 600 mm、7 500 mm，内墙门洞尺寸为 1 000 mm×2 100 mm。

2）叠合楼板和预制阳台板厚度均为 130 mm，建筑面层厚度为 50 mm。

3）抗震等级为二级，混凝土强度等级为 C30，所在楼层为标准层，剪力墙边缘构件为构造边缘构件，墙身计算结果为构造配筋。

选用结果：

1）不开洞内墙板选用：通过调整预制墙体和后浇墙体尺寸，将不开洞墙板分成两段符合 3 m 尺寸的墙板，与图集索引图核对墙板类型，直接选用 NQ-2428 和 NQ-3028。

2）开门洞内墙板选用：根据开门洞位置，选择相应内墙板类型。本示例门洞偏置,符合 NQM1-3628-1021 尺寸关系,通过调整后浇段尺寸,直接选用标准内墙板。

3) 按图集选用标准构件后,应在结构设计说明或结构施工图中补充以下内容:结构抗震等级为二级,预制墙板混凝土强度等级为 C30,建筑面层为 50 mm;设计人员与生产单位、施工单位确定吊件型式并进行核算,补充施工预埋件;核对并补充各专业预埋管线。

1.3.2 预制混凝土剪力墙外墙板

结合 15G365-1《预制混凝土剪力墙外墙板》、15G107-1《装配式混凝土结构表示方法及示例(剪力墙结构)》图集,预制混凝土剪力墙外墙板主要包括无洞口外墙、一个洞口外墙、两个洞口外墙和一个门洞外墙。

预制混凝土剪力墙外墙板主要包括其预制墙体的索引图、模板图和配筋图。

（1）无洞口外墙(图 1.3.12 ~ 图 1.3.14)

（2）一个窗洞外墙(图 1.3.15 ~ 图 1.3.17)

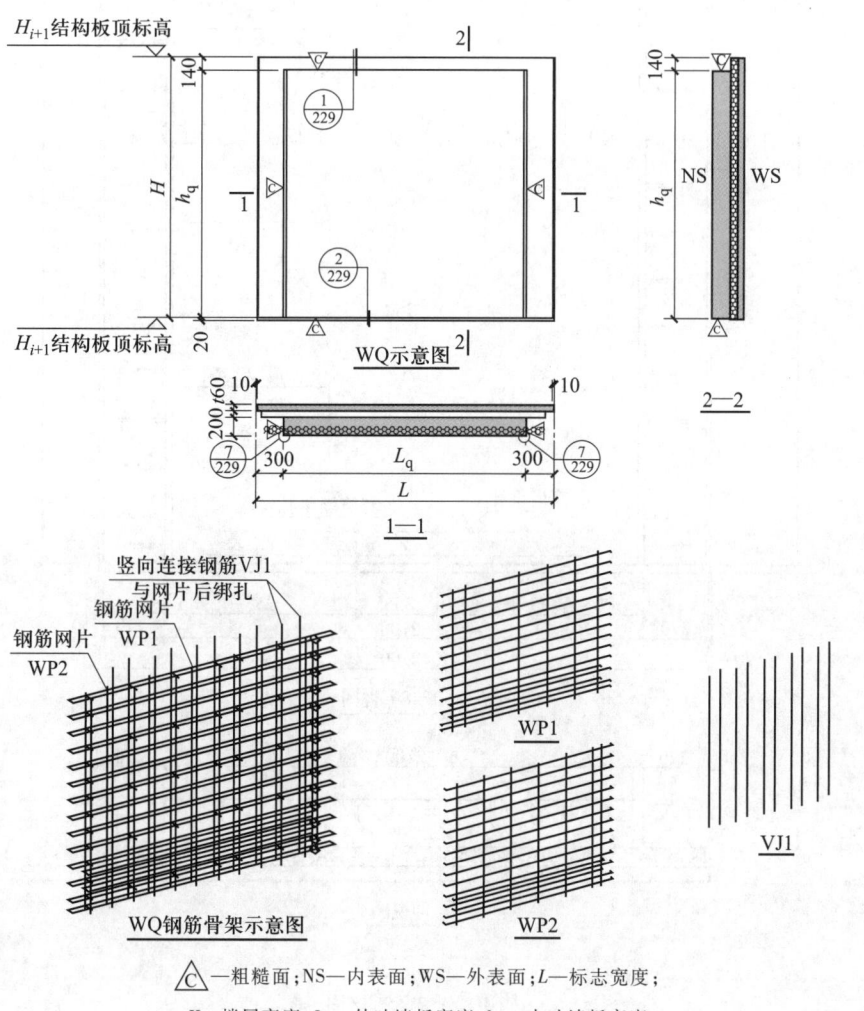

△C—粗糙面;NS—内表面;WS—外表面;L—标志宽度;
H—楼层高度;L_q—外叶墙板宽度;h_q—内叶墙板高度

图 1.3.12　WQ 索引图

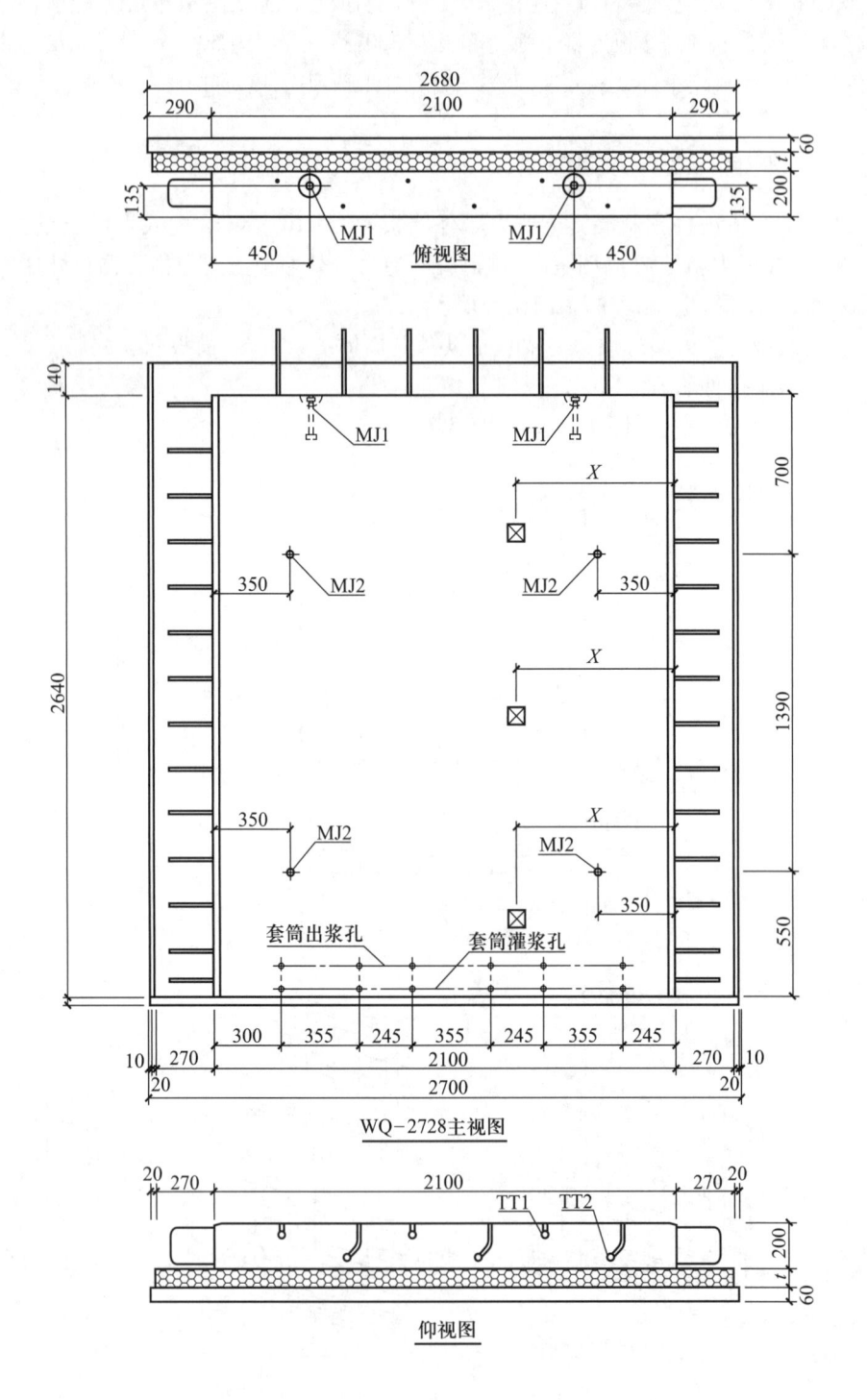

图 1.3.13　模板图

1.3 预制混凝土剪力墙

钢筋类型	钢筋编号	一级	二级	三级	四级非抗震	钢筋加工尺寸
混凝土墙	竖向筋 3a	6⌀16	6⌀16	6⌀16	—	23, 2466, 290
	3b	—	—	—	6⌀14	21, 2484, 275
	3c	6⌀6	6⌀6	6⌀6	6⌀6	2610
	3e	4⌀12	4⌀12	4⌀12	4⌀12	2610
水平筋	3d	13⌀8	13⌀8	13⌀8	13⌀8	116, 200, 2100, 200, 116
	3e	1⌀8	1⌀8	1⌀8	1⌀8	146, 200, 2100, 200, 146
	3f	2⌀8	2⌀8	2⌀8	2⌀8	2050
拉筋	3La	⌀6@600	⌀6@600	⌀6@600	⌀6@600	30, 130, 30
	3Lb	26⌀6	26⌀6	26⌀6	26⌀6	30, 124, 30
	3Lc	5⌀6	5⌀6	5⌀6	5⌀6	30, 154, 30

WQ-2728配筋图

1—1

2—2

3—3

4—4

图 1.3.14 配筋图

WQC1示意图

2—2

1—1

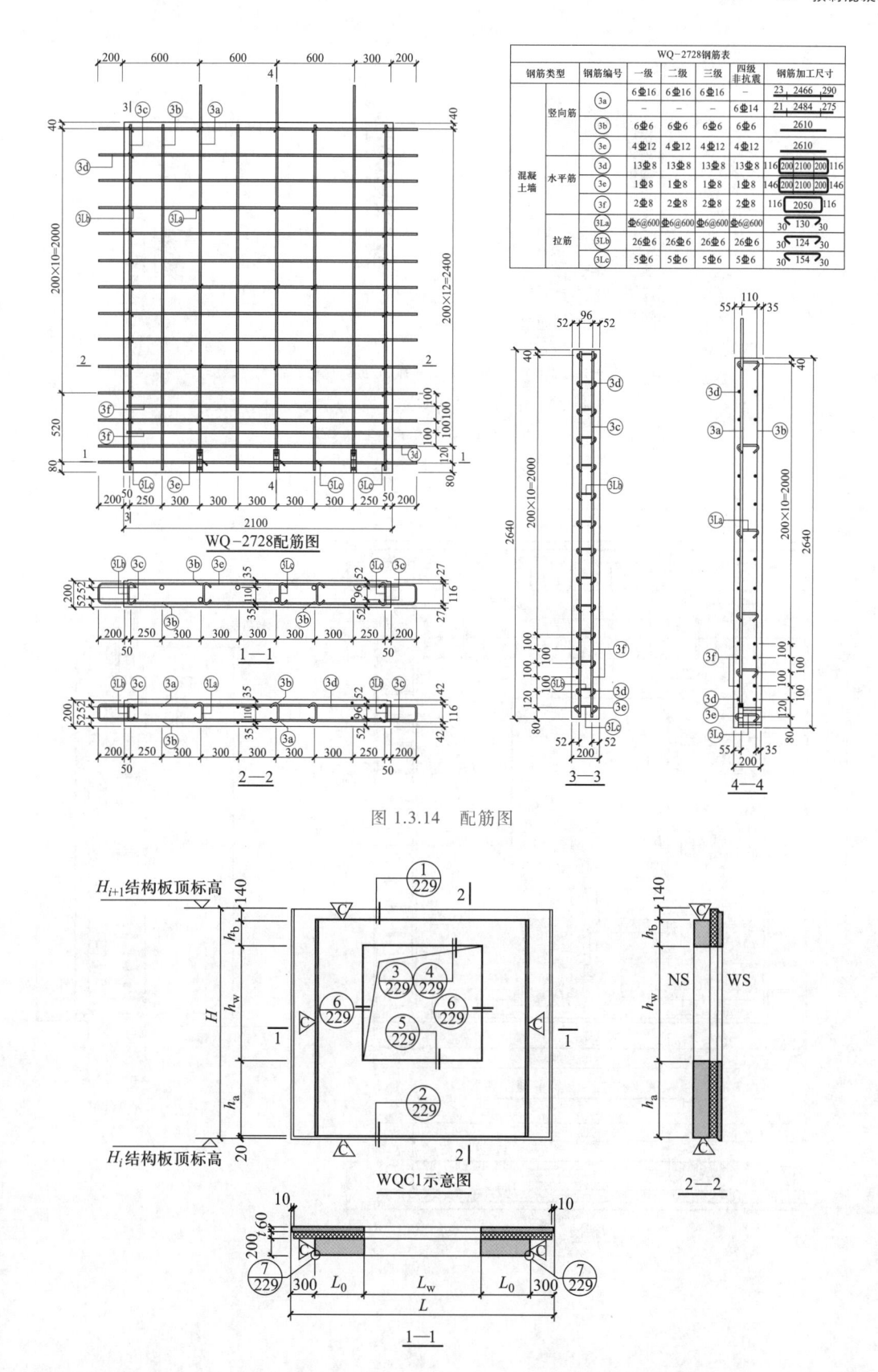

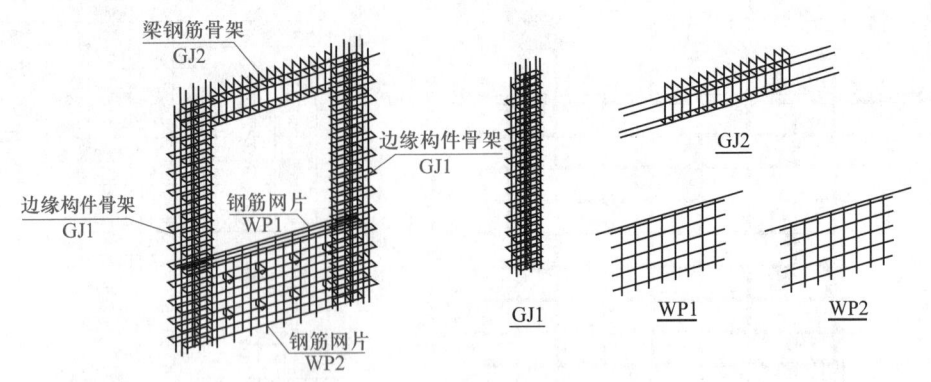

C̸—粗糙面；NS—内表面；WS—外表面；L—标志宽度；L_w—窗洞宽度；h_w—窗洞高度；
L_0—墙垛宽度；h_a—窗下墙高度；h_b—连梁高度；H—楼层高度

图 1.3.15　WQC1 索引图

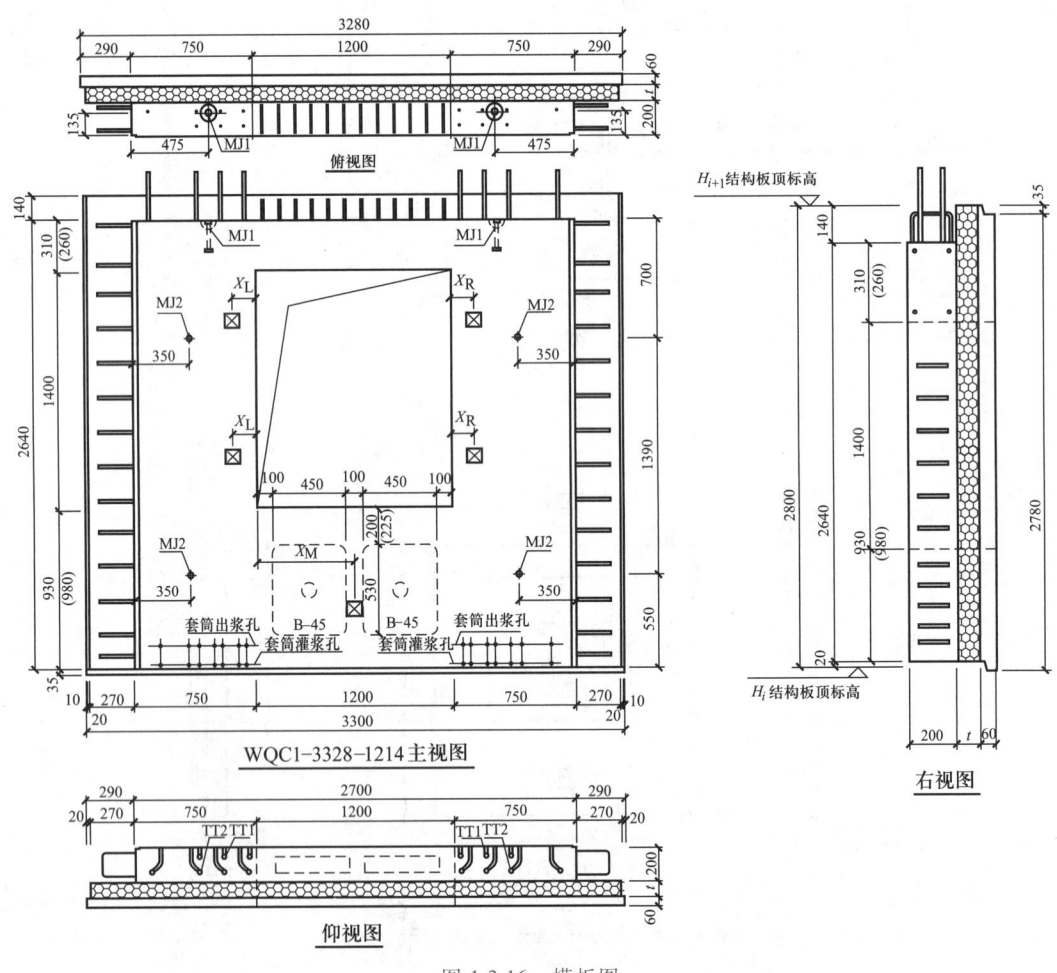

图 1.3.16　模板图

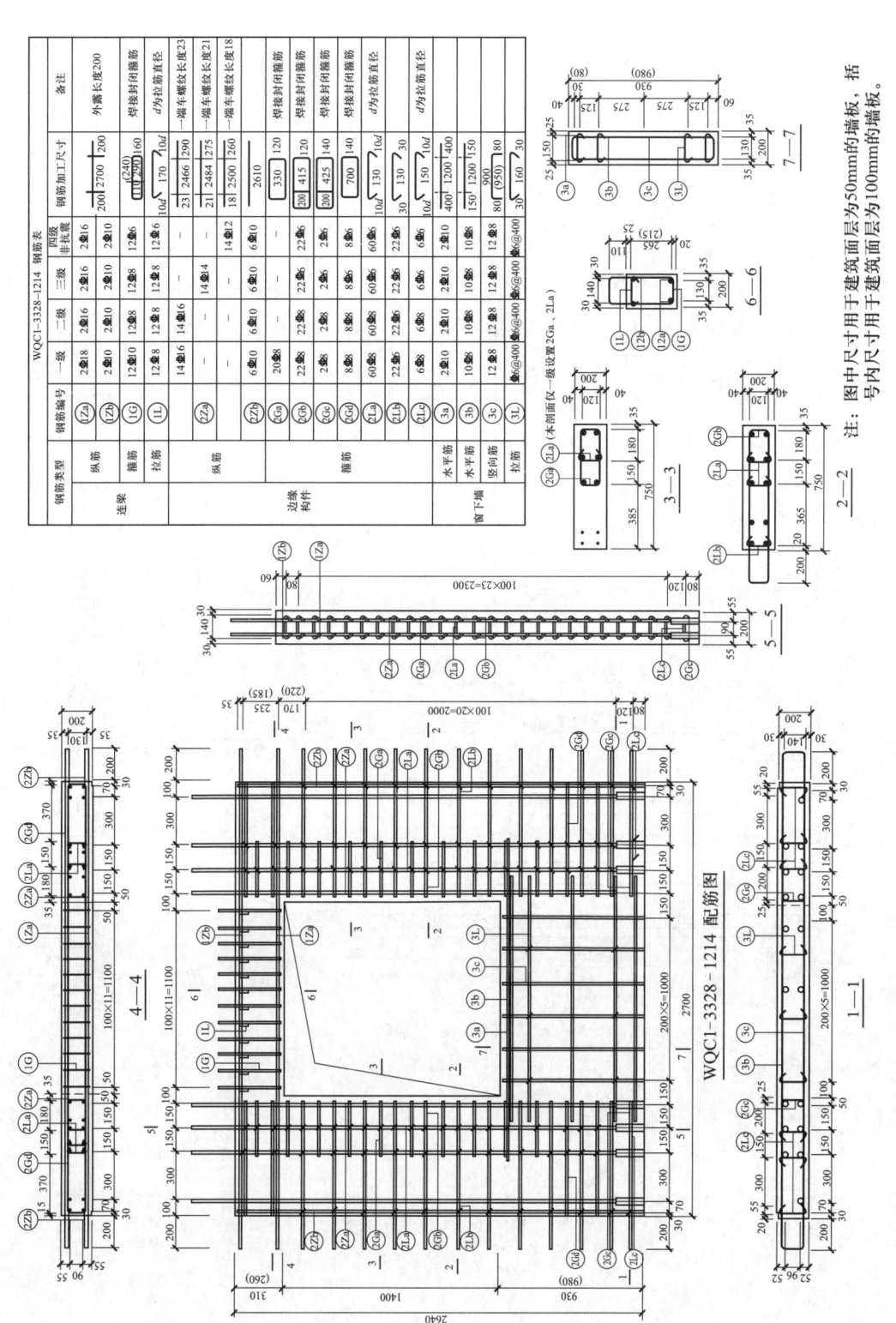

图 1.3.17 配筋图

（3）一个窗洞外墙（矮窗台，图 1.3.18、图 1.3.19）

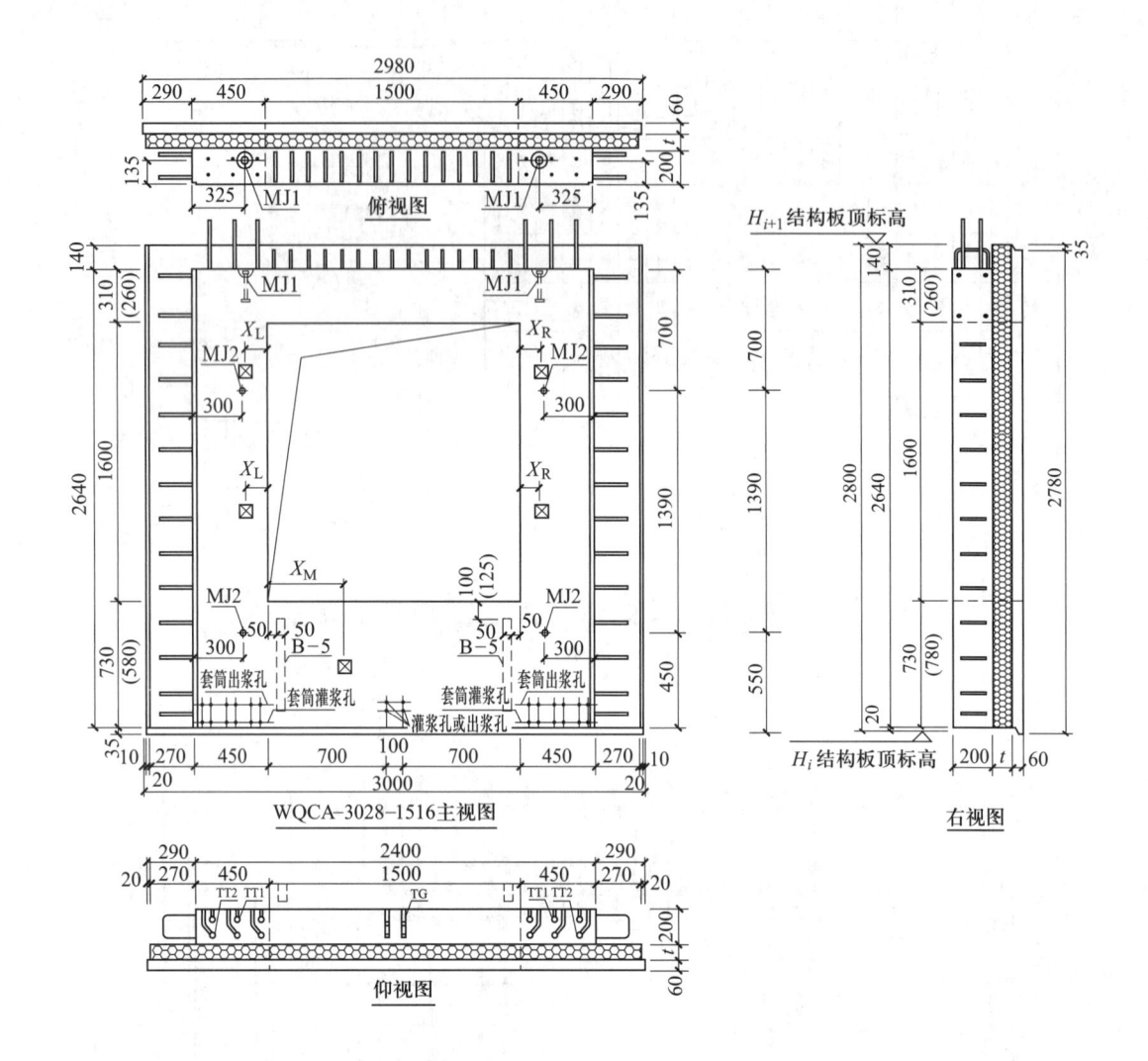

图 1.3.18　模板图

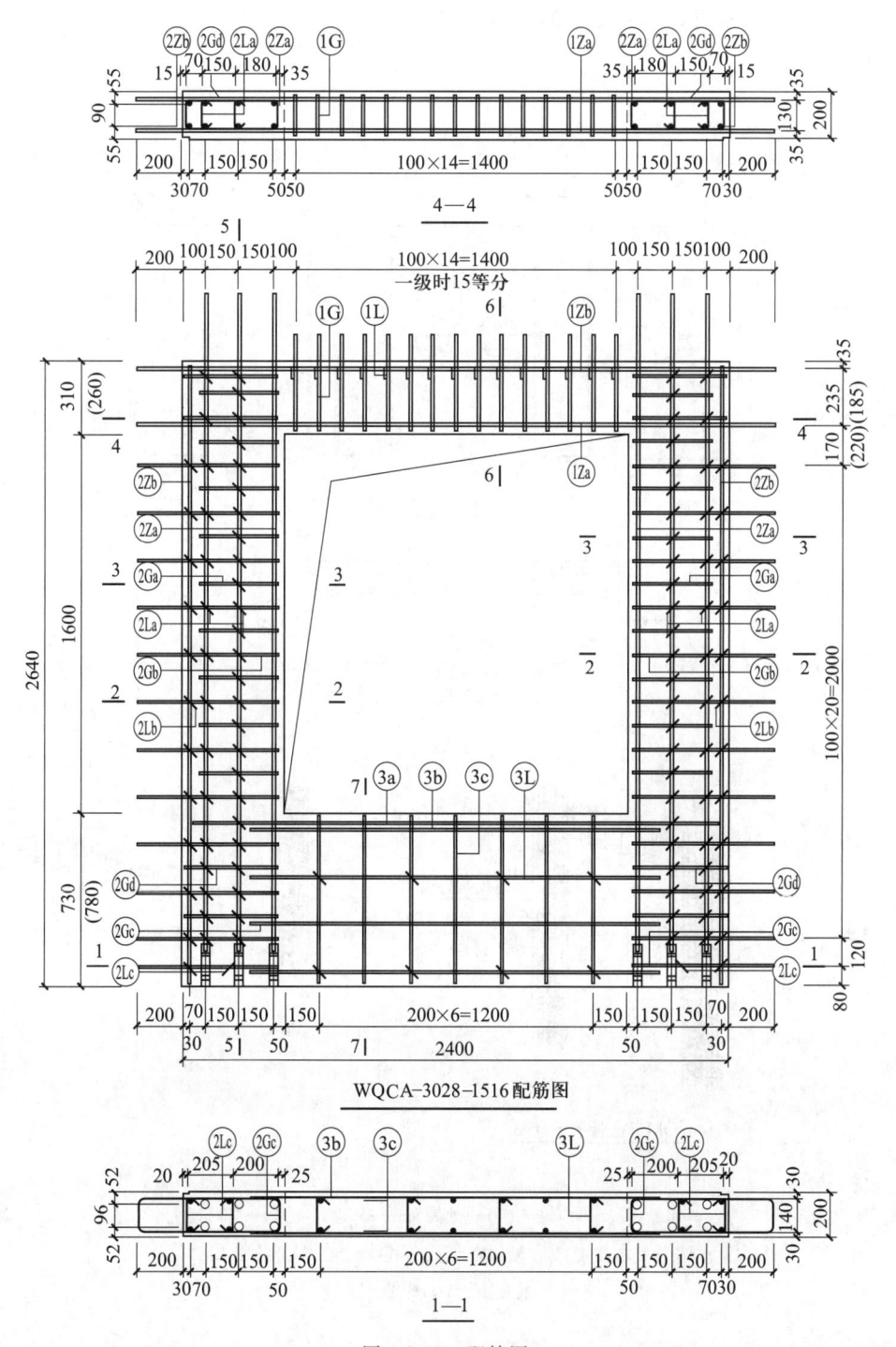

图 1.3.19 配筋图

注：未标出断面图及钢筋表同图 1.3.17。

（4）一个门洞外墙（图 1.3.20～图 1.3.22）

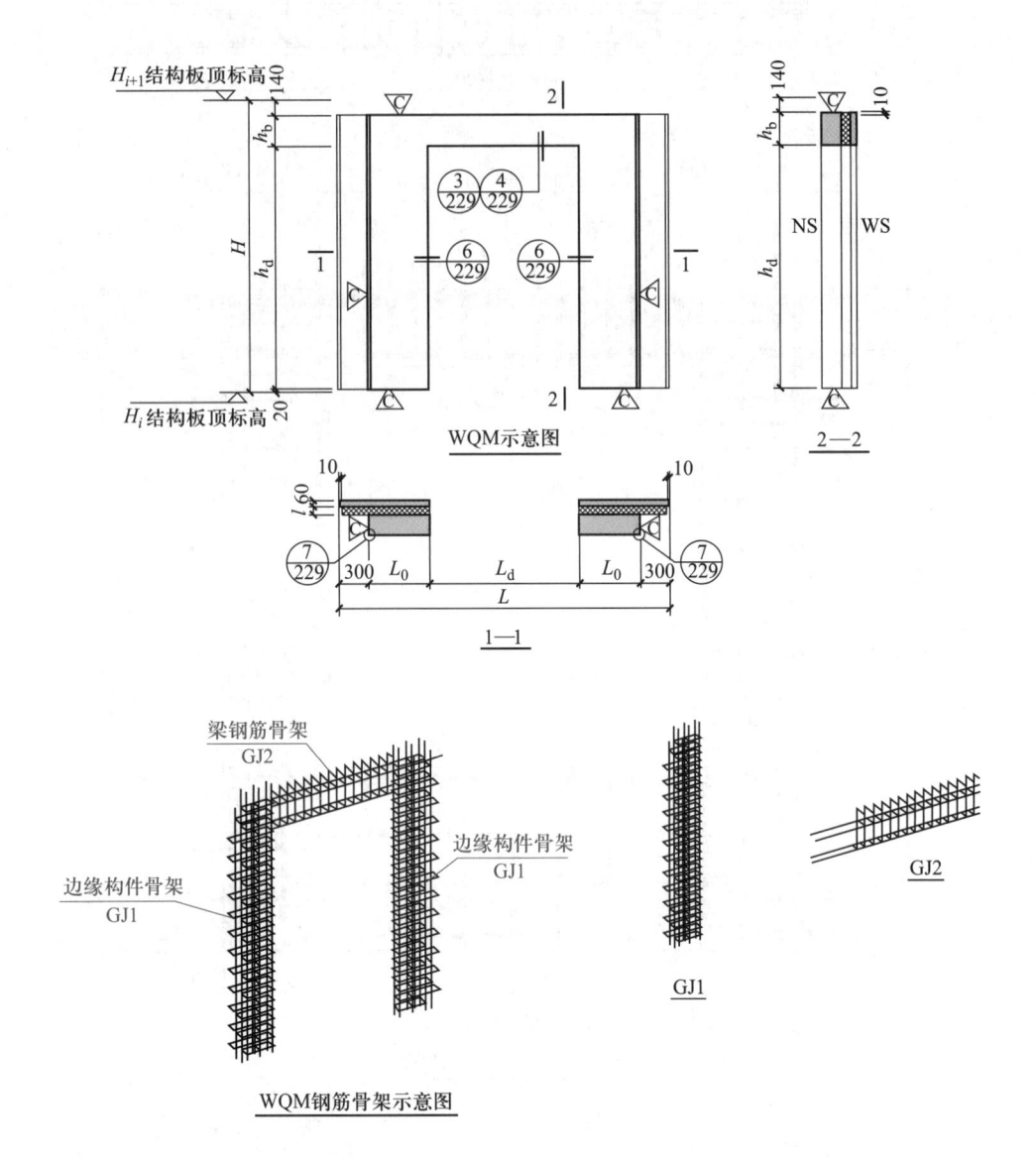

WQM示意图

1—1

2—2

WQM钢筋骨架示意图

△C—粗糙面；NS—内表面；WS—外表面；L—标志宽度；L_d—门洞宽度；h_d—门洞高度；L_0—墙垛宽度；h_b—连梁高度；H—楼层高度

图 1.3.20　WQM 索引图

1.3 预制混凝土剪力墙

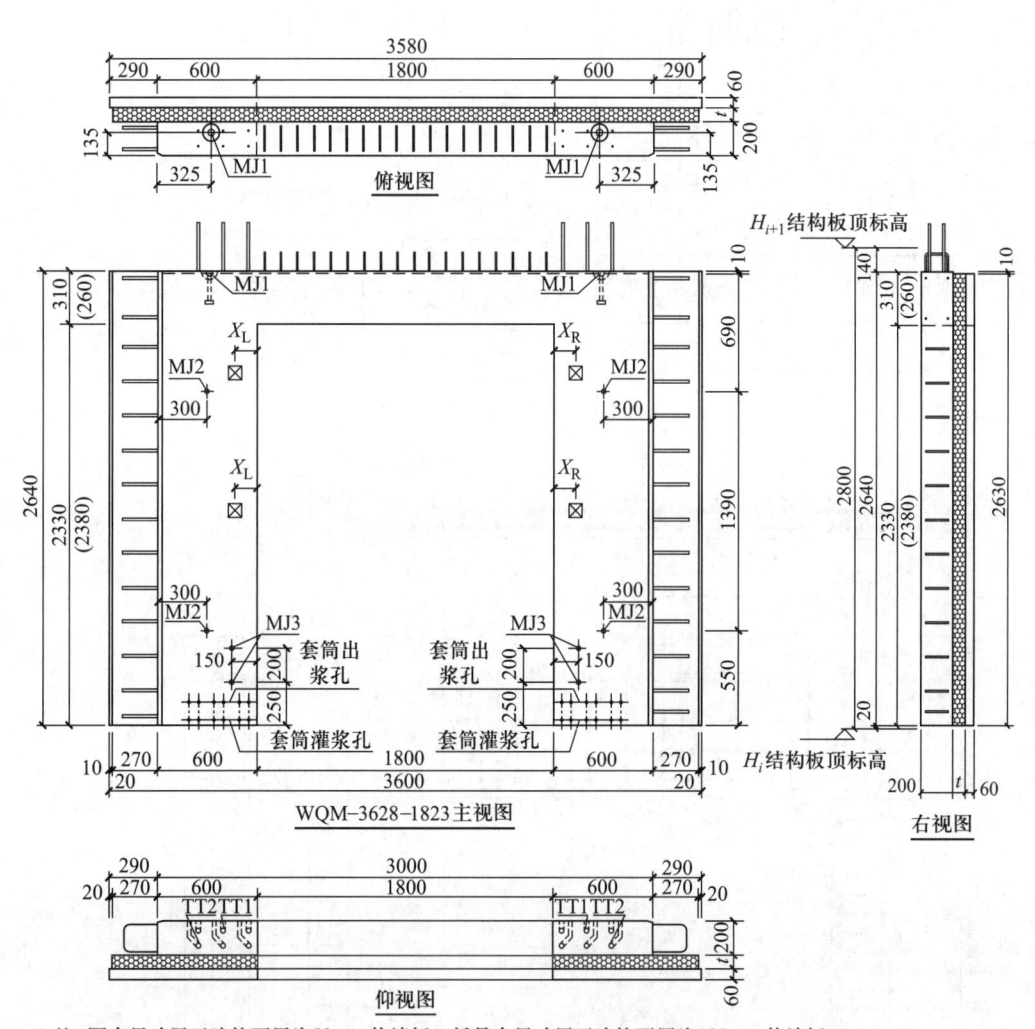

注：图中尺寸用于建筑面层为50 mm的墙板，括号内尺寸用于建筑面层为100 mm的墙板。

图 1.3.21 模板图

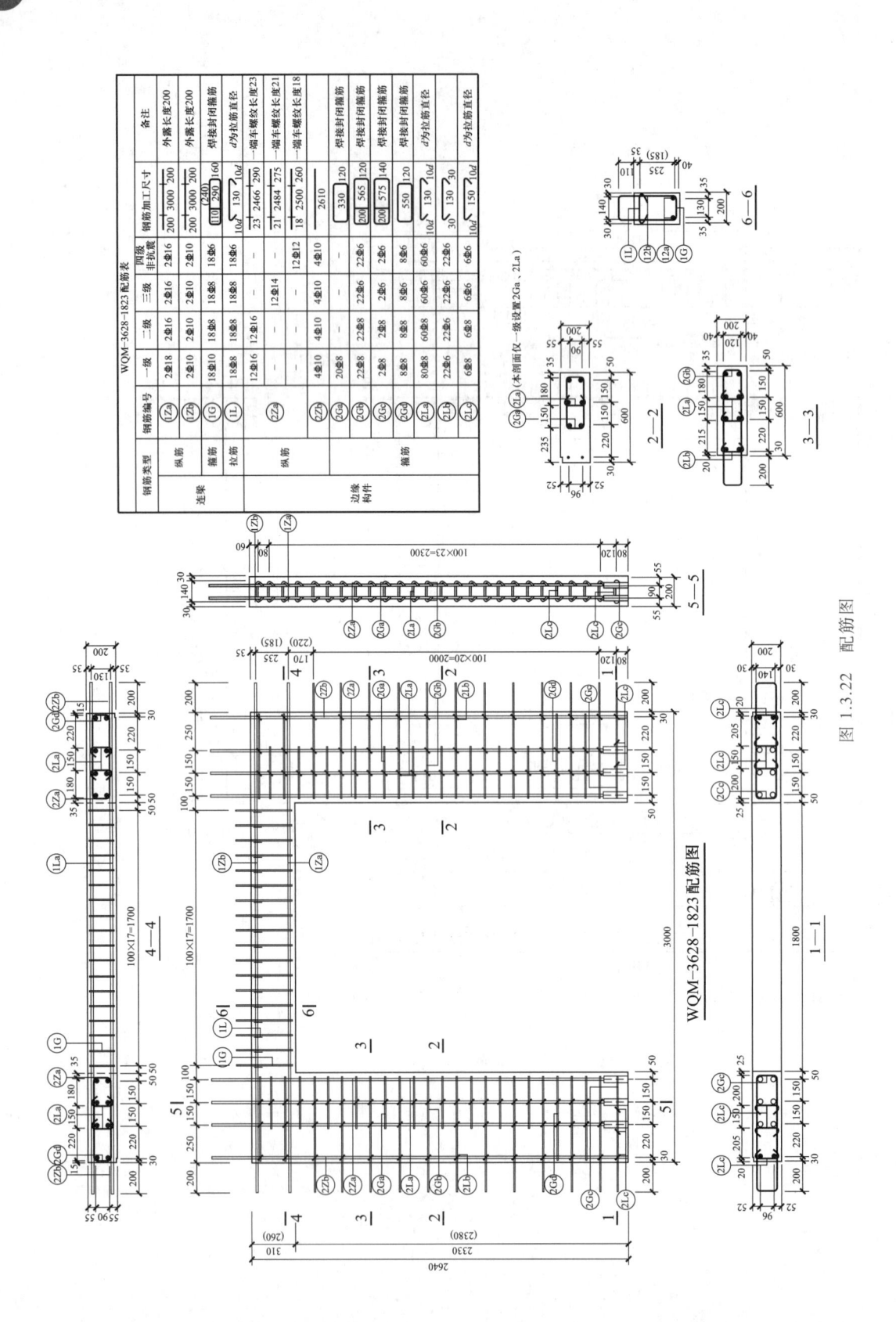

图 1.3.22 配筋图

1.3.3 预制混凝土剪力墙内墙板

结合 15G365-2《预制混凝土剪力墙内墙板》、15G107-1《装配式混凝土结构表示方法及示例(剪力墙结构)》图集,预制混凝土剪力墙内墙板主要包括无洞口内墙、固定门垛内墙、中间门洞内墙和刀把内墙。

预制混凝土剪力墙内墙板主要包括其预制墙体的索引图、模板图和配筋图。

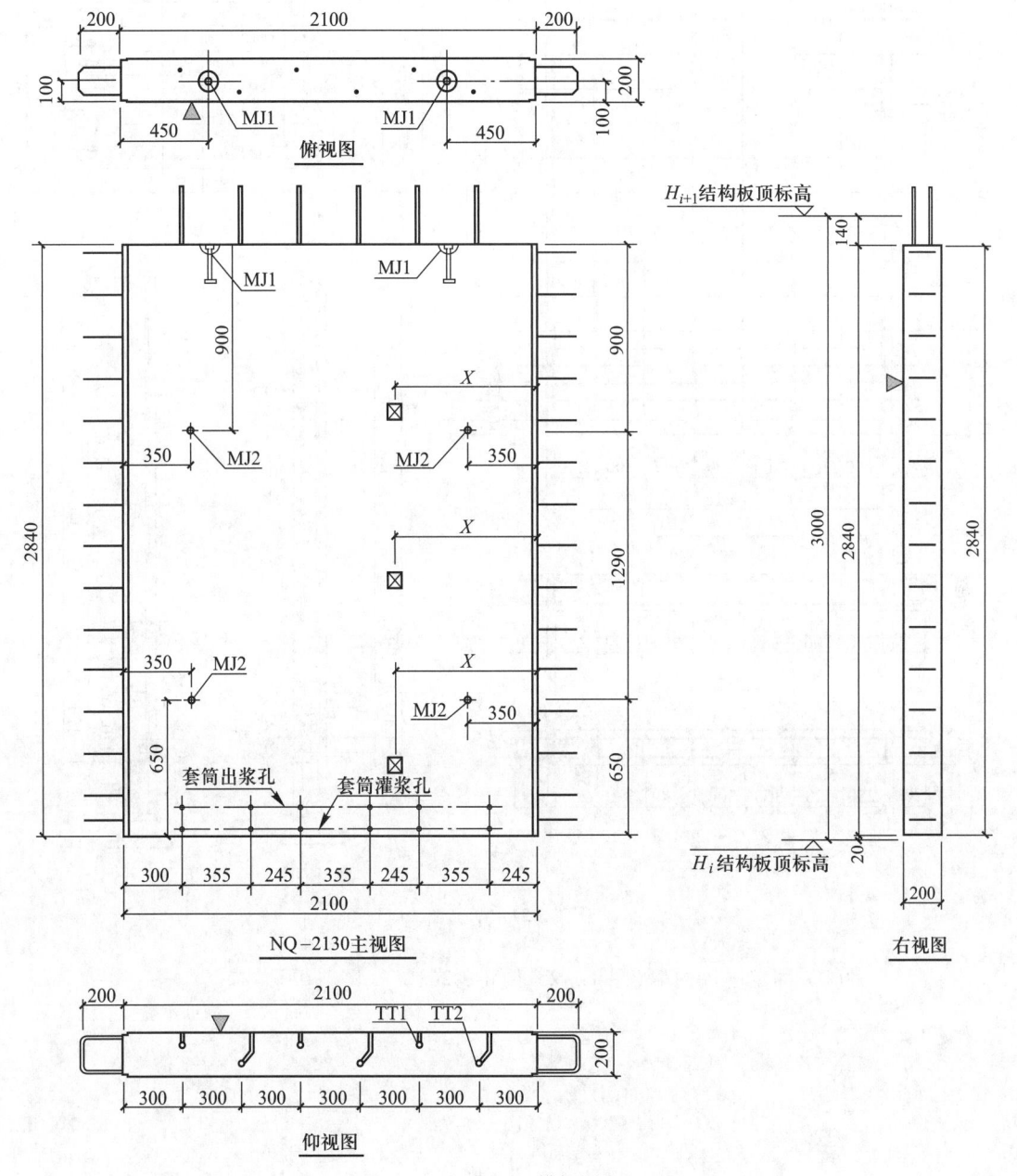

(1) 无洞口内墙(图 1.3.23、图 1.3.24)

图 1.3.23 模板图

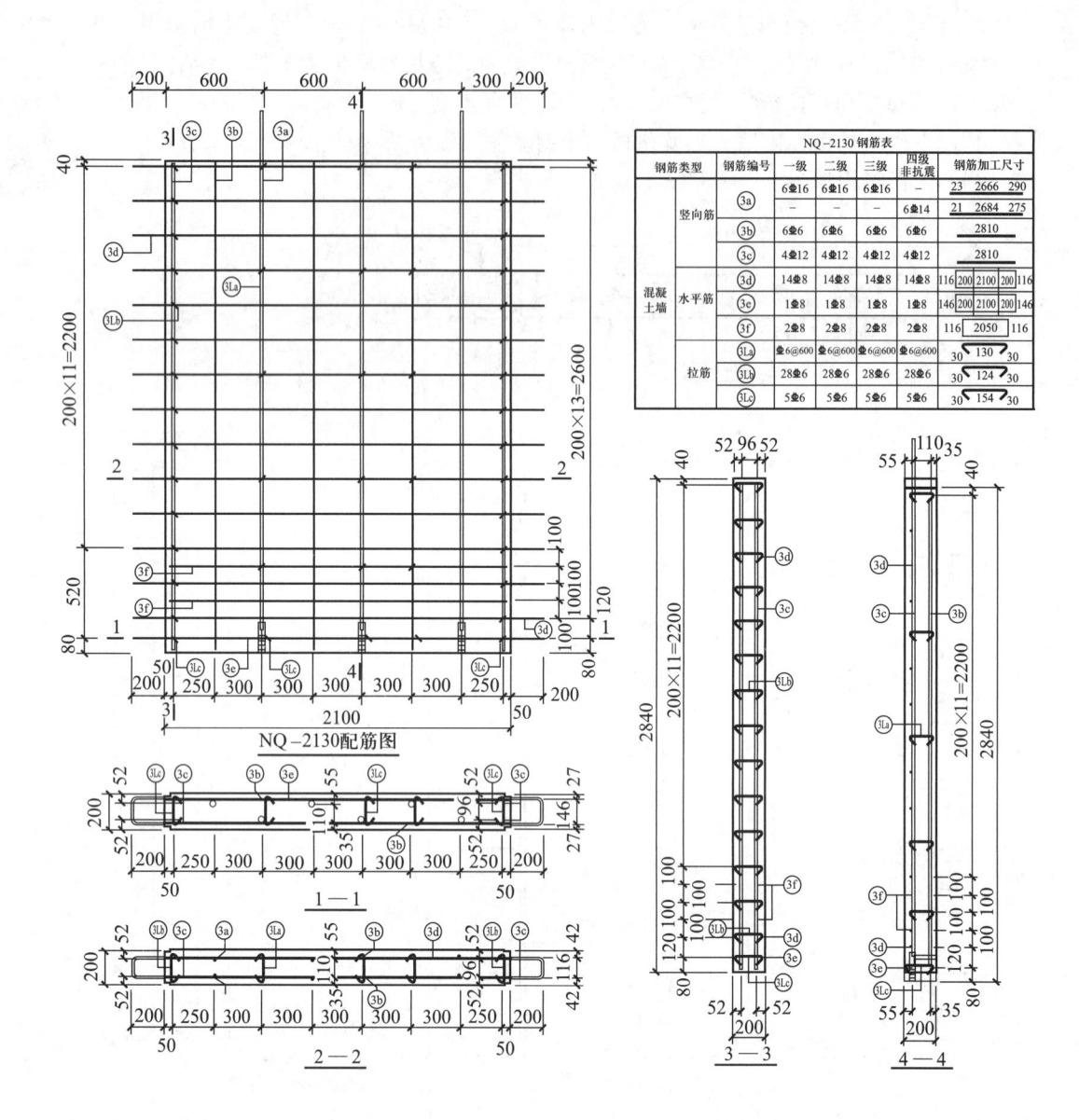

图 1.3.24　配筋图

（2）固定门垛内墙（图 1.3.25、图 1.3.26）

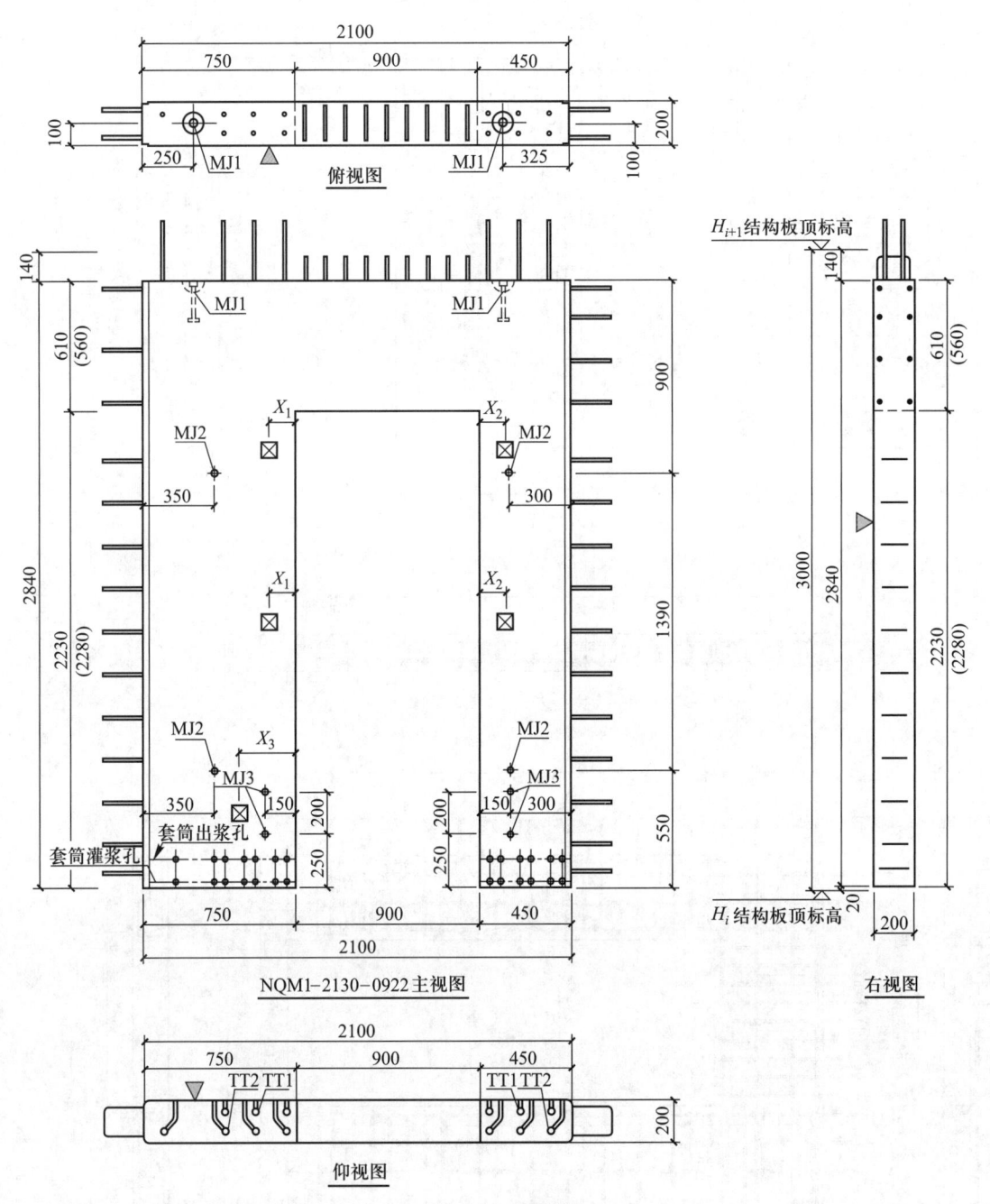

图 1.3.25 模板图

图 1.3.26 配筋图

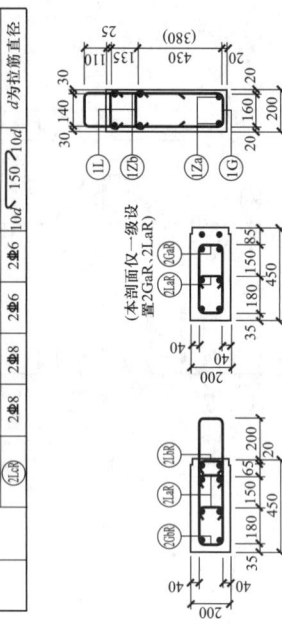

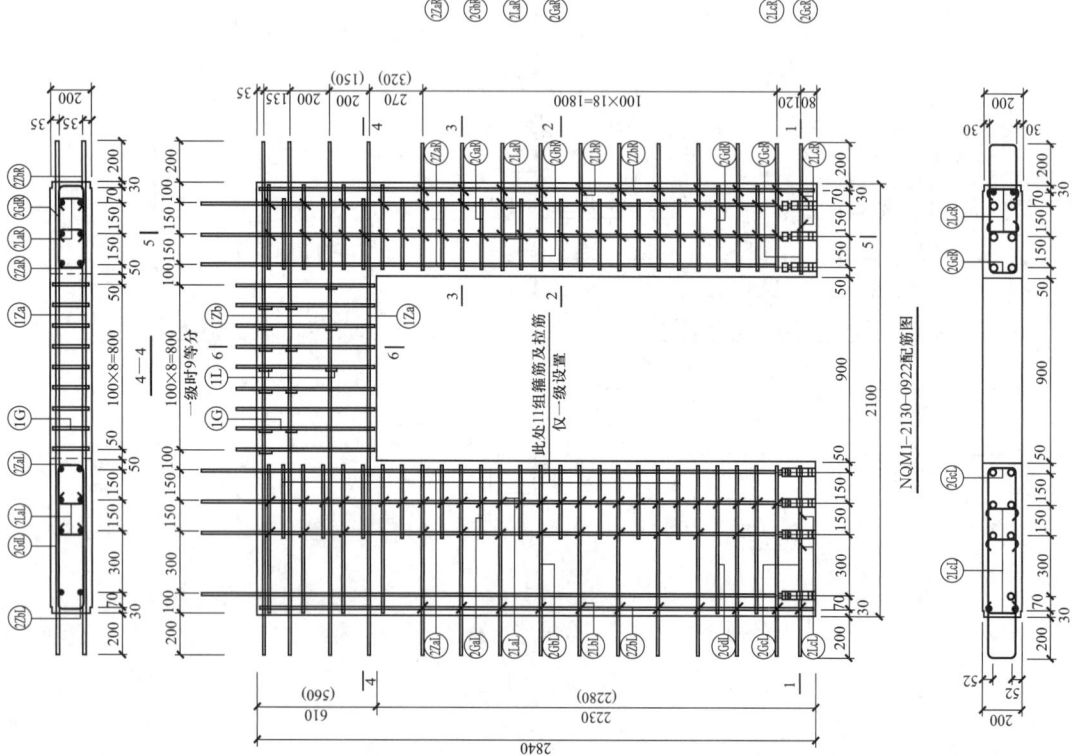

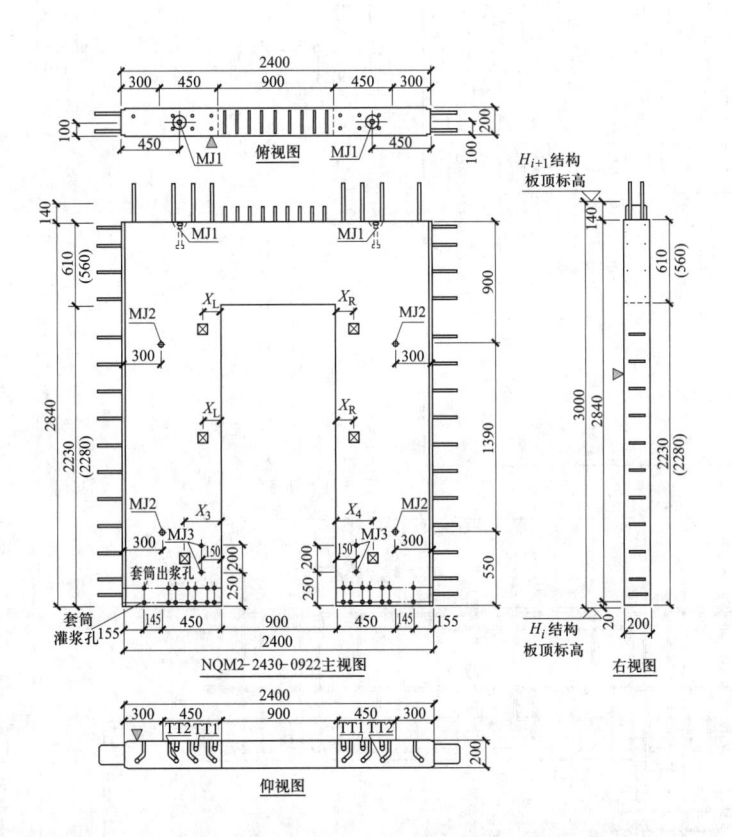

（3）中间门洞内墙（图 1.3.27、图 1.3.28）

图 1.3.27 模板图

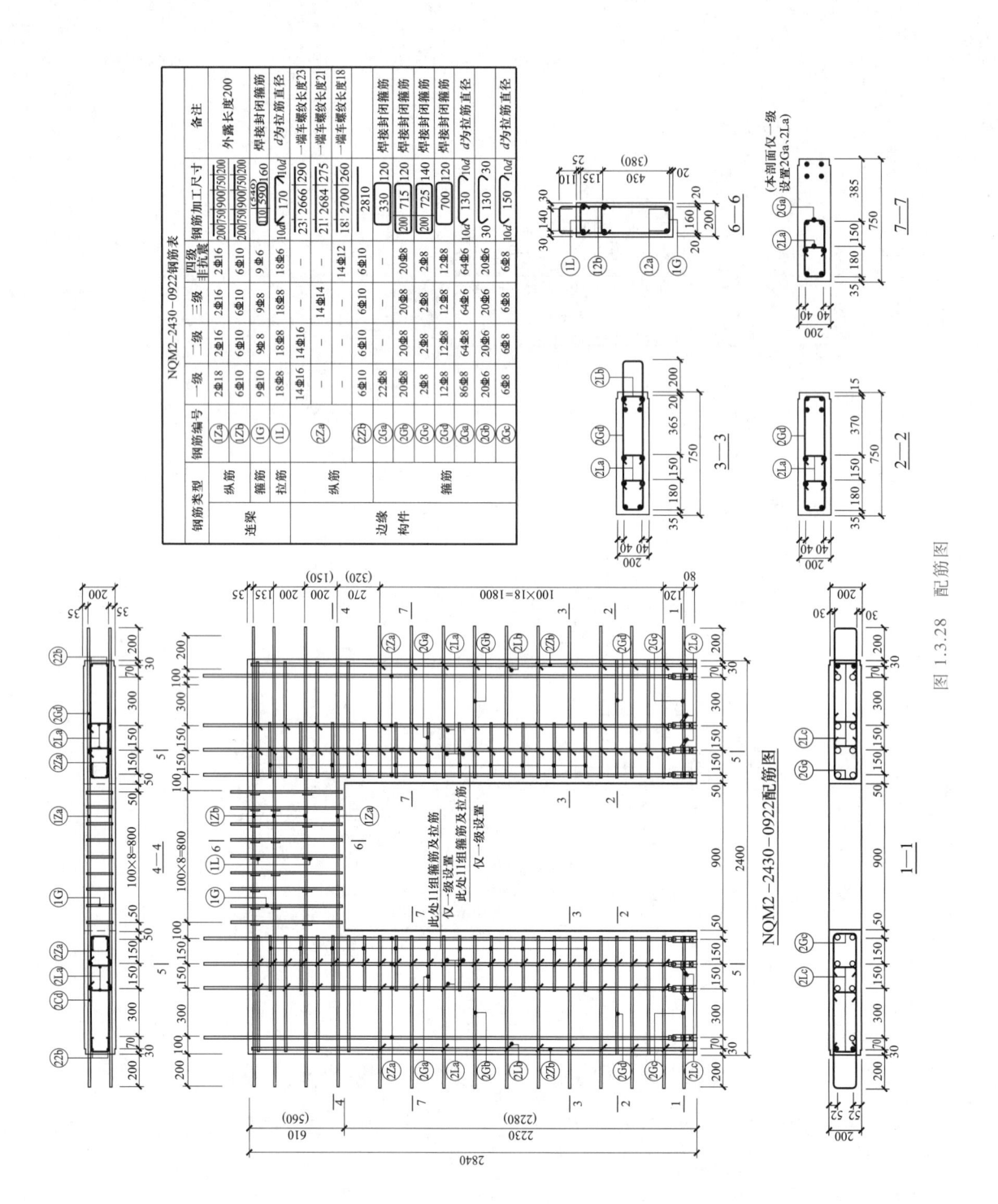

34　单元 1　装配式混凝土结构施工图表示方法

图 1.3.28　配筋图

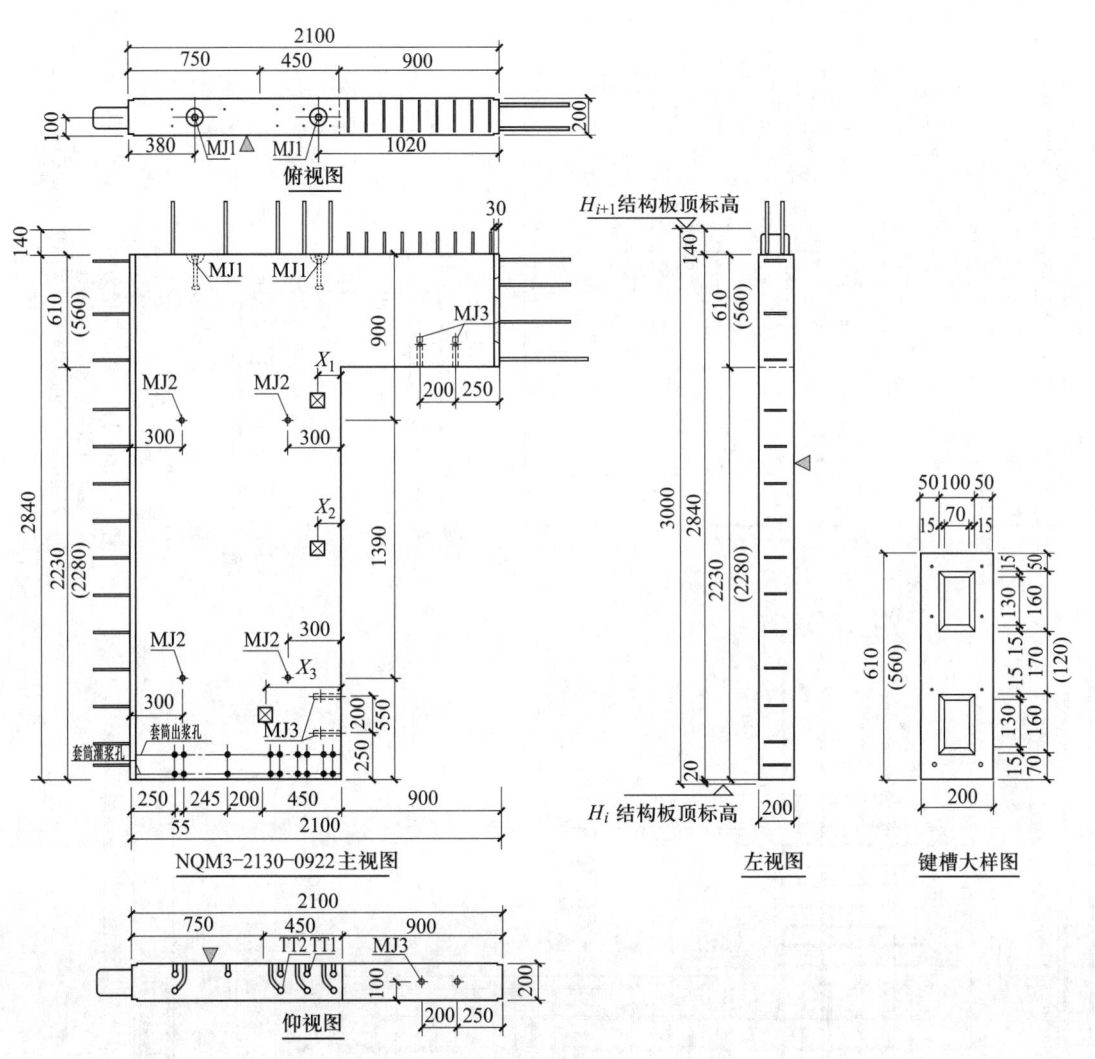

（4）刀把内墙（图1.3.29、图1.3.30）

图1.3.29 模板图

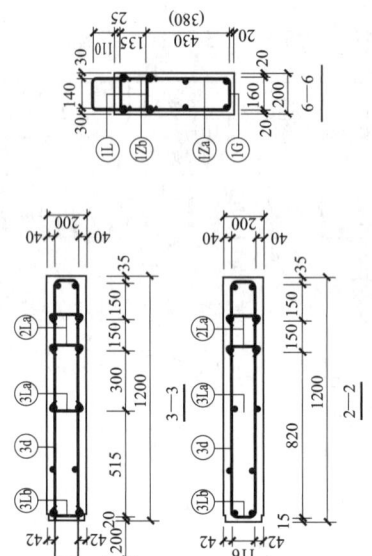

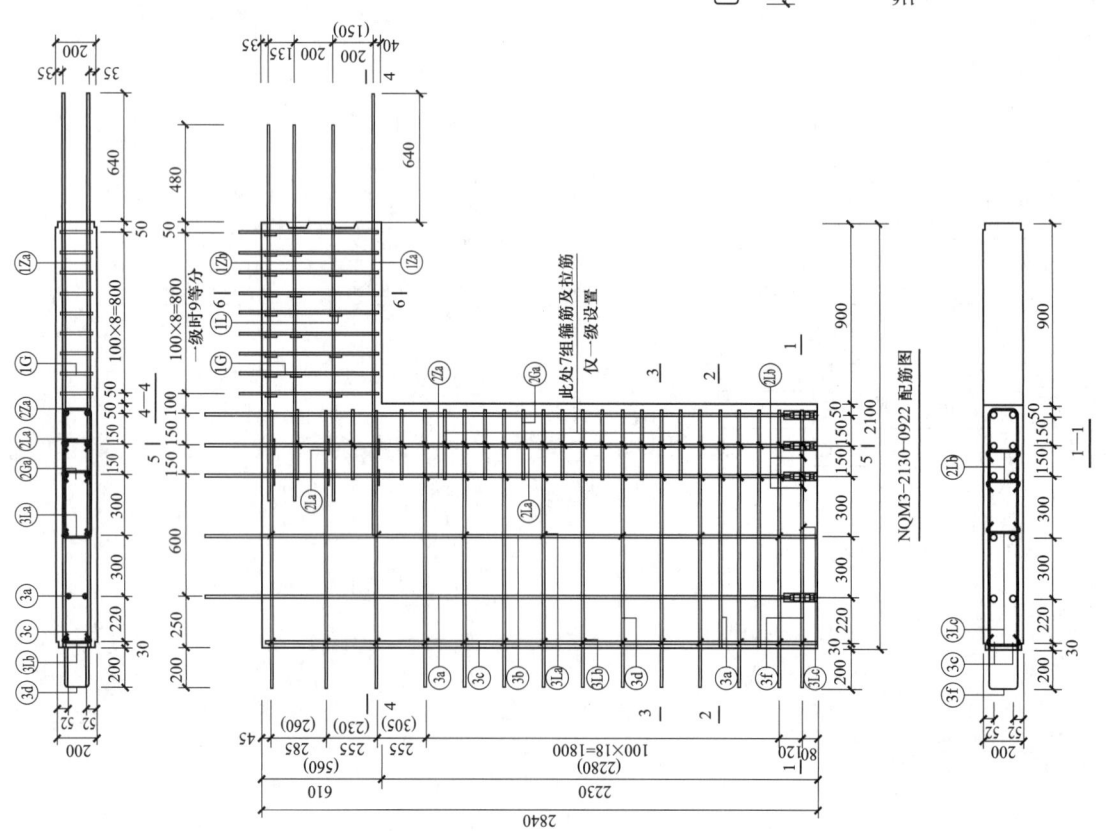

图 1.3.30 配筋图

1.4 钢筋混凝土叠合板

叠合板为施工阶段有可靠支撑的叠合受弯构件,为预制混凝土板顶部再现场后浇混凝土而形成的整体受弯构件。

1.4.1 叠合楼盖施工图制图规则

叠合楼盖的制图规则适用于以剪力墙、梁为支座的叠合楼(屋)面板施工图设计。

1. 叠合楼盖施工图的表示方法

叠合楼盖施工图主要包括预制底板平面布置图、现浇层配筋图、水平后浇带或圈梁布置图。所有叠合板板块应逐一编号,相同编号的板块可择其一做集中标注,其他仅注写置于圆圈内的板编号,当板面标高不同时,在板编号的斜线下标注标高高差,下降为负(-)。叠合板编号,由叠合板代号和序号组成,表达形式应符合表 1.4.1 的规定。

表 1.4.1 叠 合 板 编 号

叠合板类型	代号	序号
叠合楼面板	DLB	××
叠合屋面板	DWB	××
叠合悬挑板	DXB	××

注:序号可为数字,或数字加字母。

[例]DLB3,表示楼面板为叠合板,序号为 3;
DWB2,表示屋面板为叠合板,序号为 2;
DXB1,表示悬挑板为叠合板,序号为 1。

2. 叠合楼盖现浇层标注

叠合楼盖现浇层注写方法与 16G101-1 图集中的"有梁楼盖板平法施工图的表示方法"相同,同时应标注叠合板编号。

3. 预制底板标注

预制底板平面布置图中需要标注叠合板编号、预制底板编号、各块预制底板尺寸和定位。当选用标准图集中的预制底板时,可直接在板块上标注标准图集中的底板编号;当自行设计预制底板时,可参考标准图集的编号规则进行编号。

预制底板为单向板时,还应标注板边调节缝和定位;预制底板为双向板时还应标注接缝尺寸和定位;当板面标高不同时,标注底板标高高差,下降为负(-)。同时应给出预制底板表。预制底板表需要标明叠合板编号、板块内的预制底板编号及其与叠合板编号的对应关系、所在楼层、构件重量和数量、构件详图页码(自行设计构件为图号)、构件设计补充内容(线盒、留洞位置等)。当选用标准图集的预制底板时,可选类型详见 15G366-1《桁架钢筋混凝土叠合板(60mm 厚底板)》。标准图集中预制底板编号规则如表 1.4.2 所示。

表1.4.2 叠合板板底编号

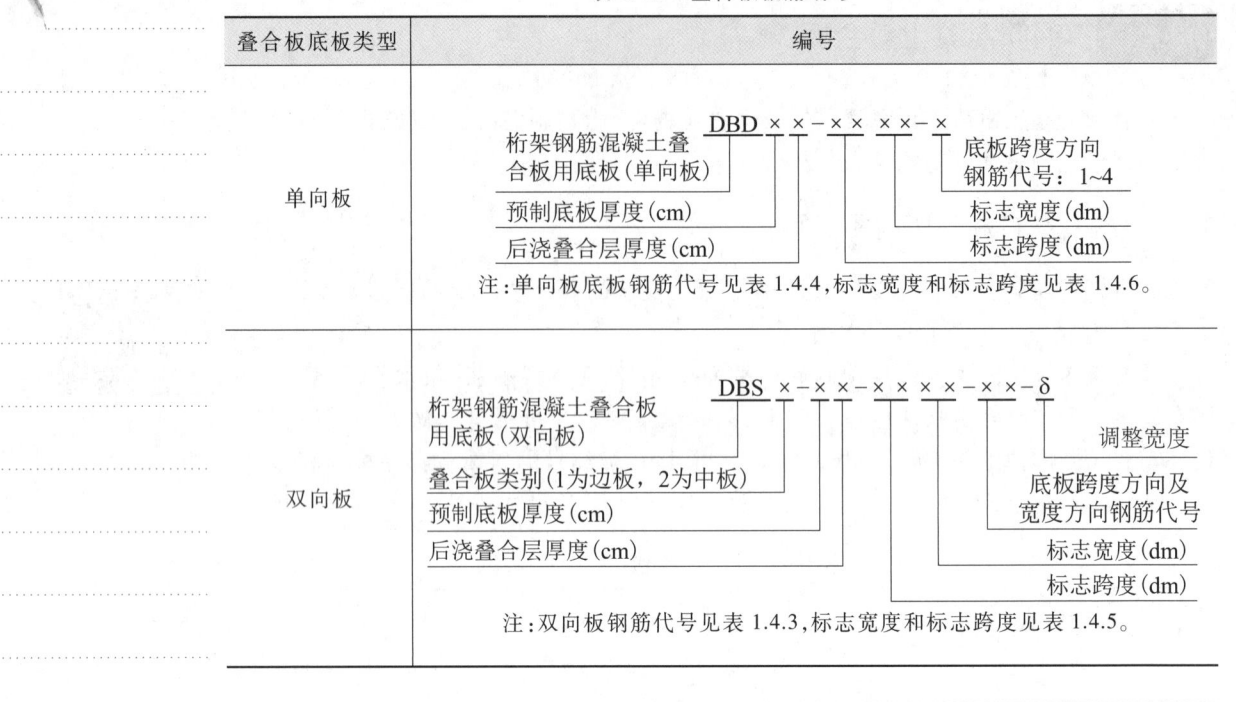

叠合板底板类型	编号
单向板	DBD××-×× ××-× 桁架钢筋混凝土叠合板用底板（单向板） 预制底板厚度(cm) 后浇叠合层厚度(cm) 底板跨度方向钢筋代号：1~4 标志宽度(dm) 标志跨度(dm) 注：单向板底板钢筋代号见表1.4.4，标志宽度和标志跨度见表1.4.6。
双向板	DBS×-×-××××-××-δ 桁架钢筋混凝土叠合板用底板（双向板） 叠合板类别（1为边板，2为中板） 预制底板厚度(cm) 后浇叠合层厚度(cm) 调整宽度 底板跨度方向及宽度方向钢筋代号 标志宽度(dm) 标志跨度(dm) 注：双向板钢筋代号见表1.4.3，标志宽度和标志跨度见表1.4.5。

[例]底板编号DBS1-67-3620-31，表示双向受力叠合板用底板，拼装位置为边板，预制底板厚度为60 mm，后浇叠合层厚度为70 mm，预制底板的标志跨度为3 600 mm，预制底板的标志宽度为2 000 mm，底板跨度方向配筋为Φ10@200，底板宽度方向配筋为Φ8@200。

底板编号DBS2-67-3620-31，表示双向受力叠合板用底板，拼装位置为中板，预制底板厚度为60 mm，后浇叠合层厚度为70 mm，预制底板的标志跨度为3 600 mm，预制底板的标志宽度为2 000 mm，底板跨度方向配筋为势Φ10@200，底板宽度方向配筋为Φ8@200。

底板编号DBD67-3620-2，表示为单向受力叠合板用底板，预制底板厚度为60 mm，后浇叠合层厚度为70 mm，预制底板的标志跨度为3 600 mm，预制底板的标志宽度为2 000 mm，底板跨度方向配筋为Φ8@150。

单、双向叠合板用板底钢筋代号、宽度及跨度详见表1.4.3~表1.4.6。

表1.4.3 双向板板底跨度、宽度方向钢筋代号组合

宽度方向钢筋	跨度方向钢筋			
	Φ8@200	Φ8@150	Φ10@200	Φ10@150
Φ8@200	11	21	31	41
Φ8@150	—	22	32	42
Φ8@100	—	—	—	43

表 1.4.4　单向板板底钢筋编号

代号	1	2	3	4
受力钢筋规格及间距	Φ 8@200	Φ 8@150	Φ 10@200	Φ 10@150
分布钢筋规格及间距	Φ 6@200	Φ 6@200	Φ 6@200	Φ 6@200

表 1.4.5　双向板底宽度及跨度

	标志宽度/mm	1 200	1 500	1 800	2 000	2 400
宽度	边板实际宽度/mm	960	1 260	1 560	1 760	2 160
	中板实际宽度/mm	900	1 200	1 500	1 700	2 100
跨度	标志跨度/mm	3 000	3 300	3 600	3 900	4 200	4 500
	实际跨度/mm	2 820	3 120	3 420	3 720	4 020	4 320
	标志跨度/mm	4 800	5 100	5 400	5 700	6 000	—
	实际跨度/mm	4 620	4 920	5 220	5 520	5 820	—

表 1.4.6　单向板底宽度及跨度

	标志宽度/mm	1 200	1 500	1 800	2 000	2 400
宽度	实际宽度/mm	1 200	1 500	1 800	2 000	2 400
跨度	标志跨度/mm	2 700	3 000	3 300	3 600	4 200
	实际跨度/mm	2 520	2 820	3 120	3 720	4 020

叠合楼盖预制底板接缝需要在平面上标注其编号、尺寸和位置,并需给出接缝的详图,接缝编号规则见表 1.4.7,尺寸、定位和详图示例见 15G366-1 图集。

表 1.4.7　叠合板底板接缝编号

名称	代号	序号
叠合板底接缝	JF	××
叠合板底密拼接缝	MF	—

1)当叠合楼盖预制底板接缝选用标准图集时,可在接缝选用表中写明节点选用图集号、页码、节点号和相关参数;
2)当自行设计叠合楼盖预制底板接缝时,需由设计单位给出节点详图。

[例]JF1,表示叠合板之间的接缝,序号为 1。

若设计的预制底板与标准图集中板型的模板、配筋不同,应由设计单位进行构件详图设计。预制底板详图可参考 15G366-1《桁架钢筋混凝土叠合板(60mm)厚底板》。

4. 水平后浇带或圈梁标注

需在平面上标注水平后浇带或圈梁的分布位置。水平后浇带编号由代号和序号组成,表达形式应符合表 1.4.8 的规定。

表 1.4.8　水平后浇带编号

类型	代号	序号
水平后浇带	SHJD	××

[例]SHJD3,表示水平后浇带,序号为3。

水平后浇带表的内容包括:平面中的编号、所在平面位置、所在楼层及配筋。

[例]SHJD1,所在位置外墙,所在楼层3~21层,配筋2⏀10,拉筋1⏀8

钢筋桁架规格代号及参数见表1.4.9。

表 1.4.9　钢筋桁架规格代号及参数

桁架规格代号	上弦钢筋公称直径/mm	下弦钢筋公称直径/mm	腹杆钢筋公称直径/mm	桁架设计高度/mm	桁架每延米理论质量/(kg/m)
A80	8	8	6	80	1.76
A90	8	8	6	90	1.79
A100	8	8	6	100	1.82
B80	10	8	6	80	1.98
B90	10	8	6	90	2.01
B100	10	8	6	100	2.04

1.4.2　叠合楼板模板与配筋

1. 选用方法

应对叠合楼板进行承载能力极限状态和正常使用极限状态设计,根据板厚和配筋进行底板的选型,绘制底板平面布置图,并另行绘制楼板后浇叠合层顶面配筋图。当选用图集的底板并按其要求制作及施工时,可不进行脱模、吊装、运输、堆放、安装环节施工验算。布置底板时,应尽量选择标准板型;当采用非标准板型时,应另行设计底板。单向板底板之间采用分离式接缝,可在任意位置拼接。双向板底板之间采用整体式接缝,接缝位置宜设置在叠合板的次要受力方向上且受力较小处。

2. 模板与配筋(图 1.4.1、图 1.4.2)

叠合板平面布置见图 1.4.3。

1.4 钢筋混凝土叠合板

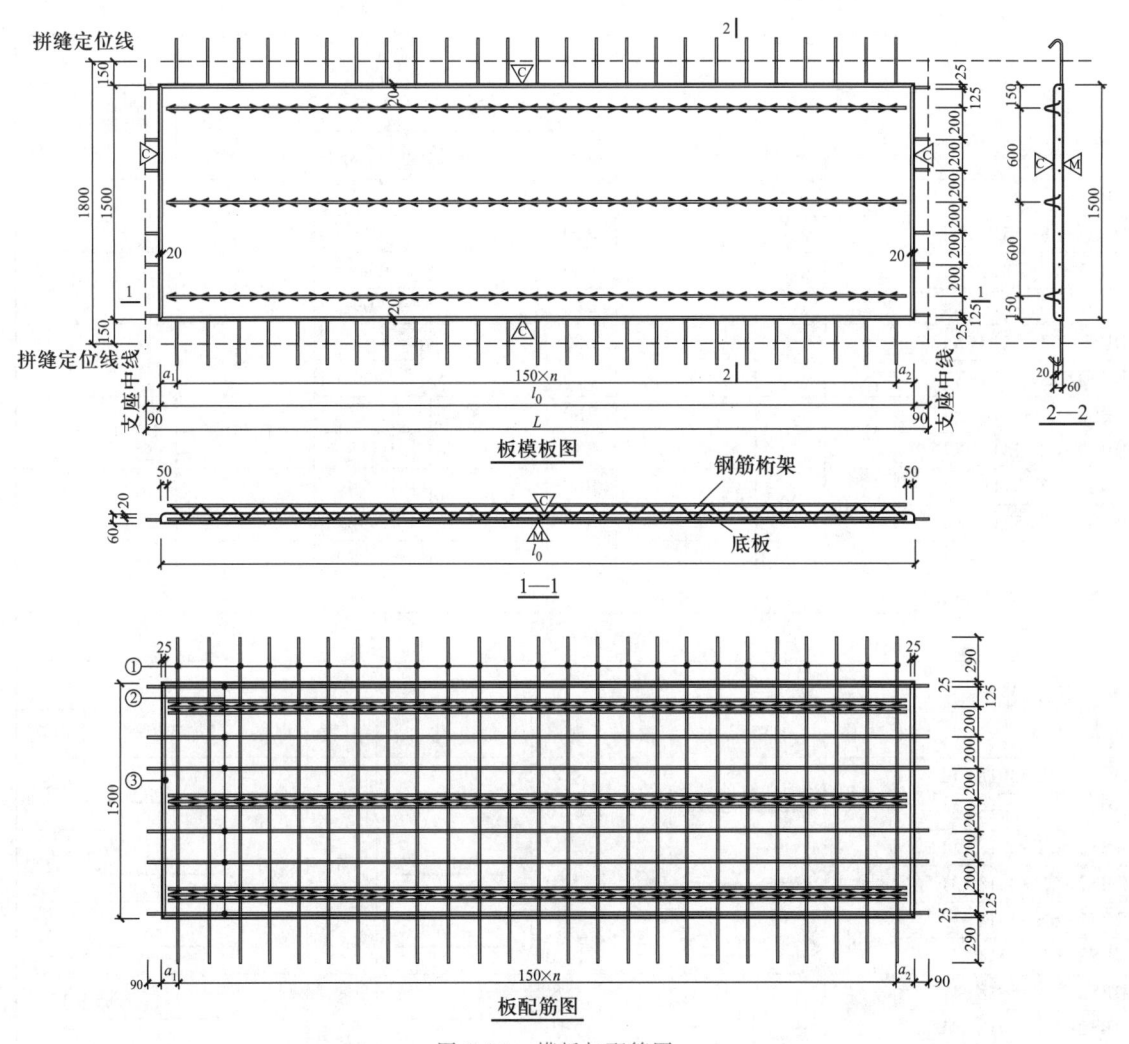

图 1.4.1 模板与配筋图

底板参数表

底板编号 (X 代表 1、3)	l_0 (mm)	a_1 (mm)	a_2 (mm)	n	桁架型号 编号	桁架型号 长度(mm)	桁架型号 重量(kg)	混凝土体积 (m^3)	底板自重 (t)
DBS2-67-3018-X1	2820	70	50	18	A80	2720	4.79	0.254	0.635
DBS2-68-3018-X1	2820	70	50	18	A90	2720	4.87	0.254	0.635
DBS2-67-3318-X1	3120	70	50	20	A80	3020	5.32	0.281	0.702
DBS2-68-3318-X1	3120	70	50	20	A90	3020	5.40	0.281	0.702
DBS2-67-3618-X1	3420	70	50	22	A80	3320	5.85	0.308	0.769
DBS2-68-3618-X1	3420	70	50	22	A90	3320	5.94	0.308	0.769
DBS2-67-3918-X1	3720	70	50	24	B80	3620	7.18	0.335	0.837
DBS2-68-3918-X1	3720	70	50	24	B90	3620	7.28	0.335	0.837
DBS2-67-4218-X1	4020	150	70	26	B80	3920	7.77	0.362	0.905
DBS2-68-4218-X1	4020	150	70	26	B90	3920	7.88	0.362	0.905

续表

底板参数表									
底板编号 （X 代表 1、3）	l_0 （mm）	a_1 （mm）	a_2 （mm）	n	桁架型号		混凝土体积 （m³）	底板自重 （t）
^^^	^^^	^^^	^^^	^^^	编号	长度（mm）	重量（kg）	^^^	^^^
DBS2-67-4518-X1	4320	70	50	28	B80	4220	8.37	0.389	0.972
DBS2-68-4518-X1	^^^	^^^	^^^	^^^	B90	^^^	8.48	^^^	^^^
DBS2-67-4818-X1	4620	70	50	30	B80	4520	8.96	0.416	1.039
DBS2-68-4818-X1	^^^	^^^	^^^	^^^	B90	^^^	9.09	^^^	^^^
DBS2-67-5118-X1	4920	70	50	32	B80	4820	9.55	0.443	1.107
DBS2-68-5118-X1	^^^	^^^	^^^	^^^	B90	^^^	9.69	^^^	^^^
DBS2-67-5418-X1	5220	70	50	34	B80	5120	10.15	0.470	1.175
DBS2-68-5418-X1	^^^	^^^	^^^	^^^	B90	^^^	10.29	^^^	^^^
DBS2-67-5718-X1	5520	70	50	36	B80	5420	10.74	0.497	1.242
DBS2-68-5718-X1	^^^	^^^	^^^	^^^	B90	^^^	10.90	^^^	^^^
DBS2-67-6018-X1	5820	70	50	38	B80	5720	11.33	0.524	1.309
DBS2-68-6018-X1	^^^	^^^	^^^	^^^	B90	^^^	11.50	^^^	^^^

底板配筋表									
底板编号 （X 代表 7、8）	①			②			③		
^^^	规格	加工尺寸	根数	规格	加工尺寸	根数	规格	加工尺寸	根数
DBS2-6X-3018-11 DBS2-6X-3018-31	⌀8	40⌒2080⌒40	19	⌀8 ⌀10	3000	6	⌀6	1450	2
DBS2-6X-3318-11 DBS2-6X-3318-31	⌀8	40⌒2080⌒40	21	⌀8 ⌀10	3300	6	⌀6	1450	2
DBS2-6X-3618-11 DBS2-6X-3618-31	⌀8	40⌒2080⌒40	23	⌀8 ⌀10	3600	6	⌀6	1450	2
DBS2-6X-3918-11 DBS2-6X-3918-31	⌀8	40⌒2080⌒40	25	⌀8 ⌀10	3900	6	⌀6	1450	2
DBS2-6X-4218-11 DBS2-6X-4218-31	⌀8	40⌒2080⌒40	27	⌀8 ⌀10	4200	6	⌀6	1450	2
DBS2-6X-4518-11 DBS2-6X-4518-31	⌀8	40⌒2080⌒40	29	⌀8 ⌀10	4500	6	⌀6	1450	2
DBS2-6X-4818-11 DBS2-6X-4818-31	⌀8	40⌒2080⌒40	31	⌀8 ⌀10	4800	6	⌀6	1450	2
DBS2-6X-5118-11 DBS2-6X-5118-31	⌀8	40⌒2080⌒40	33	⌀8 ⌀10	5100	6	⌀6	1450	2
DBS2-6X-5418-11 DBS2-6X-5418-31	⌀8	40⌒2080⌒40	35	⌀8 ⌀10	5400	6	⌀6	1450	2
DBS2-6X-5718-11 DBS2-6X-5718-31	⌀8	40⌒2080⌒40	37	⌀8 ⌀10	5700	6	⌀6	1450	2
DBS2-6X-6018-11 DBS2-6X-6018-31	⌀8	40⌒2080⌒40	39	⌀8 ⌀10	6000	6	⌀6	1450	2

图 1.4.2　配筋图清单

1.4 钢筋混凝土叠合板

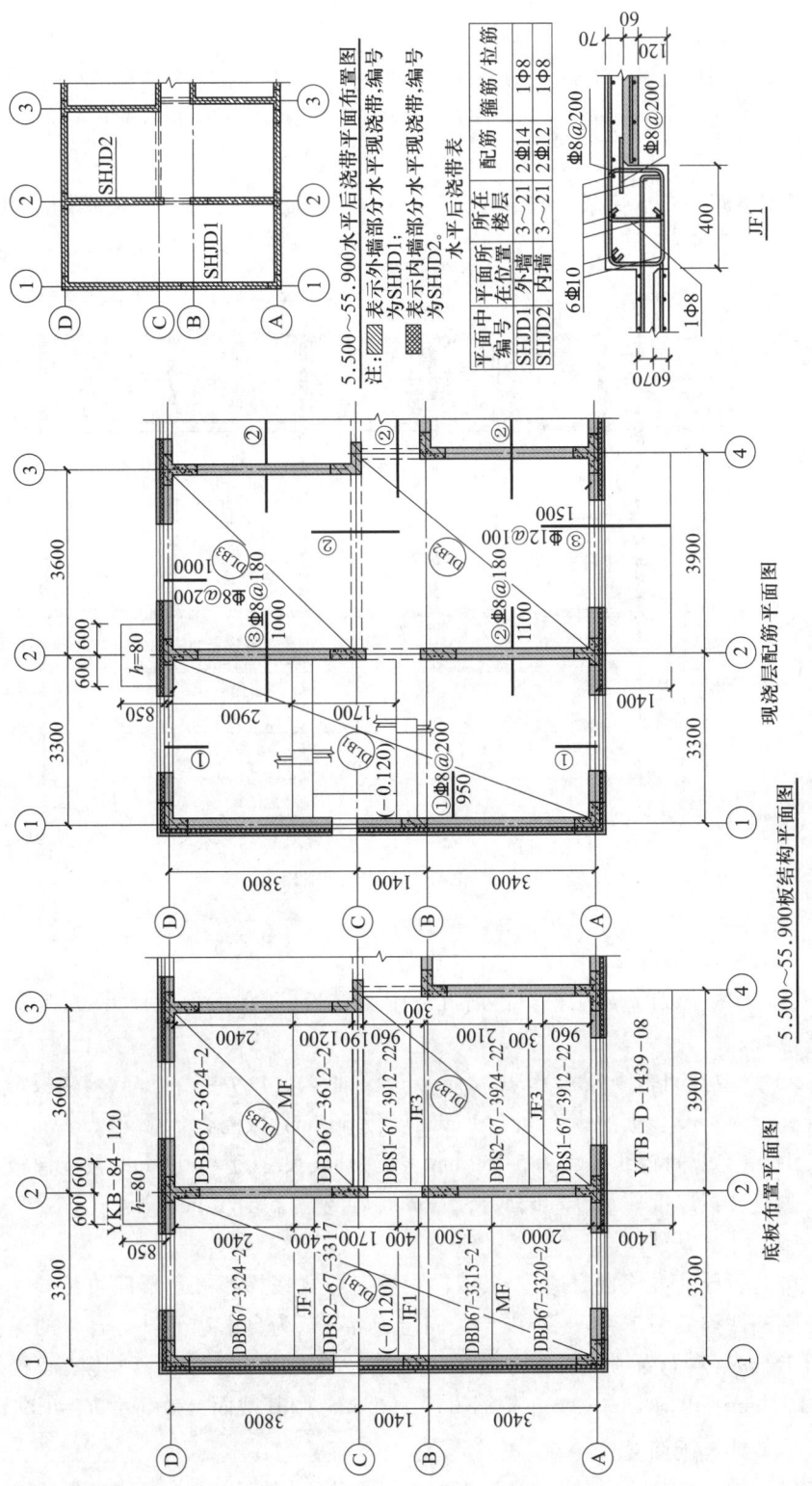

图 1.4.3 叠合板平面布置图

[选用示例]叠合板选用。

(1)概况

某南方剪力墙结构住宅,剪力墙厚 200 mm,标准层建筑平面由 A1 户型和 B1 户型组成,详见图 1.4.4。图中无填充部分为轻质隔墙板,其容重小于 6 kN/m³,楼板采用桁架钢筋混凝土叠合板。楼面附加面层永久荷载标准值为 1.5 kN/m²,卧室、客厅、餐厅楼面均布活荷载标准值为 2.0 kN/m²。混凝土采用 C30,钢筋采用 HRB400。

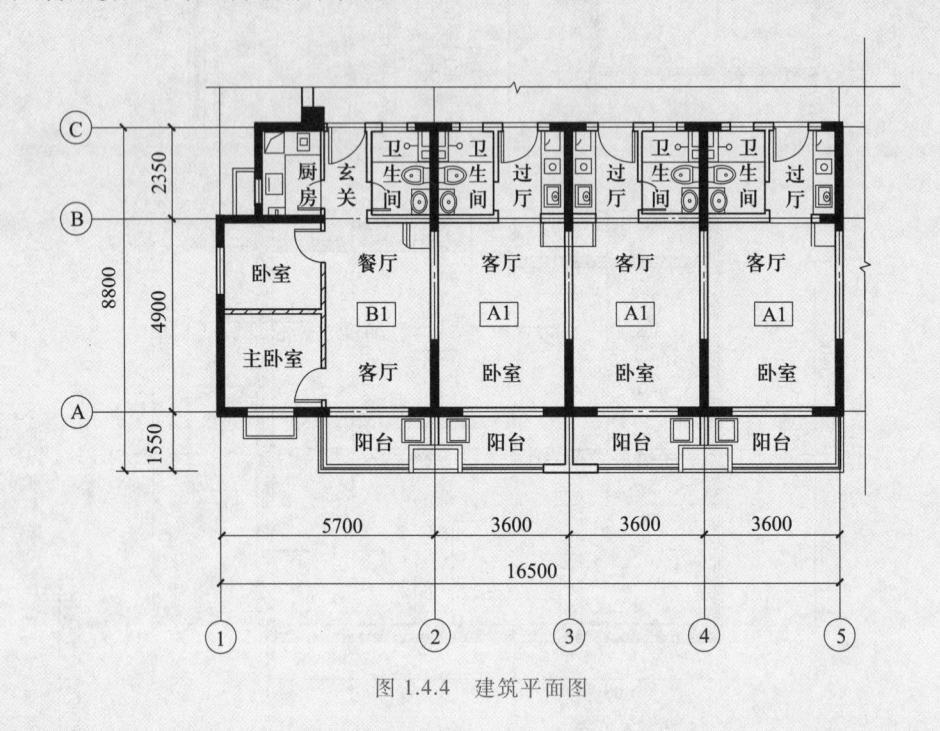

图 1.4.4 建筑平面图

(2)设计选用

客厅、餐厅、卧室采用桁架钢筋混凝土叠合板,预制阳台设计另详,其余部分采用现浇板。

A1 户型开间轴线尺寸为 3 600 mm,进深轴线尺寸为 4 900 mm,该楼板按单向板布置叠合板。叠合板的厚度取 130 mm,底板 60 mm,后浇叠合层 70 mm。

B1 户型开间轴线尺寸为 5 700 mm,进深轴线尺寸为 4 900 mm,按双向板布置叠合板。叠合板厚度取 130 mm,底板 60 mm,后浇叠合层 70 mm。

(3)计算条件

单向板导荷方式按对边传导,双向板导荷方式按梯形三角形四边传导。叠合板的支座条件详见图 1.4.5。图中▀▀▀▀为固定边界,----为自由边界。叠合板的保护层厚度为 15 mm,双向受力时板宽方向受力钢筋按直径 8 mm 计算,则其截面有效高度 $h_0 = 107$ mm;单向受力时分布钢筋直径为 6 mm,则其截面有效高度 $h_0 = 109$ mm。

(4)计算配筋

经结构计算分析,得出叠合板底的配筋面积,根据双向叠合板用底板所用的钢筋

图 1.4.5 支座条件简化

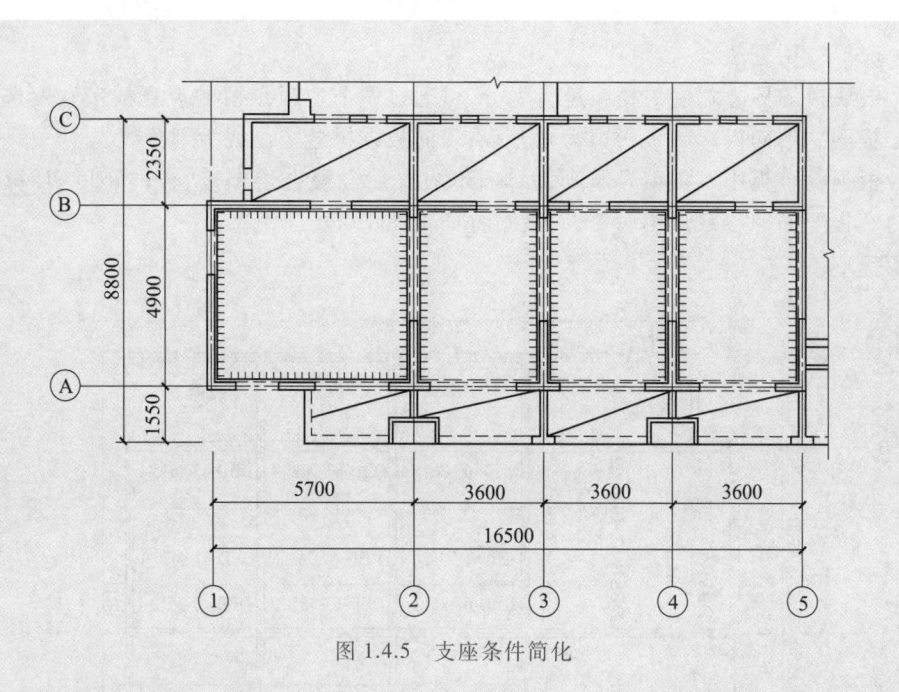

规格、间距及单向叠合板底板所用的钢筋规格、间距调整各叠合板配筋。叠合板底受力钢筋配置详见图 1.4.6，括号内为实际配筋，此配筋满足承载能力极限状态及正常使用极限状态的要求。

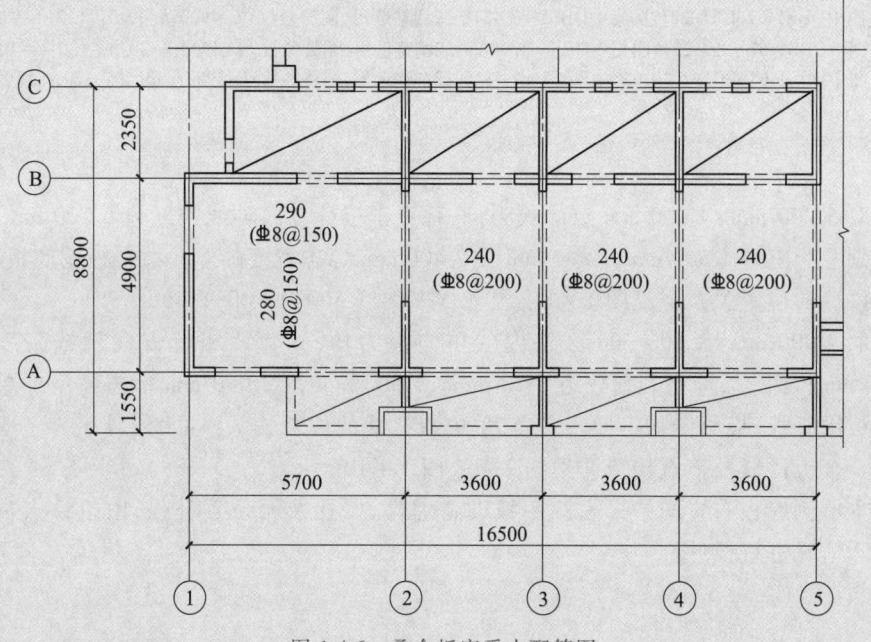

图 1.4.6 叠合板底受力配筋图

叠合板支座负弯矩钢筋由设计人员另行绘制。

（5）选用方法

按底板的标志宽度对楼板进行划分，可通过调节边板预留的现浇板带宽度选用标准板型。单向板以底板板边为划分线，双向板以拼缝定位线为划分线。

根据叠合板用底板编号原则，由底板厚度、后浇叠合层厚度、板的跨度、计算所得的底板配筋等参数选用底板，底板布置详见图1.4.7。

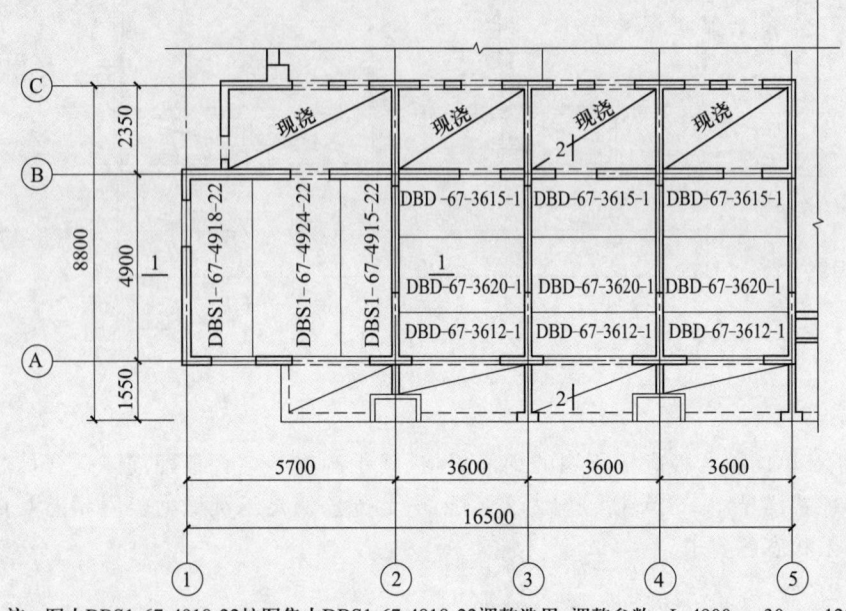

注：图中DBS1-67-4918-22按图集DBS1-67-4818-22调整选用，调整参数：$L=4900$；$n=30$；$a_1=120$；$a_2=100$
图中DBS1-67-4924-22按图集DBS1-67-4824-22调整选用，调整参数：$L=4900$；$n=30$；$a_1=120$；$a_2=100$
图中DBS1-67-4915-22按图集DBS1-67-4815-22调整选用，调整参数：$L=4900$；$n=30$；$a_1=120$；$a_2=100$

图1.4.7 底板布置图

取5 700 mm×4 900 mm双向板为例，垂直于板缝方向轴线跨度为5 700 mm，可将其划分为三块1 500 mm、1 800 mm及2 400 mm标志宽度的双向叠合板用底板，双向板拼缝的位置关系详见图1.4.8。尺寸5 700=1 500+1 800+2 400。

取4 900 mm×3 600 mm区格内的单向板为例，垂直于板缝方向轴线跨度为4 700 mm（净跨），可将其划分为1 200 mm、1 500 mm及2 000 mm标志宽度的单向叠合板用底板，板两侧均不伸入支座，单向板拼缝的位置关系详见图1.4.8。

叠合板拼缝及节点构造详见图1.4.9、图1.4.10。

本示例底板布置图中未表达底板设备埋件、留孔及洞位置补强，由设计人员根据实际情况进行设计。

1.4 钢筋混凝土叠合板

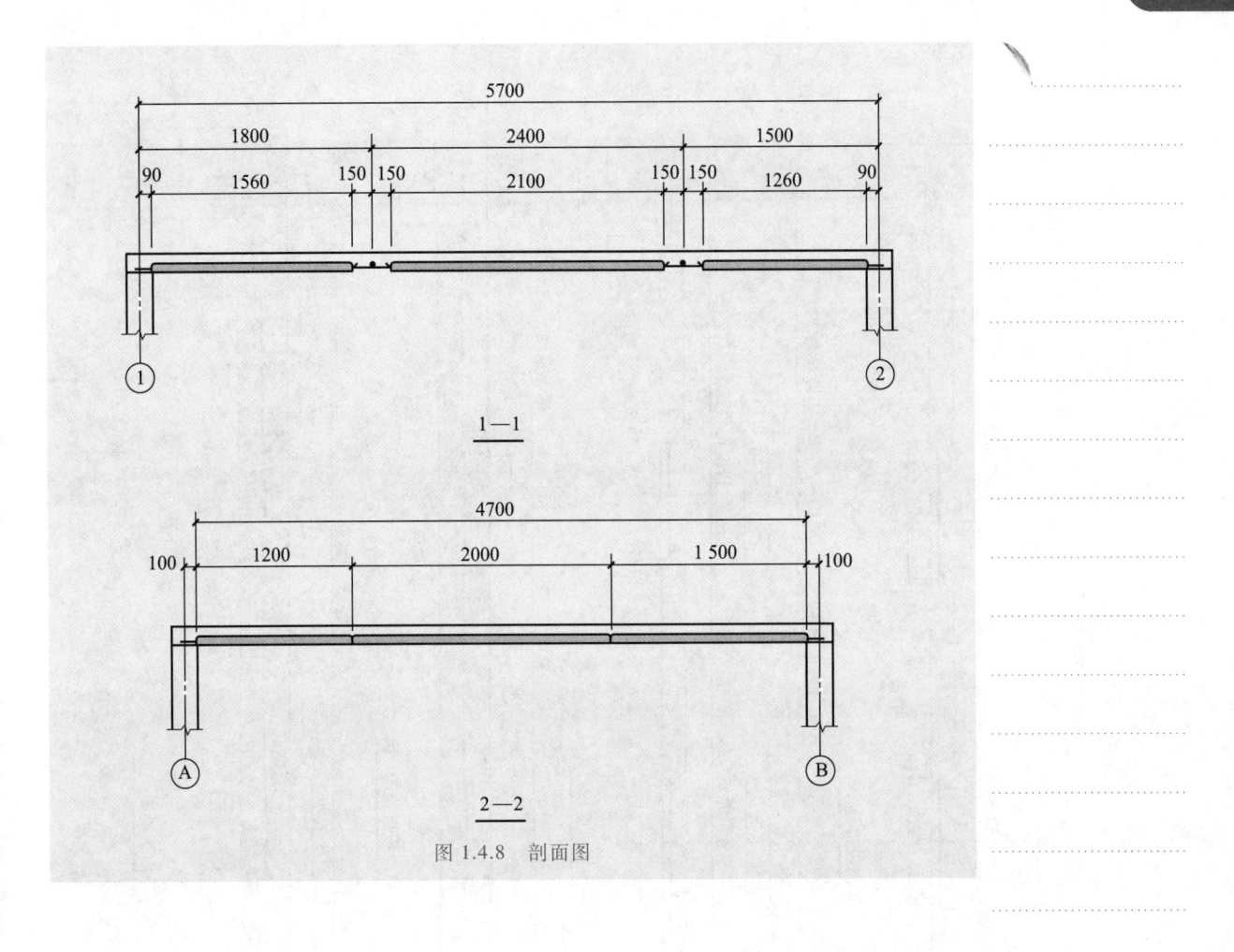

图 1.4.8 剖面图

图1.4.9 底板拼缝构造图

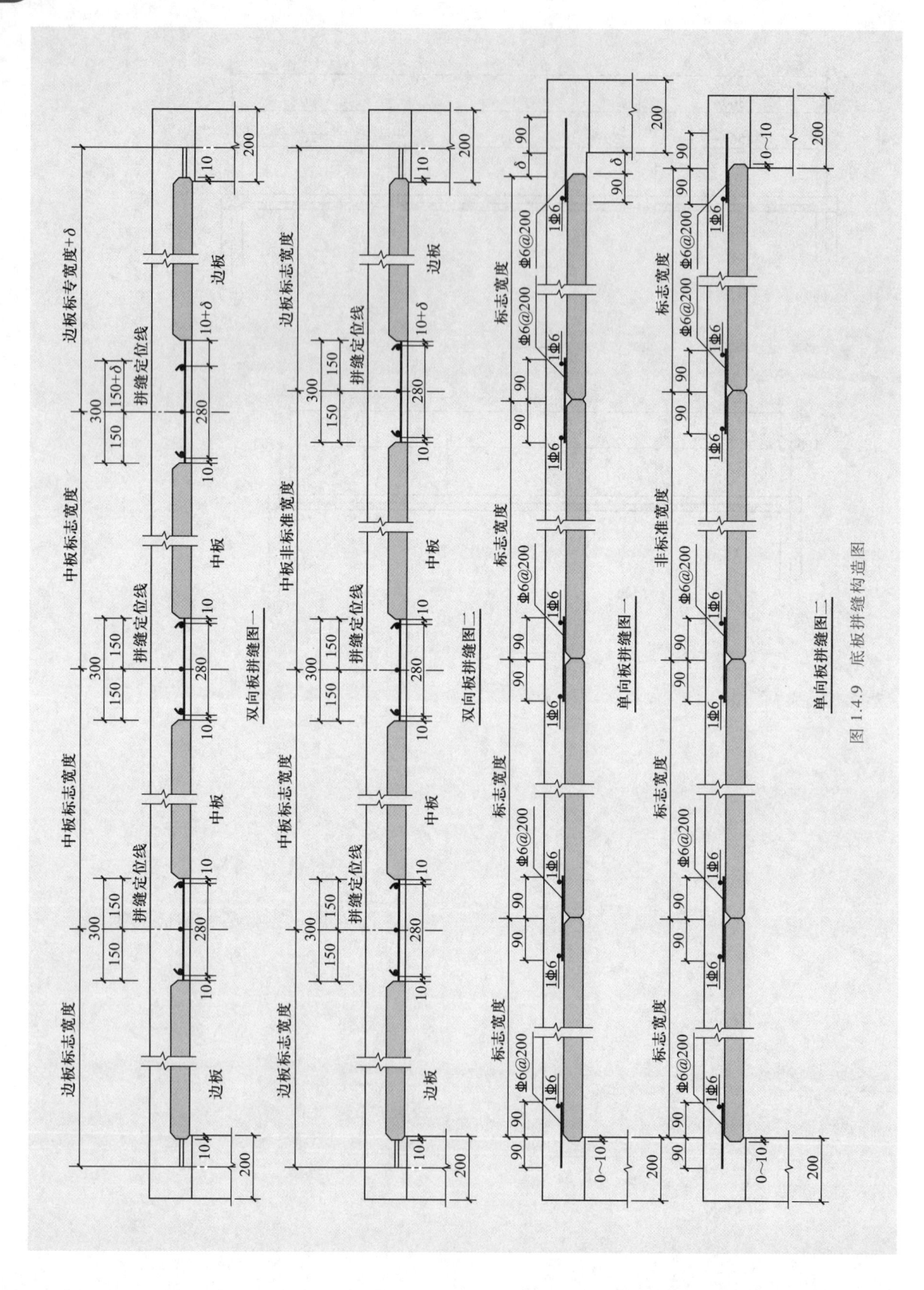

图 1.4.10 节点构造图

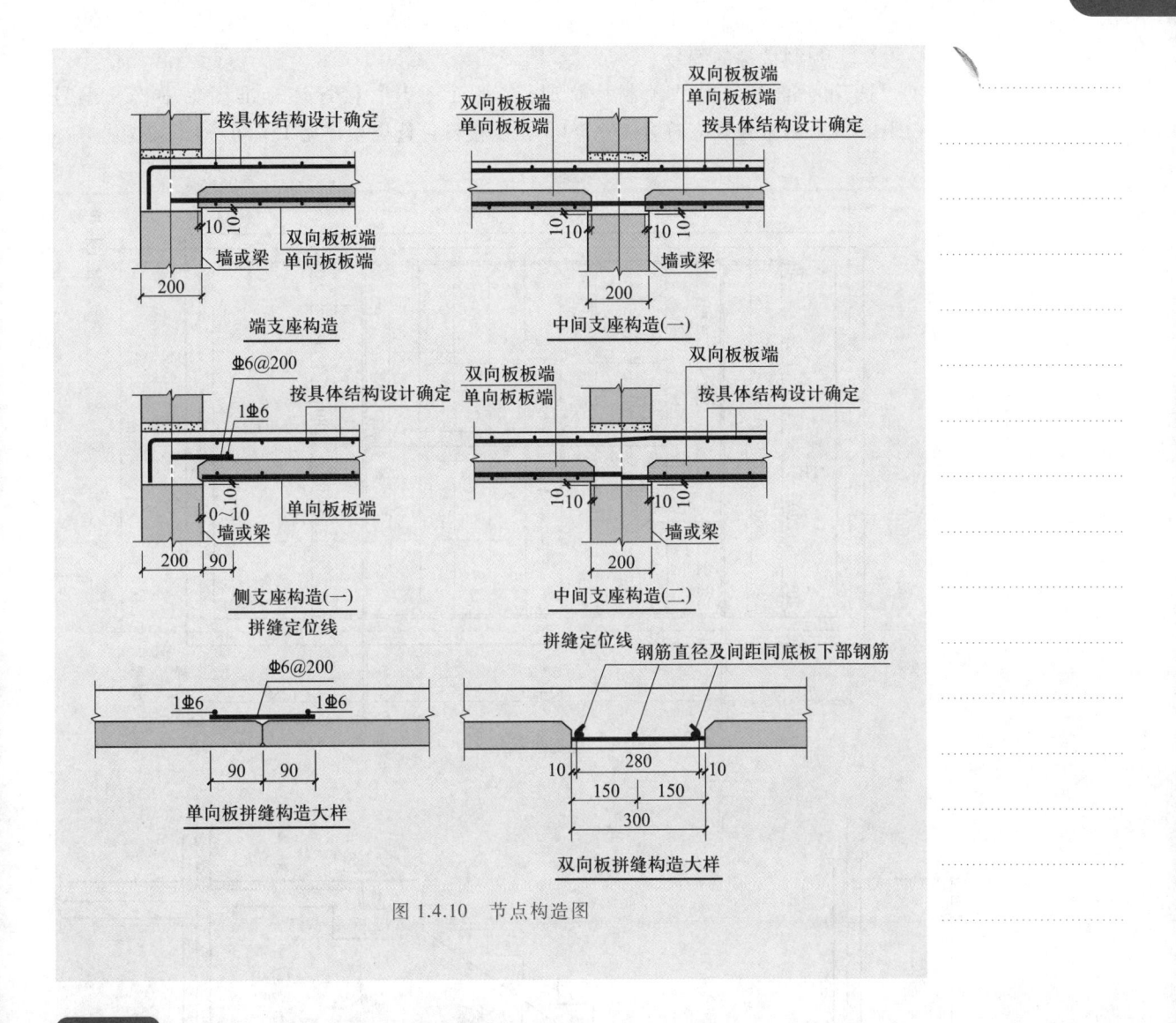

1.5 预制钢筋混凝土板式楼梯

根据15G367-1《预制钢筋混凝土板式楼梯》和15G107-1《装配式混凝土结构表示方法及示例(剪力墙结构)》,预制钢筋混凝土板式楼梯包括双跑楼梯和剪刀楼梯。该预制钢筋混凝土板式楼梯(简称"预制楼梯")的制图规则适用于剪力墙结构中的预制楼梯施工图设计。

1.5.1 预制楼梯的制图规则

(1) 表示方法

制图规则为预制楼梯的表达方式,与楼梯相关的现浇混凝土平台板、梯梁、梯柱的注写方式参见16G101-1图集。预制楼梯施工图包括按标准层绘制的平面布置图、剖面图、预制梯段板的连接节点、预制楼梯构件表等内容。

（2）预制楼梯的编号

选用标准图集中的预制楼梯时,在平面图上直接标注标准图集中楼梯编号（图1.5.1）,编号规则应符合表1.5.1。预制楼梯可选类型详见15G367-1图集。

平面布置图

1—1

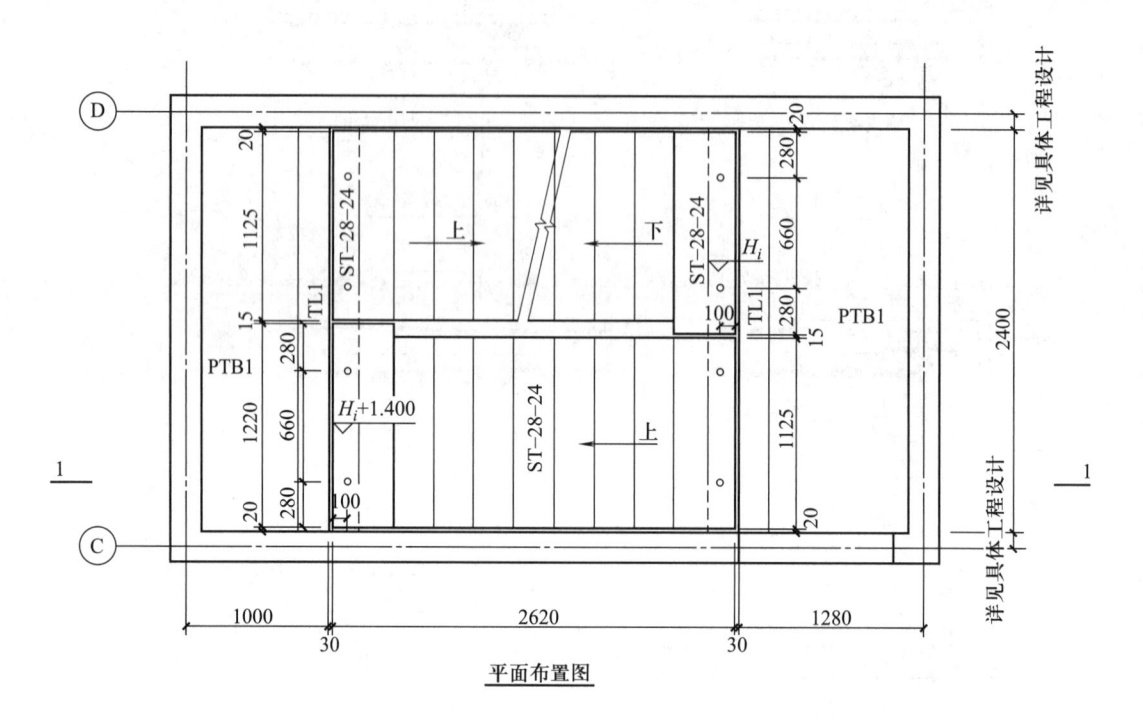

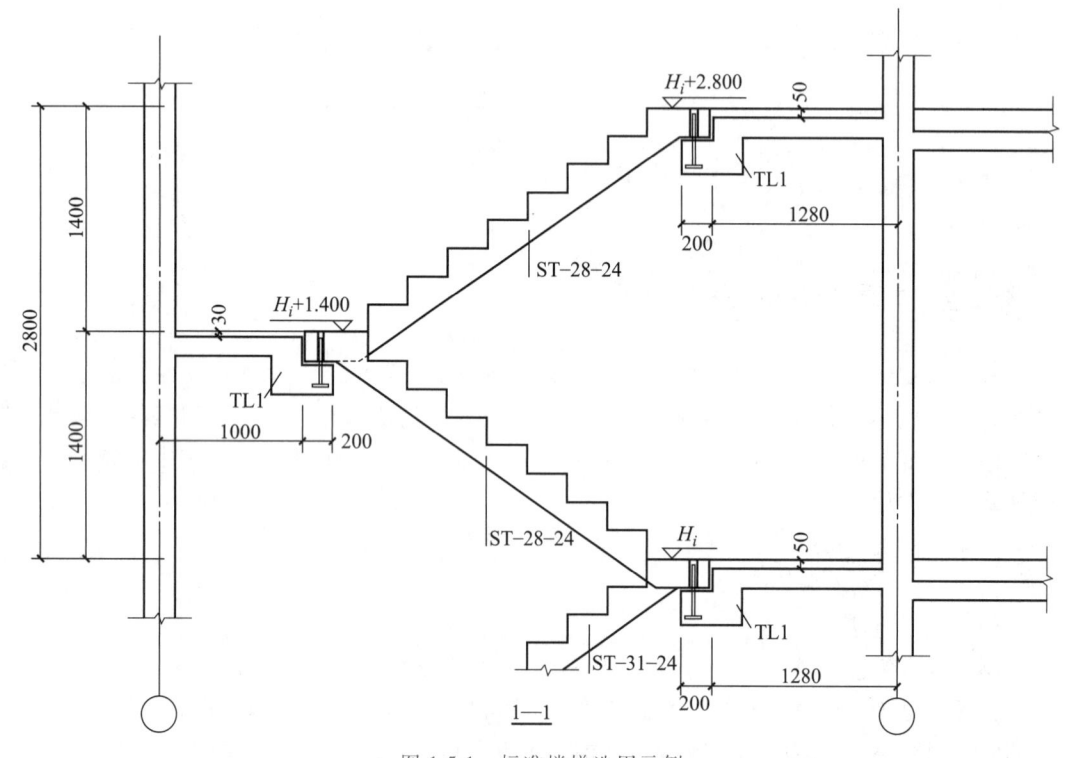

图1.5.1 标准楼梯选用示例

表 1.5.1　预制楼梯编号

预制楼梯类型	编号
双跑楼梯	ST-××-×× 预制钢筋混凝土双跑楼梯／层高(dm)／楼梯间净宽(dm)
剪刀楼梯	JT-××-×× 预制钢筋混凝土剪刀楼梯／层高(dm)／楼梯间净宽(dm)

[例]ST-28-25,表示预制钢筋混凝土板式楼梯为双跑楼梯,层高为 2 800 mm,楼梯间净宽为 2 500 mm。

JT-29-26,表示预制钢筋混凝土板式楼梯为剪刀楼梯,层高为 2 900 mm,楼梯间净宽为 2 600 mm。

JT-28-26 改,某工程标准层层高为 2 800、楼梯间净宽为 2 600,活荷载为 5 kN/m²,其设计构件尺寸与 JT-28-26 一致,仅配筋有区别。

剪刀楼梯见图 1.5.2。

如果设计的预制楼梯与标准图集中预制楼梯尺寸、配筋不同,应由设计单位自行设计。预制楼梯详图可参考 15G367-1《预制钢筋混凝土板式楼梯》绘制。自行设计楼梯编号可参照标准预制楼梯的编号原则,也可自行编号。

(3)预制楼梯平面布置图标注和剖面图标注的内容

预制楼梯平面布置图注写内容包括楼梯间的平面尺寸、楼层结构标高、楼梯的上下方向、预制梯板的平面几何尺寸、梯板类型及编号、定位尺寸和连接作法索引号等,见图 1.5.1。剪刀楼梯中还需要标注防火隔墙的定位尺寸及作法。

预制楼梯剖面注写内容,包括预制楼梯编号、梯梁梯柱编号、预制梯板水平及竖向尺寸、楼层结构标高、层间结构标高、建筑楼面做法厚度等,见图 1.5.1。

(4)预制楼梯表的主要内容

1)构件编号。

2)所在层号。

3)构件重量。

4)构件数量。

5)构件详图页码:选用标准图集的楼梯注写具体图集号和相应页码;自行设计的构件需注写施工图图号。

6)连接索引:标准构件应注写具体图集号、页码和节点号;自行设计时需注写施工图页码。

7)备注中可标明该预制构件是"标准构件"或"自行设计"。

(5)预制隔墙板编号

(a) 平面布置图

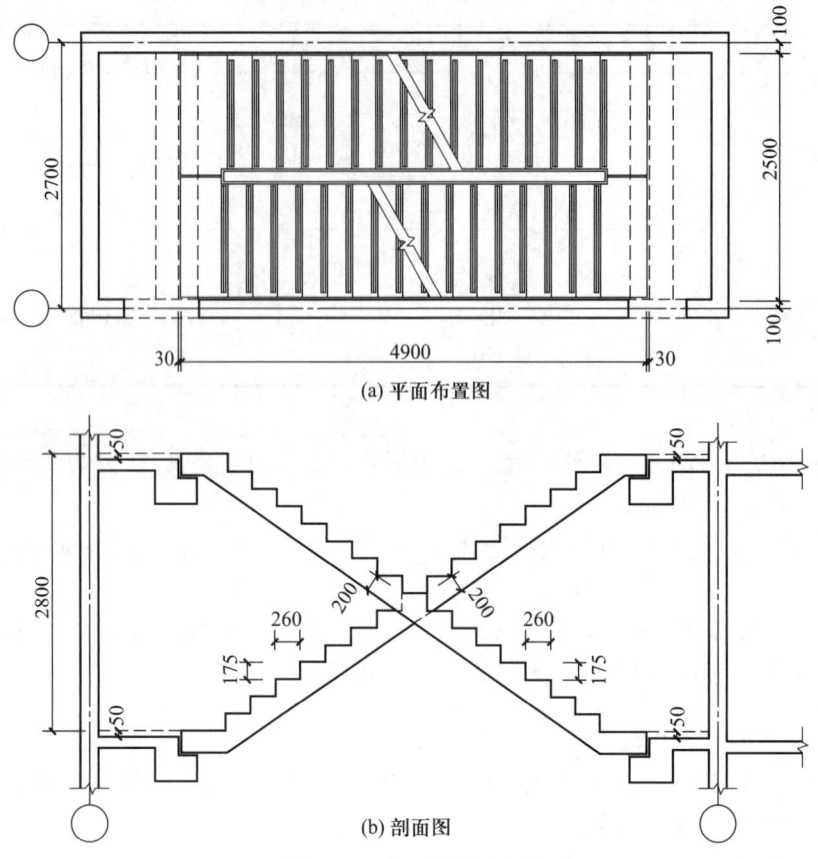

(b) 剖面图

图 1.5.2 剪刀楼梯示意图

预制隔墙板编号由预制隔墙板代号、序号组成,表达形式应符合表 1.5.2 的规定。

表 1.5.2 预制隔墙板编号

预制墙板类型	代号	序号
预制隔墙板	GQ	××

注:在编号中,如若干预制隔墙板的模板、配筋、各类预埋件完全一致,仅墙厚与轴线的关系不同,也可将其编为同一预制隔墙板编号,但应在图中注明与轴线的几何关系。

[例]GQ3:表示预制隔墙,序号为 3。

(6) 楼梯选用

确定混凝土强度等级、建筑面层厚度等参数与选用范围要求保持一致。根据楼梯间净宽、建筑层高,确定预制楼梯编号。核对预制楼梯的结构计算结果。选用预埋件,并根据具体工程实际增加其他预埋件,预埋件可参考图集中的样式。根据图集中给出的重量及吊点位置,结合构件生产单位、施工安装要求选用吊件类型及尺寸。补充预制楼梯相关制作施工要求。

[选用示例]已知条件：
1. 双跑楼梯，建筑层高 2 800 mm，楼梯间净宽 2 500 mm，活荷载 3.5 kN/m²。
2. 楼梯建筑面层厚度：入户处为 50 mm，平台板处为 30 mm。
选用结果：ST-28-25 的楼梯模板及配筋参数。

1.5.2 预制板式楼梯安装、模板与配筋图

（1）预制楼梯安装示意图（图 1.5.3）

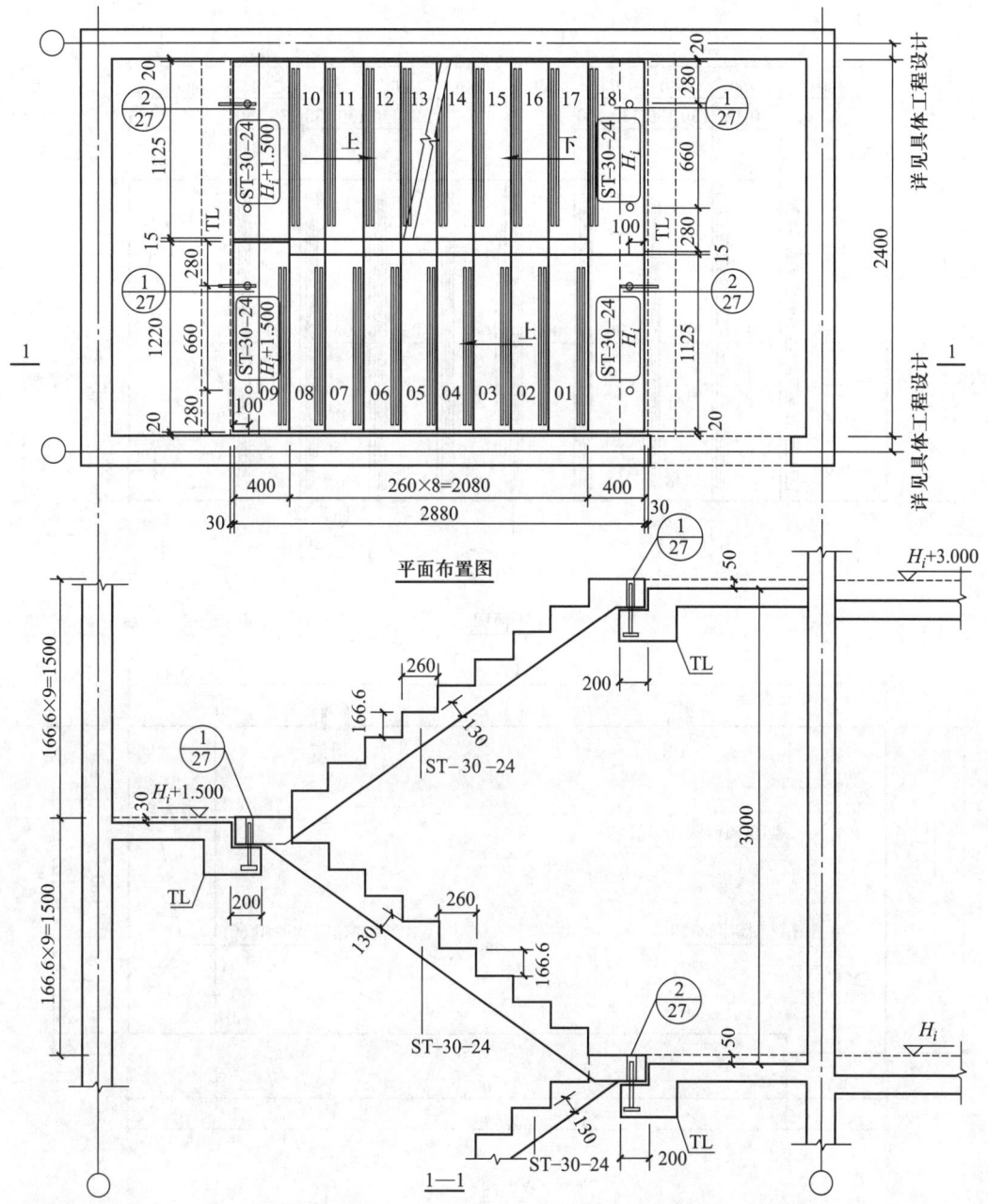

图 1.5.3 安装示意图

(2) 预制楼梯模板图(图 1.5.4)

图中用于表示梯段具体尺寸、梯段板上预埋件具体定位和预留口尺寸定位。构件脱模用预埋件 M2 采用吊环,也可采用内埋式螺母等其他形式。

(3) 预制楼梯配筋图(图 1.5.5)

与现浇板式楼梯比较,预制板式楼梯的钢筋配置要相对复杂一点,配筋量也相对多一点。如图中边缘纵筋、加强筋、吊点加强筋、边缘构造筋等,这些都是由于支座、预留洞、吊装、安装等的工艺变化所引起。

(4) 预制楼梯节点详图(图 1.5.6)

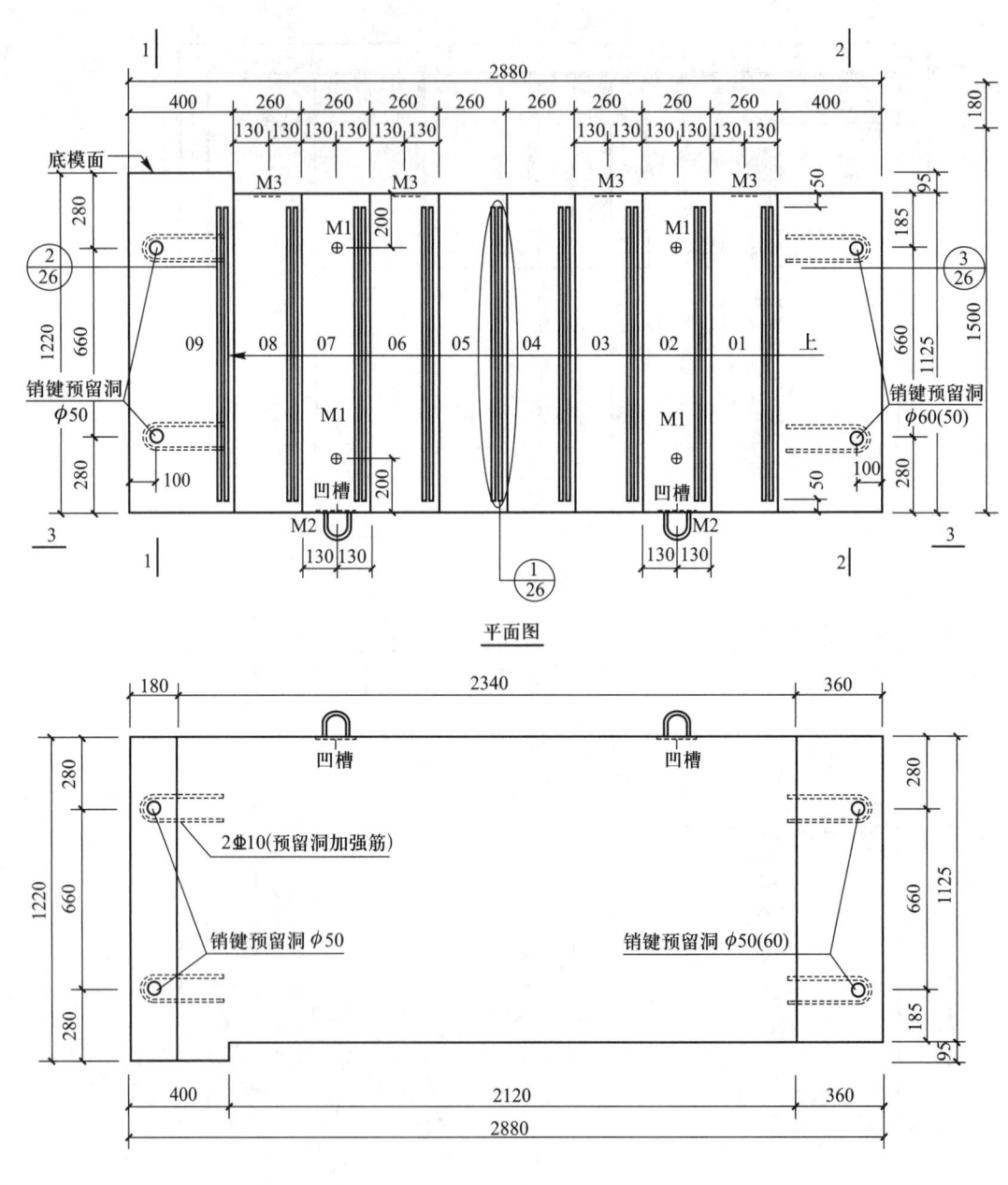

平面图

底面图

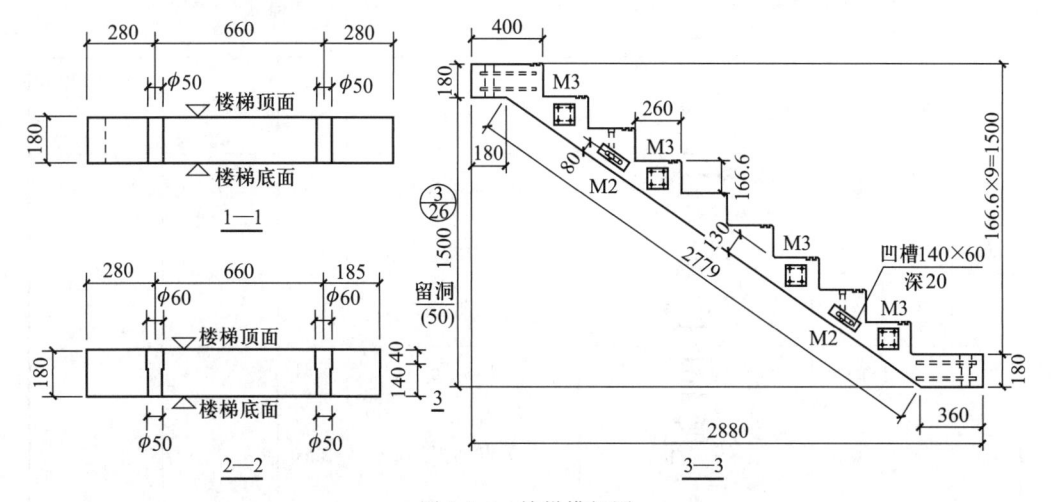

图 1.5.4 楼梯模板图

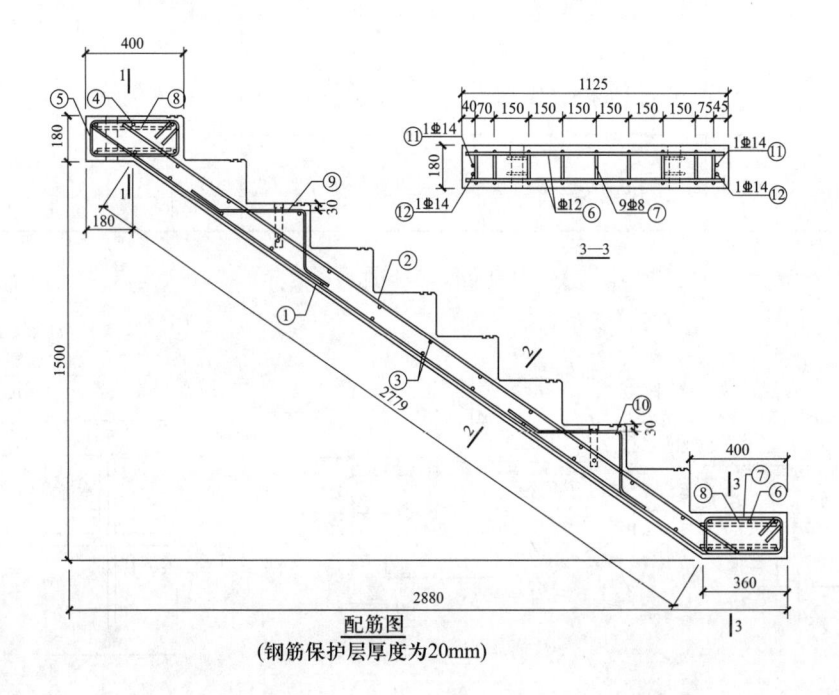

配筋图
(钢筋保护层厚度为20mm)

编号	数量	规格	形状	钢筋名称	重量 kg	钢筋总重 kg	混凝土 m³
①	7	Φ10	2960 349	下部纵筋	14.29	74.83	0.735 2
②	7	Φ8	3020	上部纵筋	8.35		
③	20	Φ8	90 1085 90	上、下分布筋	9.99		
④	6	Φ12	1180	边缘纵筋1	6.29		

续表

编号	数量	规格	形状	钢筋名称	重量 kg	钢筋总重 kg	混凝土 m³
⑤	9	⌀8	360 140	边缘箍筋1	3.56		
⑥	6	⌀12	1085	边缘纵筋2	5.79		
⑦	9	⌀8	340 140	边缘箍筋2	3.41		
⑧	8	⌀10	280	加强筋	3.31		
⑨	8	⌀8	100 362 232 100	吊点加强筋	2.51	74.83	0.735 2
⑩	2	⌀8	1085	吊点加强筋	0.86		
⑪	2	⌀14	150 2960 321	边缘构造筋	8.30		
⑫	2	⌀14	2960 418	边缘加强筋	8.17		

图 1.5.5　楼梯配筋图

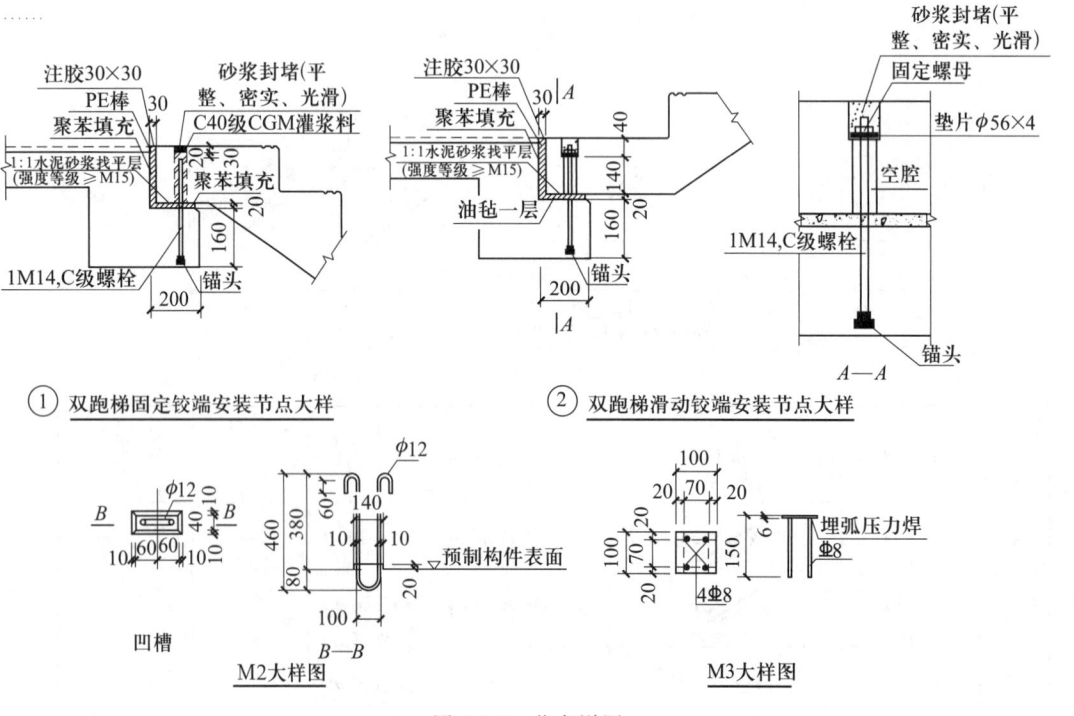

① 双跑梯固定铰端安装节点大样　② 双跑梯滑动铰端安装节点大样

凹槽　M2大样图　M3大样图

图 1.5.6　节点详图

1.6 预制钢筋混凝土阳台板、空调板及女儿墙

1.6.1 预制钢筋混凝土阳台板

1. 规格及编号

预制阳台示例见图 1.6.1,其编号规则如下:

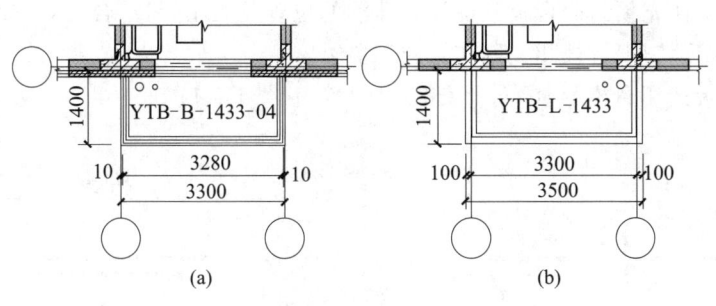

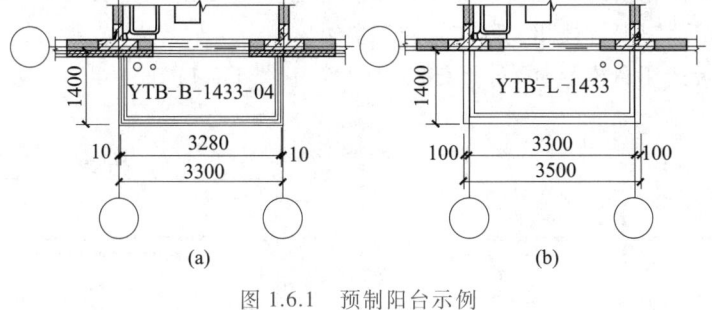

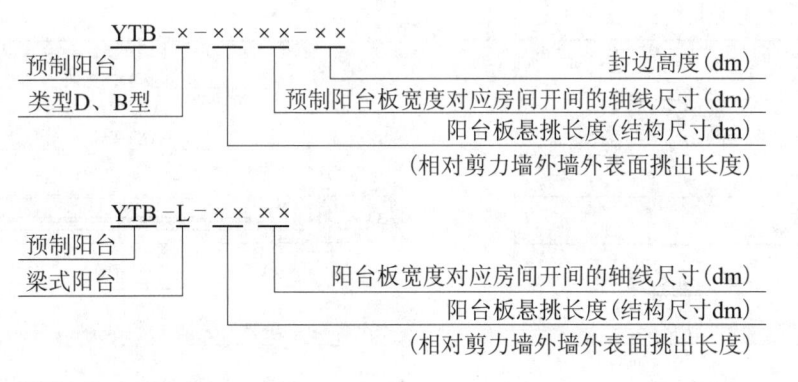

图 1.6.1 预制阳台示例

示例:YTB-B-1433-04

YTB-B-1433-04,YTB 表示预制阳台板,B 表示全预制板式阳台,14 表示阳台板相对剪力墙外表面挑出长度为 1 400 mm,33 表示阳台对应房间开间轴线尺寸为 3 300 mm,04 表示阳台封边高度为 400 mm。

预制阳台板类型:D 型代表叠合板式阳台;B 型代表全预制板式阳台;L 型代表全预制梁式阳台。

预制阳台板封边高度:04 代表阳台封边 40 mm 高;08 代表阳台封边 800 mm 高;12 代表阳台封边 1 200 mm 高。

预制阳台板开洞位置由具体工程设计在深化图纸中指定。图集中阳台板模板图和配筋图示意了雨水管;地漏预留位置位于阳台板左侧纵、横排布的布置图,当开洞位于右侧时,应将模板图和配筋图镜像。

2. 选用方法与步骤

(1)确定预制钢筋混凝土阳台板建筑、结构各参数与图集选用范围要求保持一致,可按照图集中预制钢筋混凝土阳台板相应的规格表、配筋表直接选用。

(2) 预制阳台板混凝土强度等级、建筑面层厚度、保温层厚度设计应在施工图中统一说明。

(3) 核对预制阳台板的荷载取值不大于图集设计取值。

(4) 根据建筑平、立面图的阳台板尺寸确定预制阳台板编号。

(5) 根据具体工程实际设置或增加其他预埋件。

(6) 根据图集中预制阳台板模板图及预制构件选用表中已标明的吊点位置及吊重要求,设计人员应与生产、施工单位协调吊件型式,以满足规范要求。

(7) 如需补充预制阳台板预留设备孔洞的位置及大小,需结合设备图纸补充。

(8) 补充预制阳台板相关制作及施工要求。

3. 叠合板式阳台模板、配筋及安装(图 1.6.2~图 1.6.4)

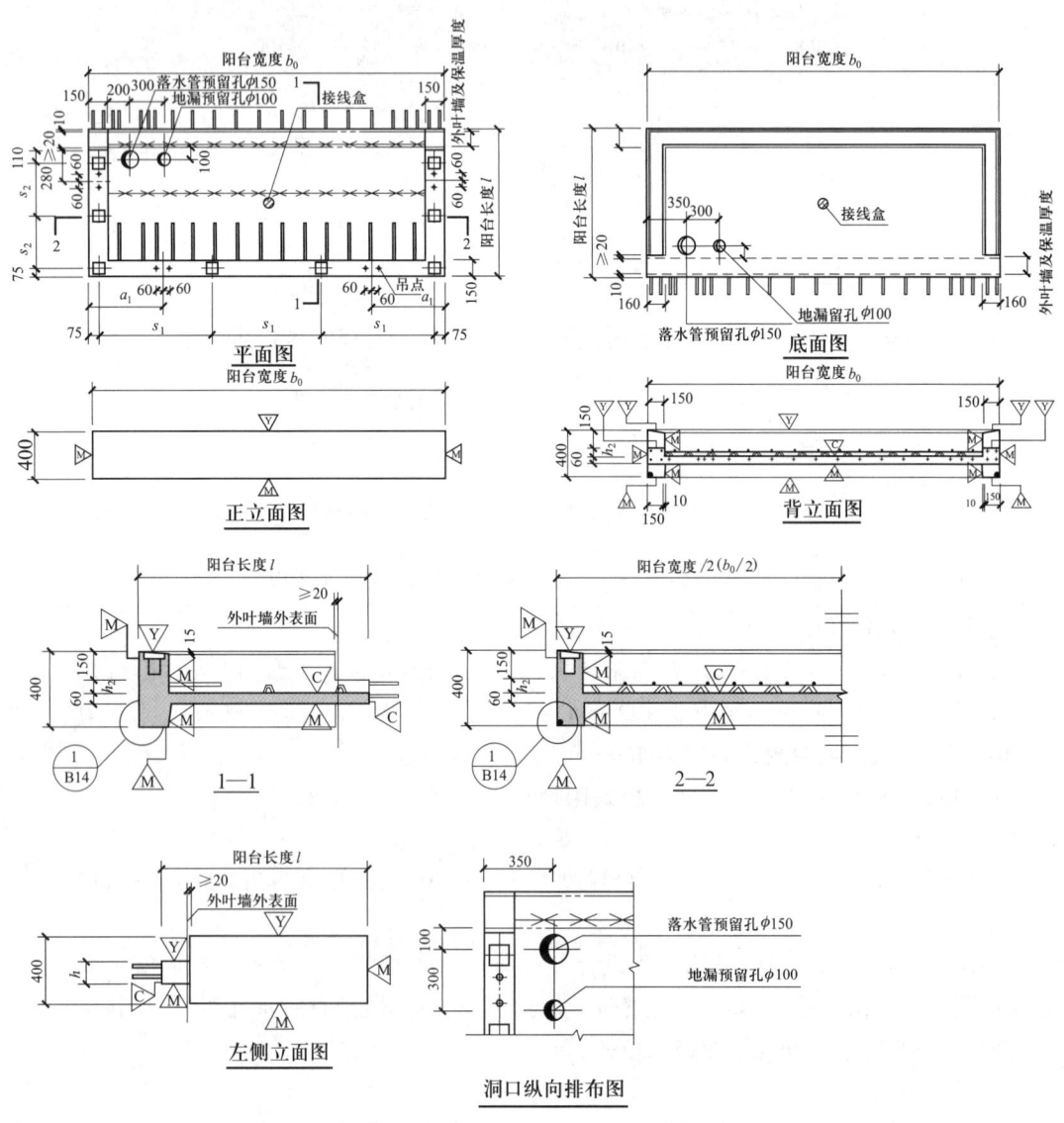

图 1.6.2 叠合板式阳台预制底板模板图

1.6 预制钢筋混凝土阳台板、空调板及女儿墙

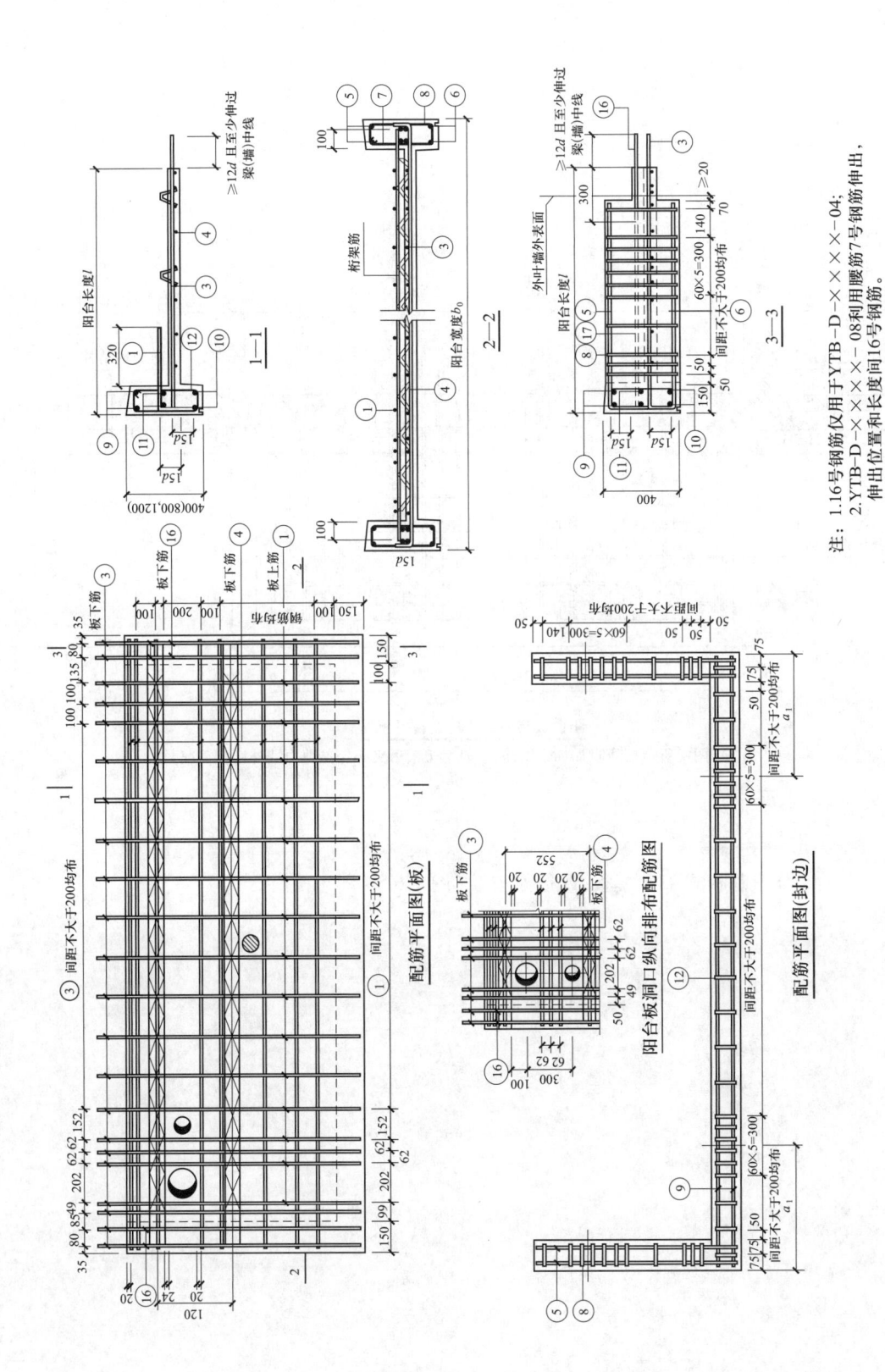

注：
1. 16号钢筋仅用于YTB-D-××××-04；
2. YTB-D-××××-08利用腰筋7号钢筋伸出，伸出位置和长度同16号钢筋。

图1.6.3 叠合板式阳台预制底板配筋图

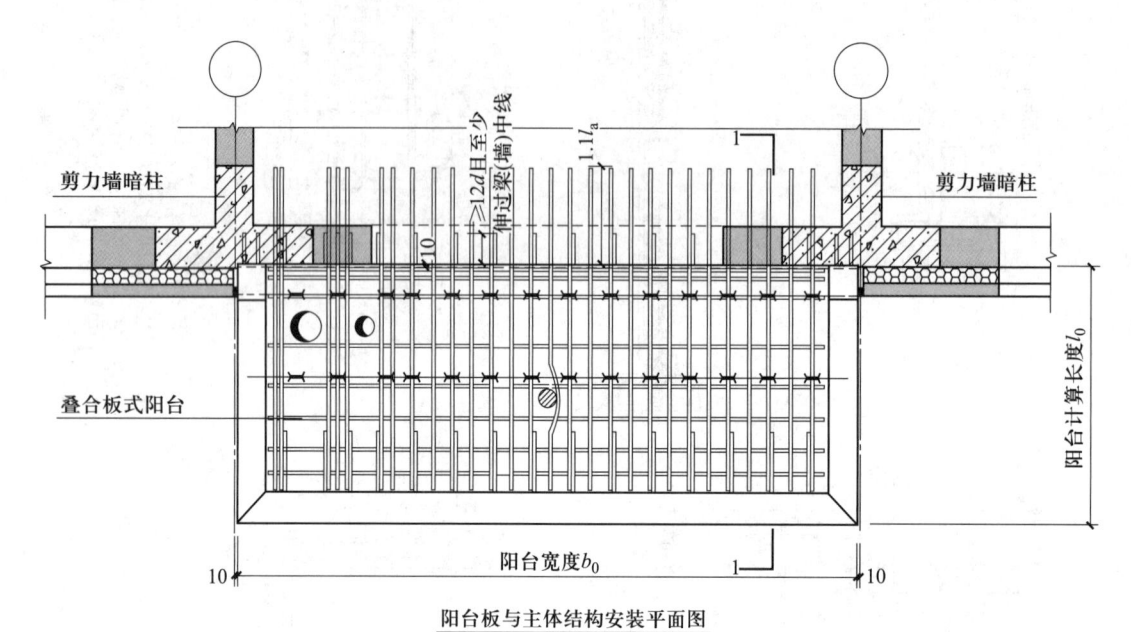

阳台板与主体结构安装平面图
注：图中所示板边附加加强钢筋，一般用于采用夹心保温剪力墙外墙板情况。

图 1.6.4 叠合板式阳台安装图

4. 全预制板式阳台模板、配筋及安装（图 1.6.5～图 1.6.7）

1.6 预制钢筋混凝土阳台板、空调板及女儿墙

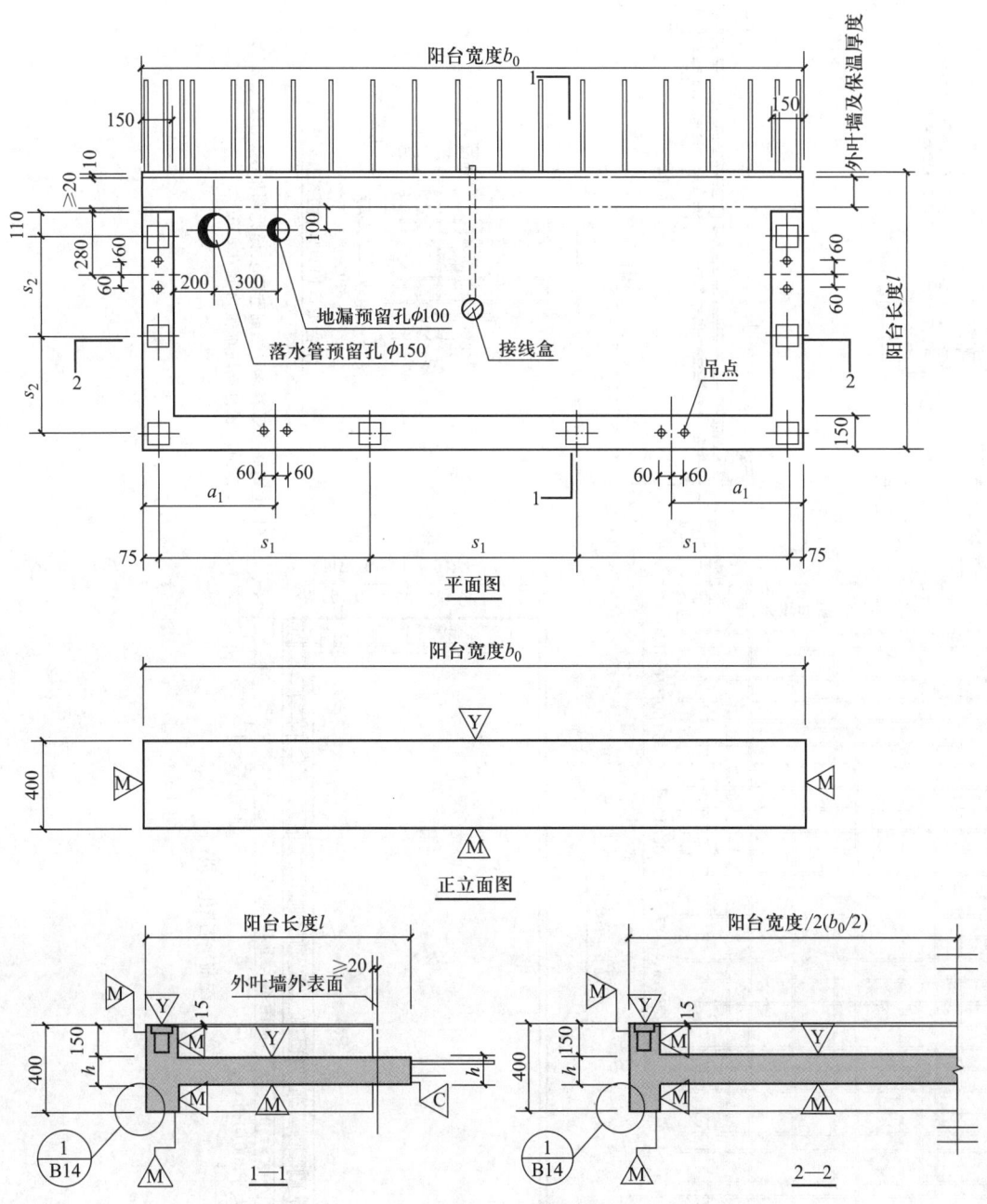

图 1.6.5 全预制板式阳台模板图

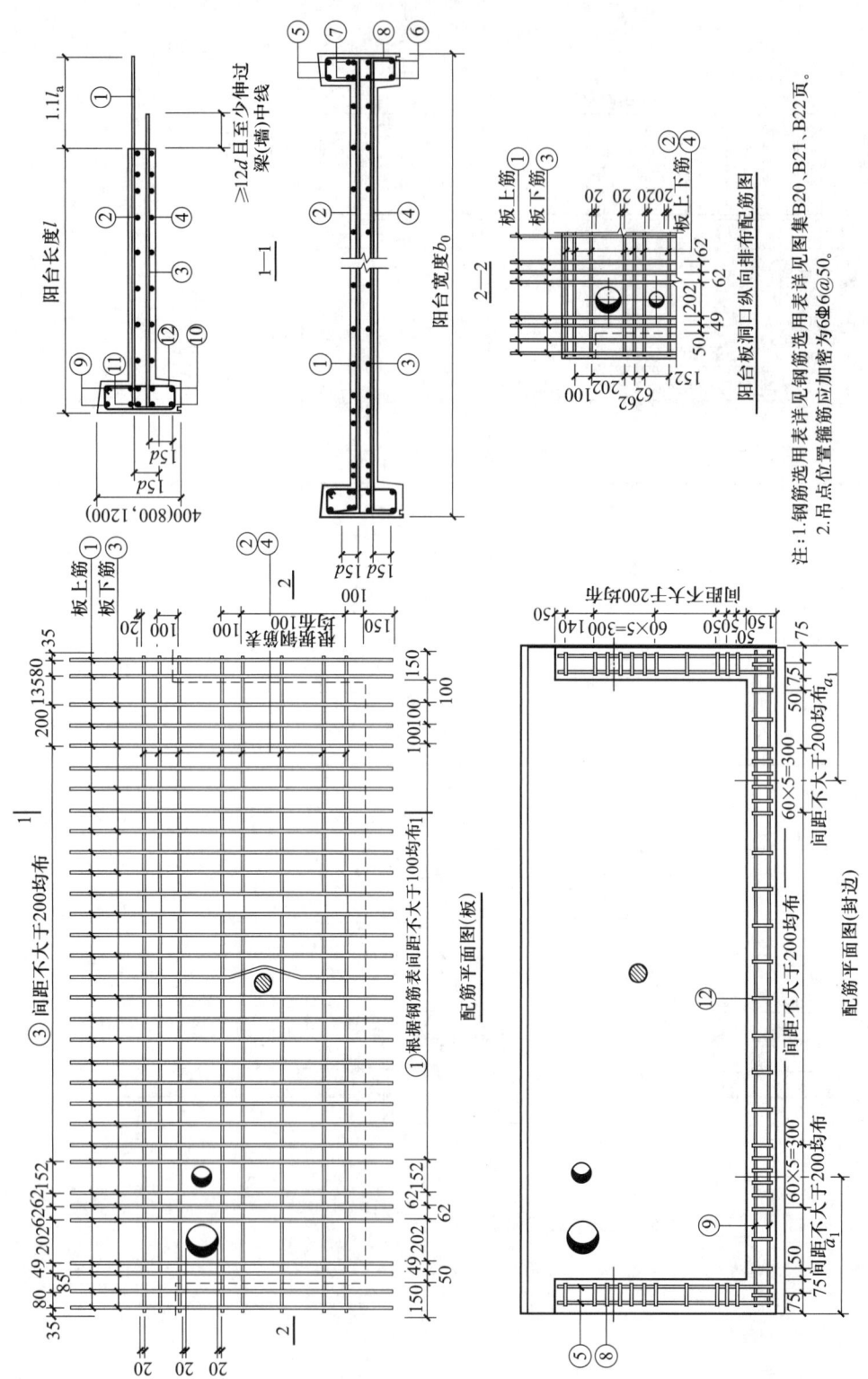

图 1.6.6 全预制板式阳台配筋图

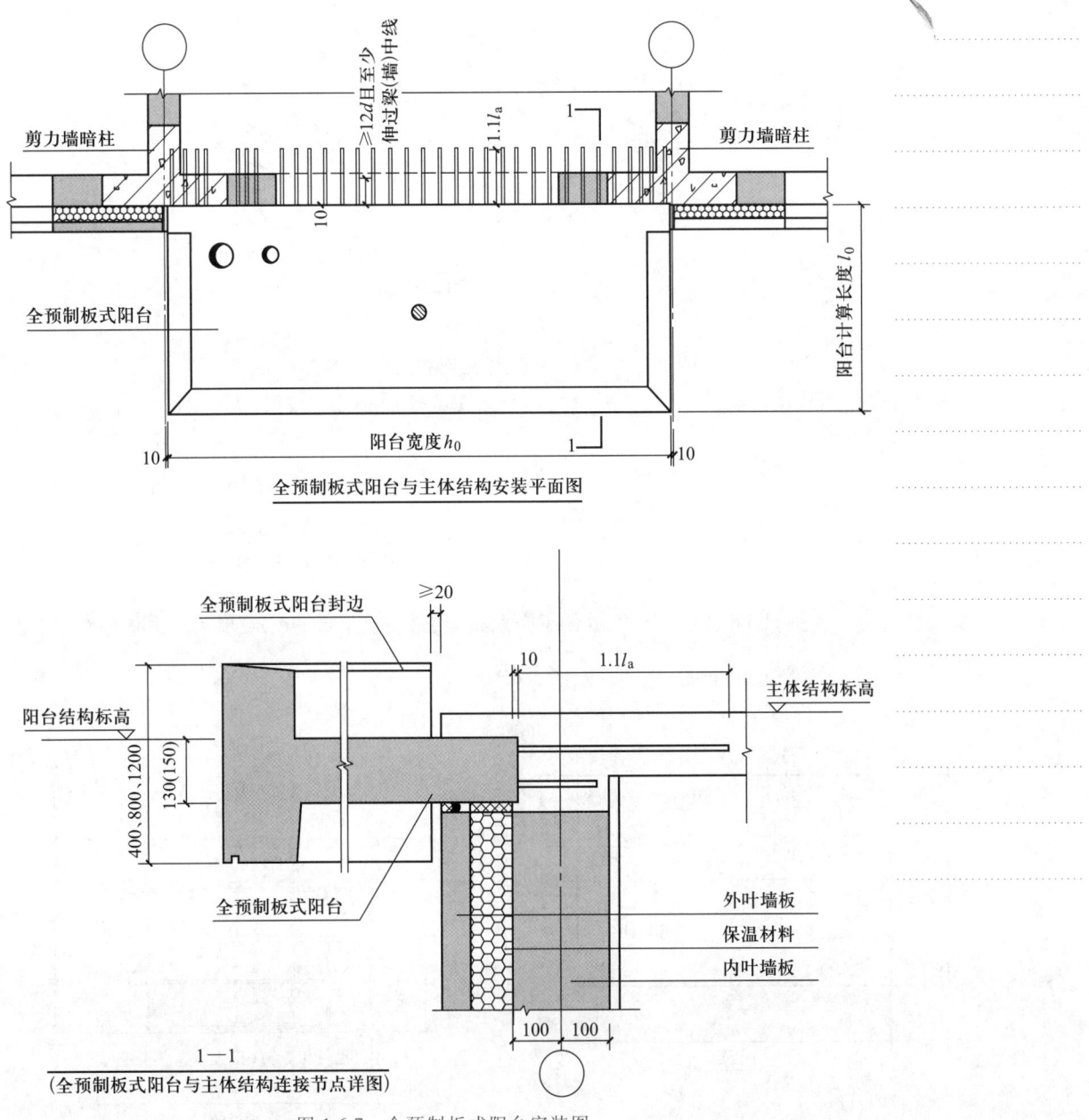

图 1.6.7　全预制板式阳台安装图

1.6.2　预制空调板

1. 规格及编号

预制空调板(图 1.6.8)按照板顶结构标高与楼板板顶结构标高一致进行设计。预制空调板构件长度(L) = 预制空调板挑出长度(L_1) + 10 mm,其中,挑出长度从剪力墙外表面起计算。预制空调板构件长度(L)为 630 mm、730 mm、740 mm 和 840 mm;预制空调板宽度(B)为 1 100 mm、1 200 mm、1 300 mm;厚度(h)为 80 mm。

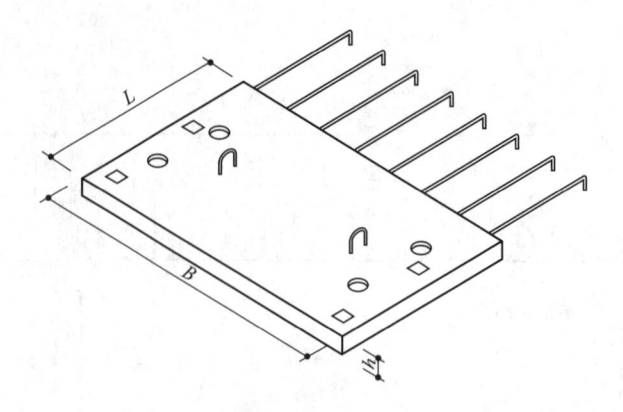

图 1.6.8 预制钢筋混凝土空调板示意图

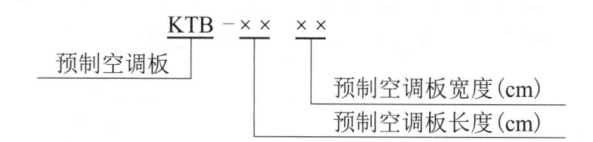

```
    KTB - ×× ××
预制空调板    │  │
              │  └── 预制空调板宽度(cm)
              └───── 预制空调板长度(cm)
```

[例] KTB-84-130 表示预制空调板,构件长度 840 mm,宽度为 1 300 mm。

2. 模板、配筋图(图 1.6.9、图 1.6.10)

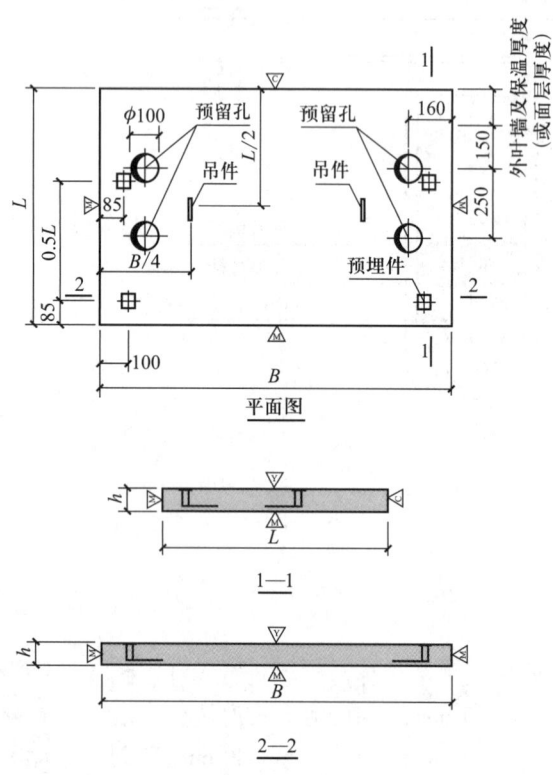

图 1.6.9 预制空调板模板图
注:△为压光面;▲为模板面;▲为粗糙面。

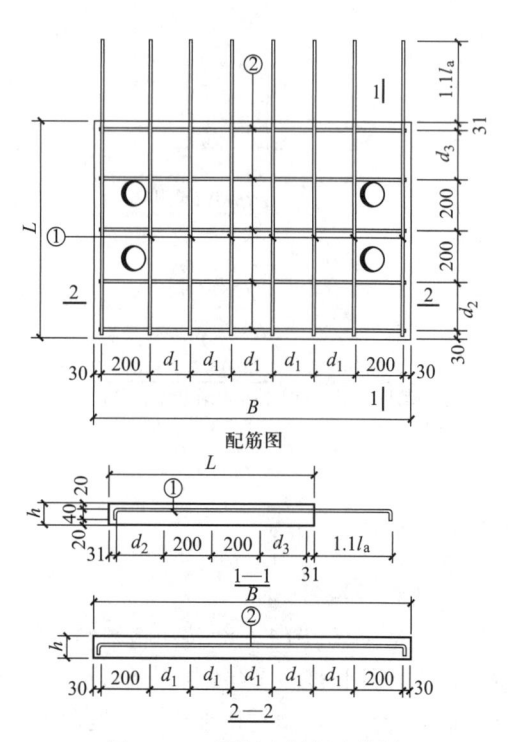

图 1.6.10 预制空调板配筋图

1.6.3 预制钢筋混凝土女儿墙

1. 规格及编号

预制女儿墙(图1.6.11)类型中:J1型代表夹心保温式女儿墙(直板);J2型代表夹心保温式女儿墙(转角板);Q1型代表非保温式女儿墙(直板);Q2型代表非保温式女儿墙(转角板)。预制女儿墙高度从屋顶结构层标高算起,600 mm 高表示为06,1 400 mm 高表示为14。

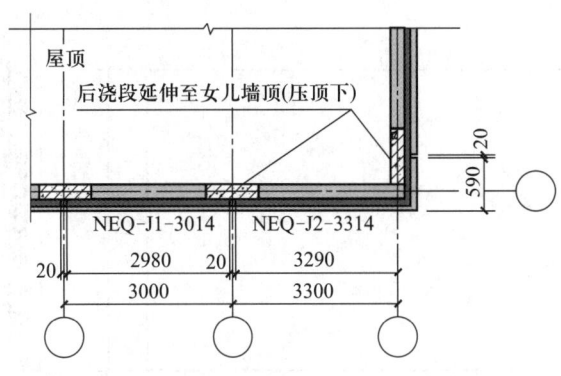

图1.6.11 预制女儿墙布置图

[例]NEQ-J2-3314:该编号预制女儿墙是指夹心保温式女儿墙(转角板),单块女儿墙放置的轴线尺寸为3 300 mm(女儿墙墙长度为:直段3 520 mm,转角段590 mm),高度为1 400 mm。

NEQ-Q1-3006:该编号预制女儿墙是指全预制式女儿墙(直板),单块女儿墙长度为2 980 mm,高度为600 mm。

2. 选用

预制钢筋混凝土女儿墙选用方法与步骤如下:

1)确定各参数与图集选用范围保持一致。

2)核对预制女儿墙的荷载条件,并明确女儿墙的支座为结构顶层剪力墙后浇段向上延伸段。

3)根据建筑顶层预制外墙板的布置、建筑轴线尺寸和后浇段尺寸,确定预制女儿墙编号。

4)根据图集预埋件规格和工程实际选用预埋件,并根据工程具体情况增加其他预埋件。

5)根据图集中给出的重量及吊点位置,结合构件生产单位、施工安装要求选用预制女儿墙吊件类型及尺寸。

6)如需补充预制女儿墙预留设备孔洞及管线,需结合设备图纸补充。

7)内外叶板拉结件布置图由设计人员补充设计。

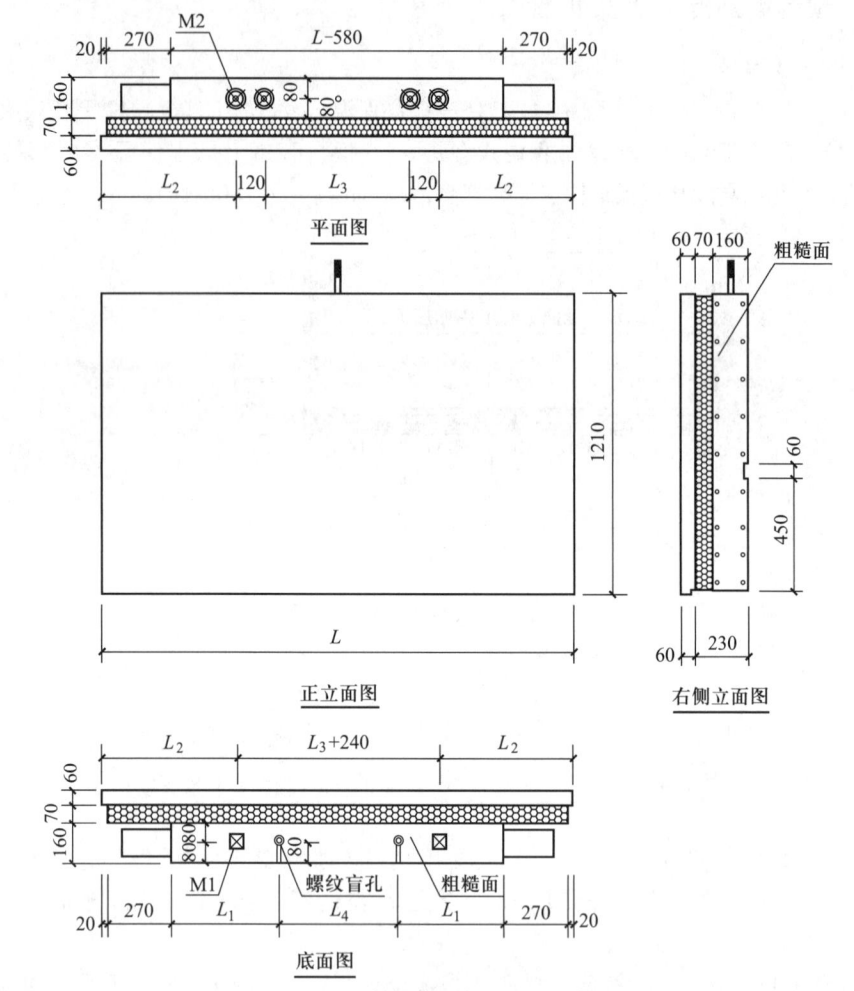

3. 施工设计图（图 1.6.12～图 1.6.16）

图 1.6.12　预制钢筋混凝土女儿墙模板图

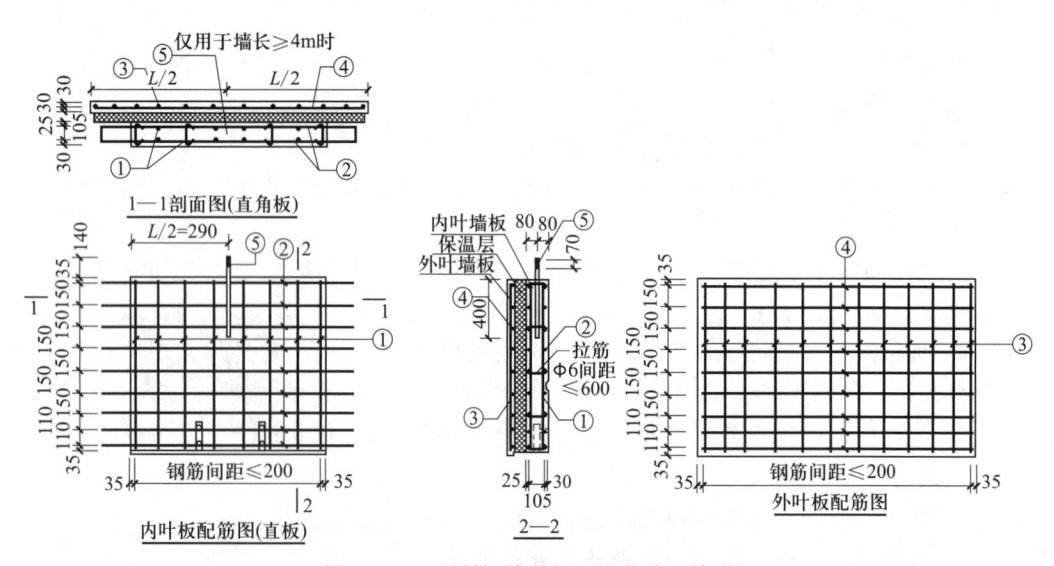

图 1.6.13　预制钢筋混凝土女儿墙配筋图

1.6 预制钢筋混凝土阳台板、空调板及女儿墙

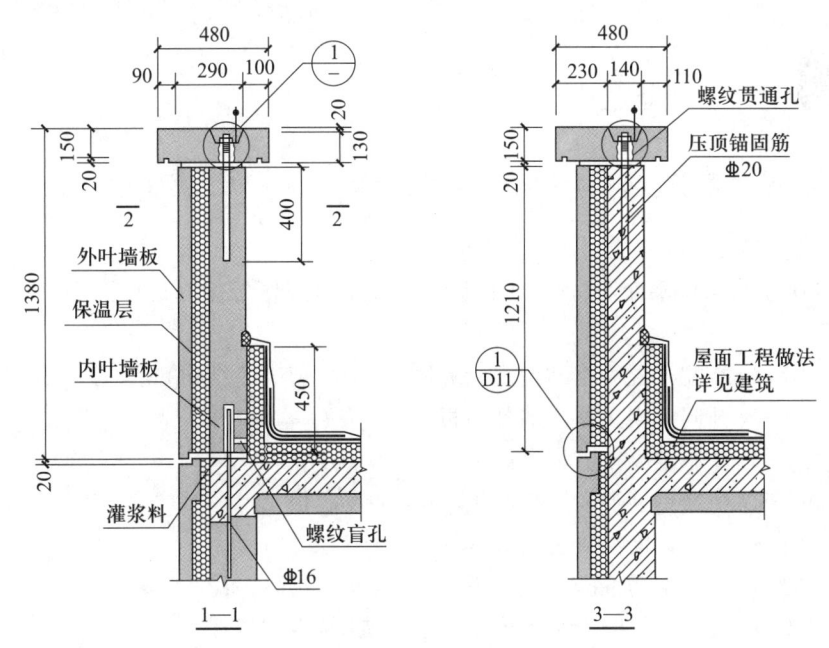

图 1.6.14 女儿墙构造图

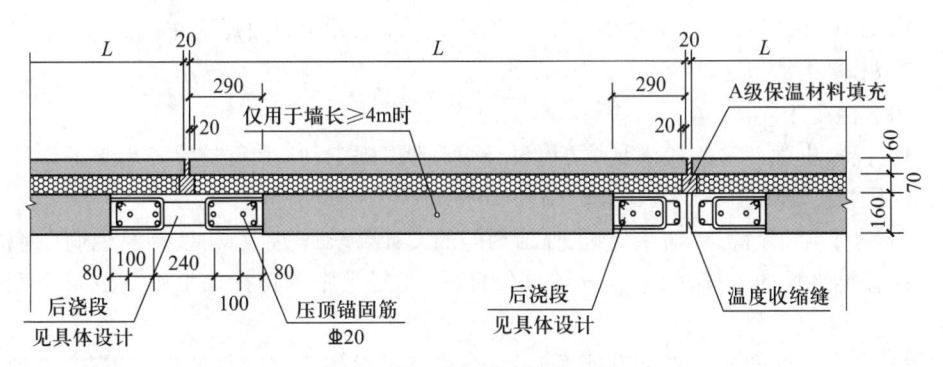

图 1.6.15 女儿墙安装示意图

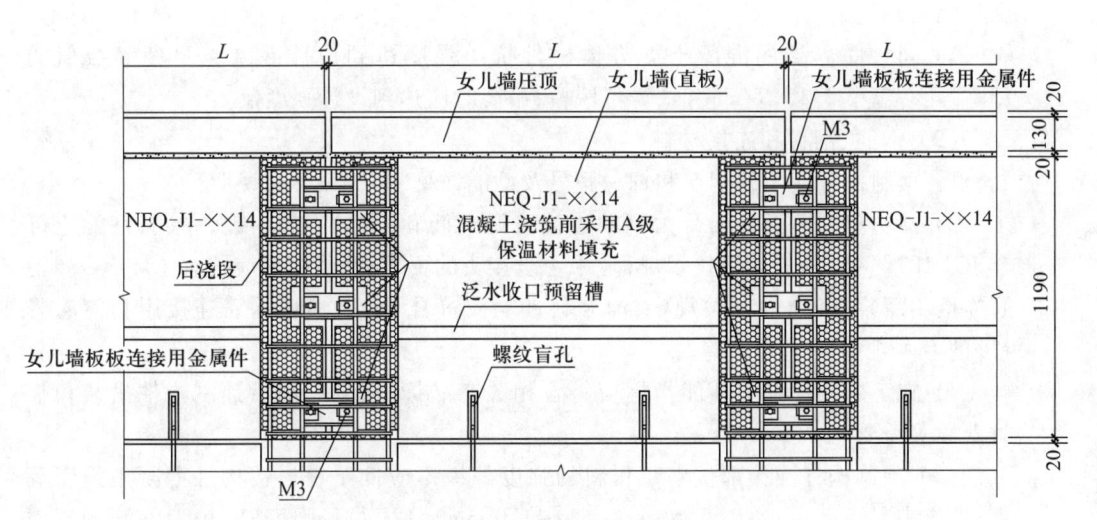

图 1.6.16 女儿墙连接示意图

注：连接处设置一道宽 20 mm 的温度收缩缝；后浇段的纵筋在屋面以下锚入剪力墙内，锚固长度应≥$1.2l_a$。

1.7 装配式混凝土剪力墙结构示例

1.7.1 装配式混凝土剪力墙结构专项说明

1. 规范与标准

本说明应与结构平面图、预制构件详图以及节点详图等配合使用。主要配套标准图集如下：

15G107-1《装配式混凝土结构表示方法及示例(剪力墙结构)》

15G365-1《预制混凝土剪力墙外墙板》

15G365-2《预制混凝土剪力墙内墙板》

15G366-1《桁架钢筋混凝土叠合板(60 mm 厚底板)》

15G367-1《预制钢筋混凝土板式楼梯》

15G368-1《预制钢筋混凝土阳台板、空调板及女儿墙》

15G310-1《装配式混凝土结构连接节点构造(楼盖和楼梯)》

15G310-2《装配式混凝土结构连接节点构造(剪力墙)》

16G101-1、2、3《混凝土结构施工图平面整体表示方法制图规则和构造详图》

2. 材料要求

（1）混凝土

1）混凝土强度等级应满足"结构设计总说明"规定，其中预制剪力墙板的混凝土轴心抗压强度标准值不得高于设计值的 20%。

2）对水泥、骨料、矿物掺合料、外加剂等的设计要求详见"结构设计总说明"，应特别保证骨料级配的连续性，未经设计单位批准，混凝土中不得掺加早强剂或早强型减水剂。

3）混凝土配合比除满足设计强度要求外，尚需根据预制构件的生产工艺、养护措施等因素确定。

4）同条件养护的混凝土立方体试件抗压强度达到设计混凝土强度等级值的 75%，且不应小于 15 N/mm^2 时，方可脱模；吊装时应达到设计强度值。

（2）钢筋、钢材和连接材料

1）预制构件使用的钢筋和钢材牌号及性能详见"结构设计总说明"。

2）预制剪力墙板纵向受力钢筋连接采用钢筋套筒灌浆连接接头，接头性能应符合 JGJ 107《钢筋机械连接技术规程》中Ⅰ级接头的要求；灌浆套筒应符合 JG/T 398《钢筋连接用灌浆套筒》的有关规定，灌浆料性能应符合 JG/T 408《钢筋连接用套筒灌浆料》的有关规定。

3）施工用预埋件的性能指标应符合相关产品标准，且应满足预制构件吊装和临时支撑等需要。

（3）预制构件连接部位坐浆材料的强度等级不应低于被连接构件混凝土强度等级，且应满足下列要求：砂浆流动度(130～170 mm)，1天抗压强度值(30 MPa)；预制楼梯与主体结构的找平层采用干硬性砂浆，其强度等级不低于 M15。

（4）预制混凝土夹心保温外墙板采用的拉结件应采用符合国家现行标准的纤维增强复合材料（FRP）或不锈钢产品。

3. 预制构件的深化设计

1）预制构件制作前应进行深化设计，深化设计文件应根据本项目施工图设计文件及选用的标准图集、生产制作工艺、运输条件和安装施工要求等进行编制。

2）预制构件详图中的各类预留孔洞、预埋件和机电预留管线须与相关专业图纸仔细核对无误后方可下料制作。

3）深化设计文件应经设计单位书面确认后方可作为生产依据。

4）深化设计文件应包括（但不限于）下述内容：

① 预制构件平面和立面布置图。

② 预制构件模板图、配筋图、材料和配件明细表。

③ 预埋件布置图和细部构造详图。

④ 带瓷砖饰面构件的排砖图。

⑤ 内外叶墙板拉结件布置图和保温板排板图。

⑥ 计算书：根据 GB 50666《混凝土结构工程施工规范》的有关规定，应根据设计要求和施工方案对脱模、吊运、运输、安装等环节进行施工验算，例如预制构件、预埋件、吊具等的承载力、变形和裂缝等。

4. 预制装配式混凝土结构施工资质与要求

1）预制构件加工单位应根据设计要求、施工要求和相关规定制定生产方案，编制生产计划。

2）施工总承包单位应根据设计要求、预制构件制作要求和相关规定制定施工方案，编制施工组织设计。

3）上述生产方案和施工方案尚应符合国家、行业、建设所在地的相关标准、规范、规程和地方标准等规定；应提交建设单位、监理单位审查，取得书面批准函后方可作为生产和施工依据。

4）监理单位应对工程全过程进行质量监督和检查，并取得完整、真实的工程检测资料；本项目需要实施现场专人质量监督和检查的特殊环节主要有：

① 预制构件在构件生产单位的生产过程、出厂检验及验收环节。

② 预制构件进入施工现场的质量复检和资料验收环节。

③ 预制构件安装与连接的施工环节。

5）预制构件深化设计单位、生产单位、施工总承包单位和监理单位以及其他与本工程相关的产品供应厂家，均应严格执行本说明的各项规定。

6）预制构件生产单位、运输单位和工程施工总承包单位应结合本工程生产方案和施工方案采取相应的安全操作和防护措施。

5. 预制构件的生产和检验

1）预制构件模具的尺寸允许偏差和检验方法应符合 JGJ 1《装配式混凝土结构技术规程》的相关规定。

2）所有预制构件与现浇混凝土的结合面应做粗糙面，无特殊规定时其凹凸度不小于 4 mm，且外露粗骨料的凹凸应沿整个结合面均匀连续分布。

3）预制构件的允许尺寸偏差除满足 JGJ 1 的有关规定外，尚应满足如下要求：

① 预留钢筋允许偏差应符合中心线位置偏差±2 mm、外伸长度+5,-2 mm 的允许偏差要求的规定。

② 与现浇结构相邻部位 200 mm 宽度范围内的表面平整度允许偏差应不超过 1 mm。

③ 预制墙板的误差控制应考虑相邻楼层的墙板，以及同层相邻墙板的误差，应避免"累积误差"。

4）本工程预制剪力墙板纵向受力钢筋采用钢筋套筒灌浆连接，钢筋套筒灌浆前，应在现场模拟构件连接接头的灌浆方式，每种规格钢筋应制作不少于 3 个套筒灌浆连接接头，进行灌注质量以及接头抗拉强度的检验；经检验合格后，方可进行灌浆作业。

5）预制构件外观应光洁平整，不应有严重缺陷，不宜有一般缺陷；生产单位应根据不同的缺陷制定相应的修补方案，修补方案应包括材料选用、缺陷类型及对应修补方法、操作流程、检查标准等内容，应经过监理单位和设计单位书面批准后方可实施。

6）本工程采用的预制构件应按 GB 50204《混凝土结构工程施工质量验收规范》的有关规定进行结构性能检验。

7）预制构件的质量检验除符合上述要求外，还应符合现行国家、行业的标准、规范和建设所在地的地方规定。

6. 预制构件的运输与堆放

预制构件在运输与堆放中应采取可靠措施进行成品保护，如因运输与堆放环节造成预制构件严重缺陷，应视为不合格品，不得安装；预制构件应在其显著位置设置标识，标识内容应包括：使用部位、构件编号等，在运输和堆放过程中不得损坏。

（1）预制构件运输

预制构件运输宜选用低平板车，车上应设有专用架，且有可靠的稳定构件措施。预制剪力墙板宜采用竖直立放式运输，叠合板预制底板、预制阳台、预制楼梯可采用平放运输，并采取正确的支垫和固定措施。

（2）预制构件堆放

堆放场地应进行场地硬化，并设置良好的排水设施。预制外墙板采用靠放时，外饰面应朝内；叠合板预制底板、预制阳台、预制楼梯可采用水平叠放方式，层与层之间应垫支、垫实，最下面一层支垫应通长设置。叠合板预制底板水平叠放层数不应大于 6 层，预制阳台水平叠放层数不应大于 4 层，预制楼梯水平叠放层数不应大于 6 层。

7. 现场施工

1）预制构件进场时，须进行外观检查，并核收相关质量文件。

2）施工单位应编制详细的施工组织设计和专项施工方案。

3）施工单位应对套筒灌浆施工工艺进行必要的试验，对操作人员进行培训、考核，施工现场派有专人值守和记录，并留有影像的资料；注意对具有瓷砖饰面的预制构件的成品保护。

4）预制剪力墙板安装前，应对连接钢筋与预制剪力墙板套筒的配合度进行检查，不允许在吊装过程中对连接钢筋进行校正。预制剪力墙外墙板应采用有分配梁或分配桁架的吊具，吊点合力作用线应与预制构件重心重合；预制剪力墙外墙板应在校准定位和临时支撑安装完成后方可脱钩。

预制墙板安装就位后,应及时校准并采取与楼层间的临时斜支撑措施,且每个预制墙板的上部斜支撑和下部斜撑各不宜少于 2 道。钢筋套筒灌浆应根据分仓设计设置分仓,分仓长度沿预制剪力板长度方向不宜大于 1.5 m,并应对各仓接缝周围进行封堵,封堵措施应符合结合面承载力设计要求,且单边入墙厚度不应大于 20 mm。常用剪力墙墙板的灌浆区域具体划分尺寸参见 15G365-1《预制混凝土剪力墙外墙板》和 15G365-2《预制混凝土剪力墙内墙板》;其他剪力墙墙板灌浆区域划分见详图。

5)叠合楼盖施工时应设置临时支撑,支撑要求如下:第一道横向支撑距墙边不大于 0.5 m。最大支撑间距不大于 2 m。

6)悬挑构件应层层设置支撑,待结构达到设计承载力要求时方可拆除。

7)施工操作面应设置安全防护围栏或外架,严格按照施工规程执行。

8)预制构件在施工中的允许误差应满足 JGJ 1 有关规定的要求。

9)附着式塔吊水平支撑和外用电梯水平支撑与主体结构的连接方式应由施工单位确定专项方案,由设计单位审核。

8. 验收

1)装配式结构部分应按照混凝土结构子分部工程进行验收。

2)装配式结构子分部工程进行验收时,除应满足 JGJ 1 有关规定外,尚应提供如下资料:

① 预制构件的质量证明文件。

② 饰面瓷砖与预制构件基面的粘结强度值。

1.7.2 装配式混凝土剪力墙结构施工图示例

图 1.7.1 所示为剪力墙平面布置图。

图中涉及 GHJ、AHJ 等,是指混凝土后浇段,后浇段的表示方法和内容如下。

1. 后浇段表示方法

(1)编号规定

后浇段编号由后浇段类型代号和序号组成,表达形式应符合表 1.7.1 的规定。

表 1.7.1 后 浇 段 编 号

后浇段类型	代号	序号
约束边缘构件后浇段	YHJ	××
构造边缘构件后浇段	GHJ	××
非边缘构件后浇段	AHJ	××

注:在编号中,如若干后浇段的截面尺寸与配筋均相同,仅截面与轴线的关系不同时,可将其编为同一后浇段号;约束边缘构件后浇段包括有翼墙和转角墙两种(图 1.7.2);构造边缘构件后浇段包括有翼墙、转角墙、边缘暗柱三种(图 1.7.3);非边缘构件后浇段见图 1.7.4。

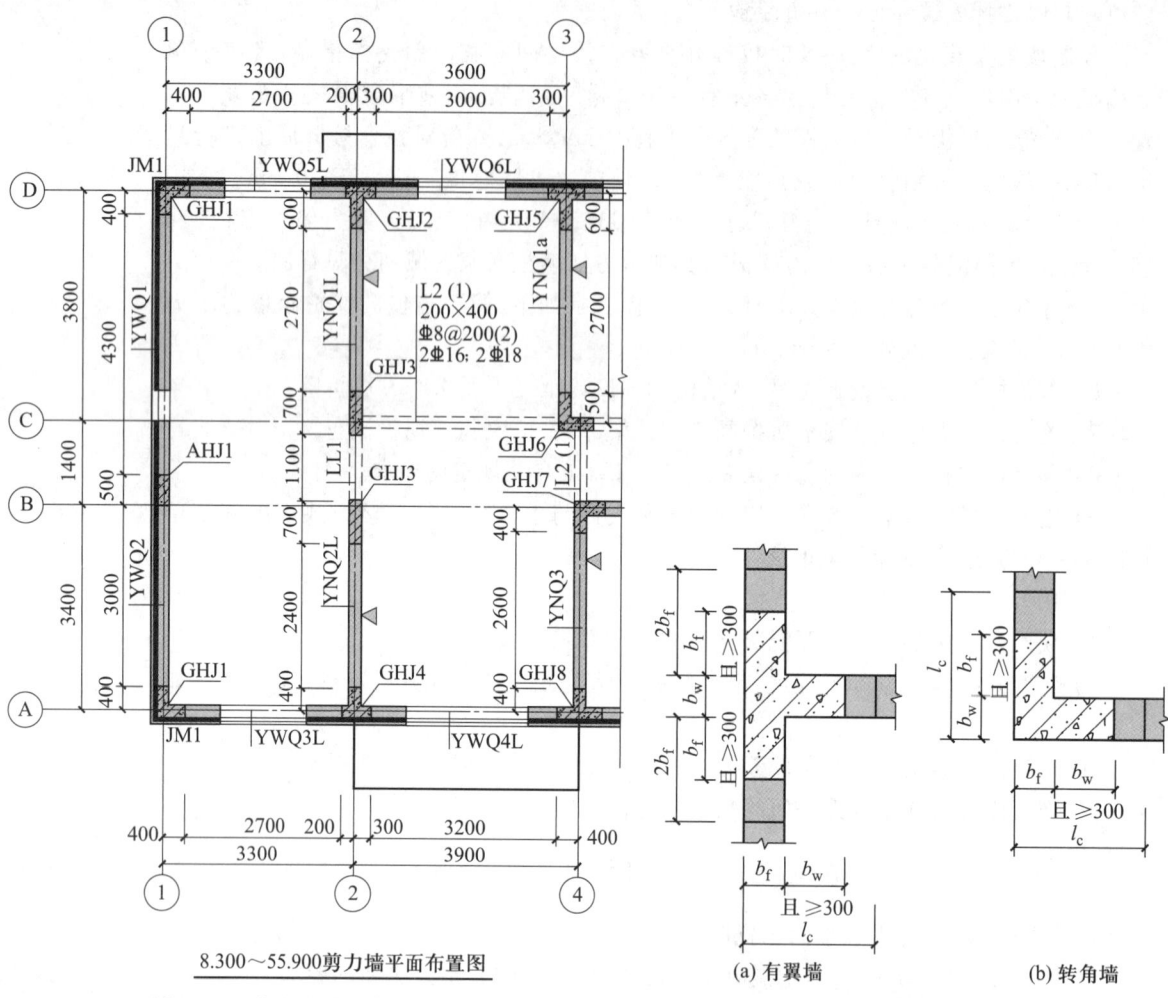

8.300～55.900剪力墙平面布置图

图 1.7.1 剪力墙平面布置图示例

图 1.7.2 约束边缘构件后浇段（YHJ）

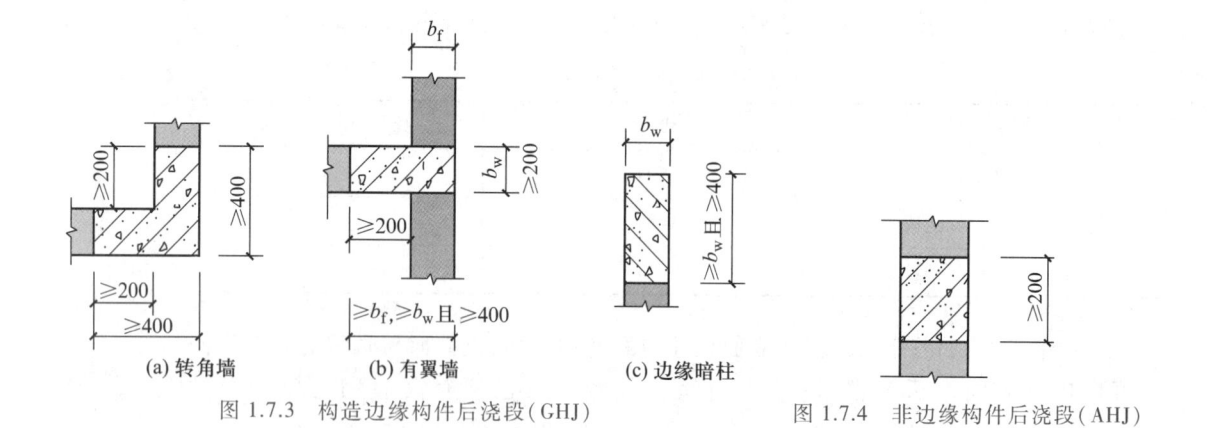

(a) 有翼墙　　(b) 转角墙

图 1.7.3 构造边缘构件后浇段（GHJ）

(a) 转角墙　(b) 有翼墙　(c) 边缘暗柱

图 1.7.4 非边缘构件后浇段（AHJ）

[例]YHJ1,表示约束边缘构件后浇段,编号为1;
GHJ5,表示构造边缘构件后浇段,编号为5;
AHJ3,表示非边缘暗柱后浇段,编号为3。

(2) 后浇段表中表达的内容

1) 注写后浇段编号,绘制该后浇段的截面配筋图,标注后浇段几何尺寸。

2) 注写后浇段的起止标高,自后浇段根部往上以变截面位置或截面未变但配筋改变处为界分段注写。

3) 注写后浇段的纵向钢筋和箍筋,注写值应与在表中绘制的截面配筋对应一致。纵向钢筋注纵筋直径和数量;后浇段箍筋、拉筋的注写方式与现浇剪力墙结构墙柱箍筋的注写方式相同。

4) 预制墙板外露钢筋尺寸应标注至钢筋中线,保护层厚度应标注至箍筋外表面。

2. 预制混凝土叠合梁编号

预制混凝土叠合梁编号由代号、序号组成,表达形式应符合表 1.7.2 的规定。

表 1.7.2 预制混凝土叠合梁编号

名称	代号	序号
预制叠合梁	DL	××
预制叠合连梁	DLL	××

注:在编号中,如若干预制混凝土叠合梁的截面尺寸和配筋均相同,仅梁与轴线的关系不同,也可将其编为同一叠合梁编号,但应在图中注明与轴线的几何关系。

[例]DL1,表示预制叠合梁,编号为1。
DLL3,表示预制叠合连梁,编号为3。

任务:
结合图 1.7.5~图 1.7.10,认识装配式混凝土剪力墙结构,完成以下学习任务:
1) 说明装配式混凝土剪力墙结构的主要预制构件组成;
2) 说明预制墙体 YWQ35 结构表示方法;
3) 说明预制墙体 YNQ27 的结构表示方法;
4) 说明后浇混凝土段的类型及其含义;
5) 说明叠合楼板的类型及其含义。
6) 说明图中 DBD67-3615-2 的含义。

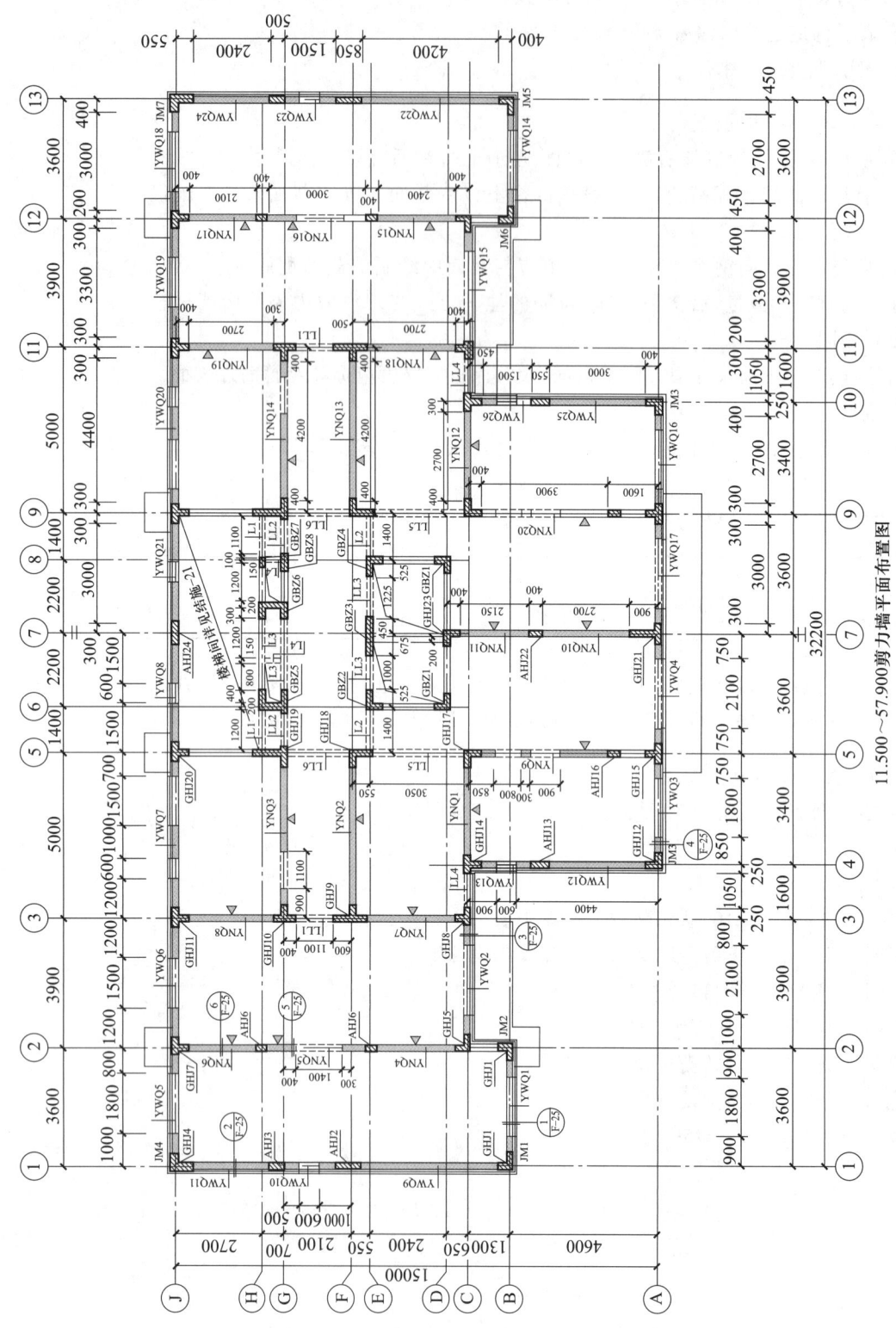

图 1.7.5 11.500~57.900剪力墙平面布置图
剪力墙平面布置图 1

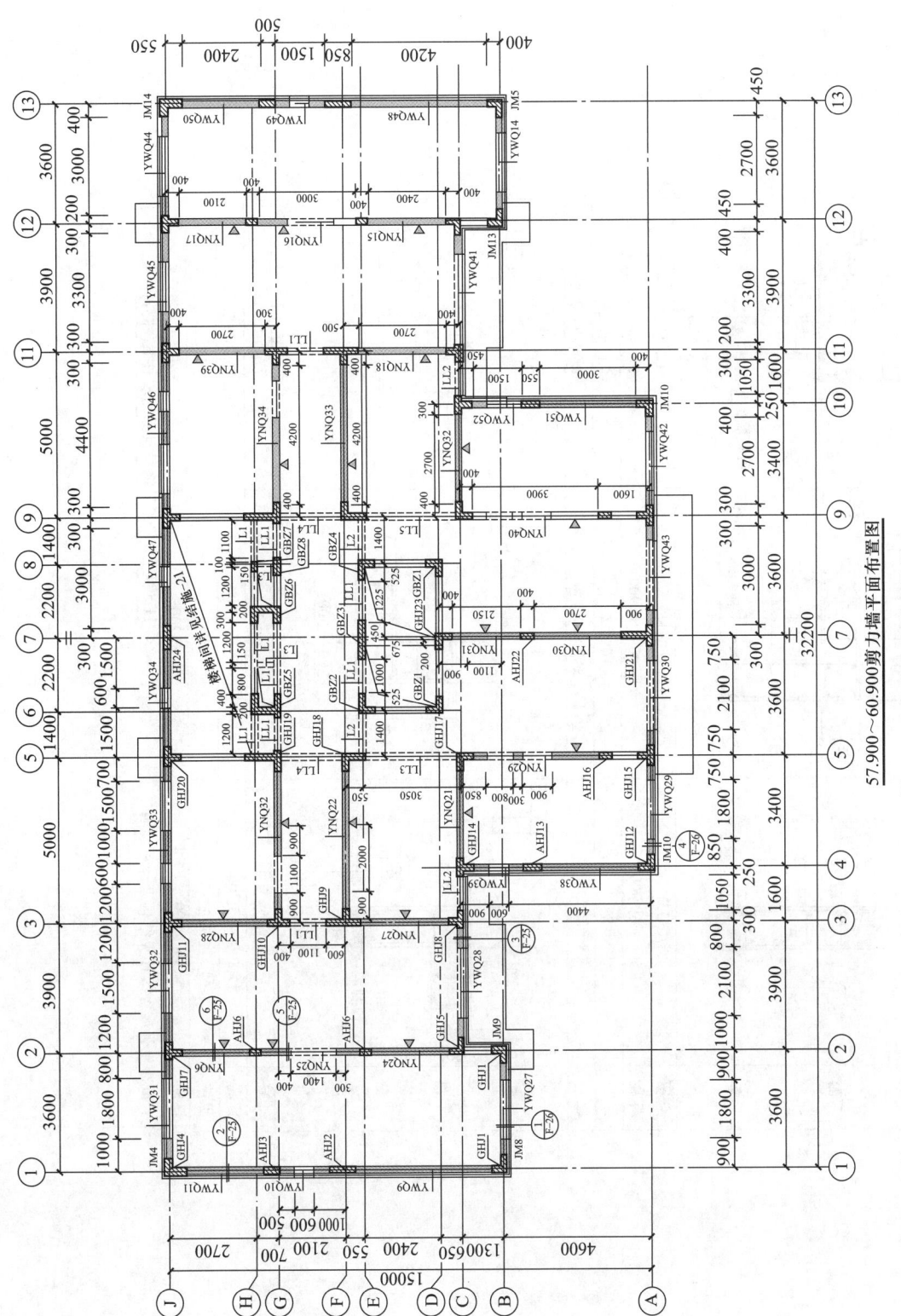

图 1.7.6 剪力墙平面布置图 2 57.900~60.900剪力墙平面布置图

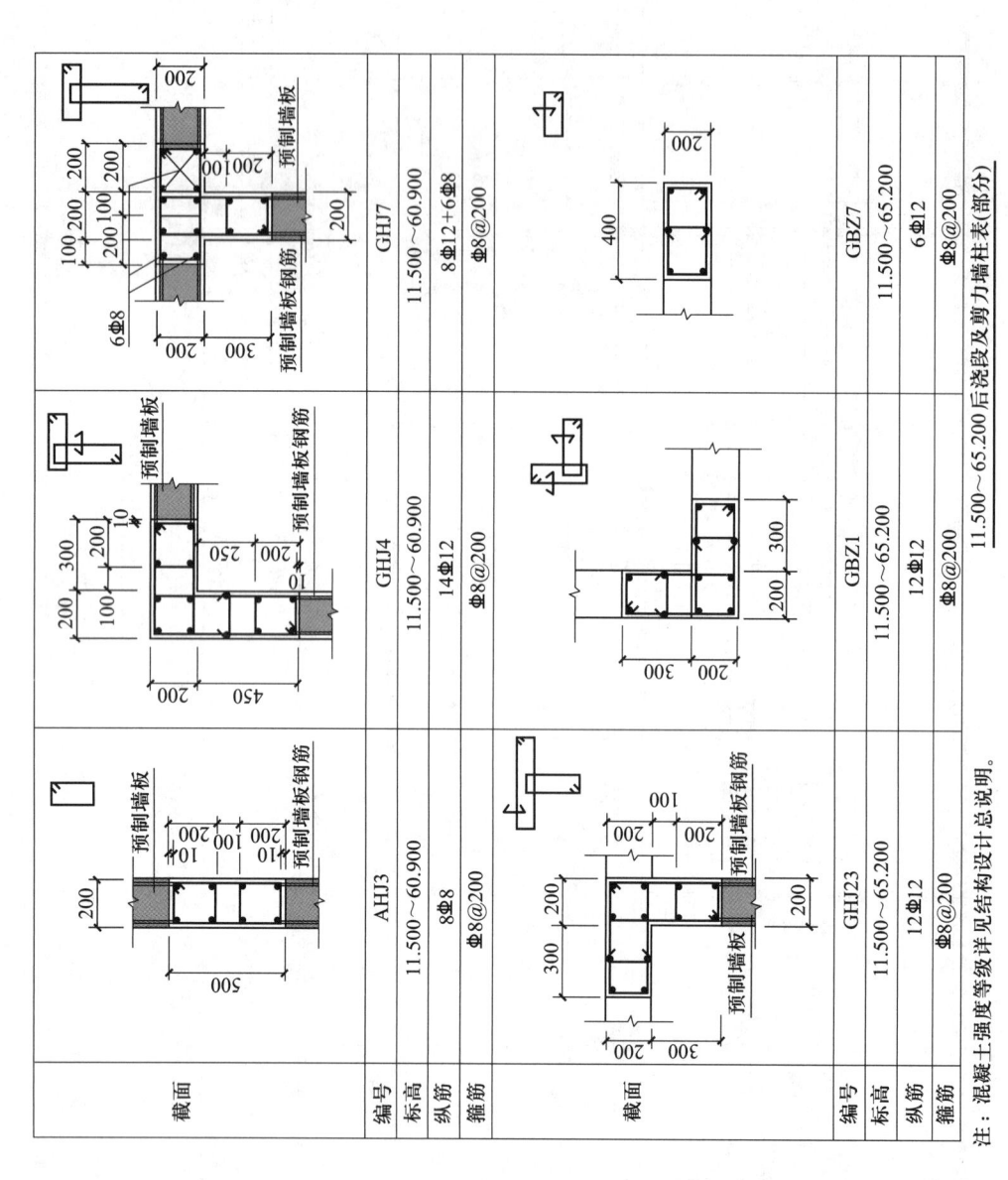

注：混凝土强度等级详见结构设计总说明。

图 1.7.7　后浇段及剪力墙柱

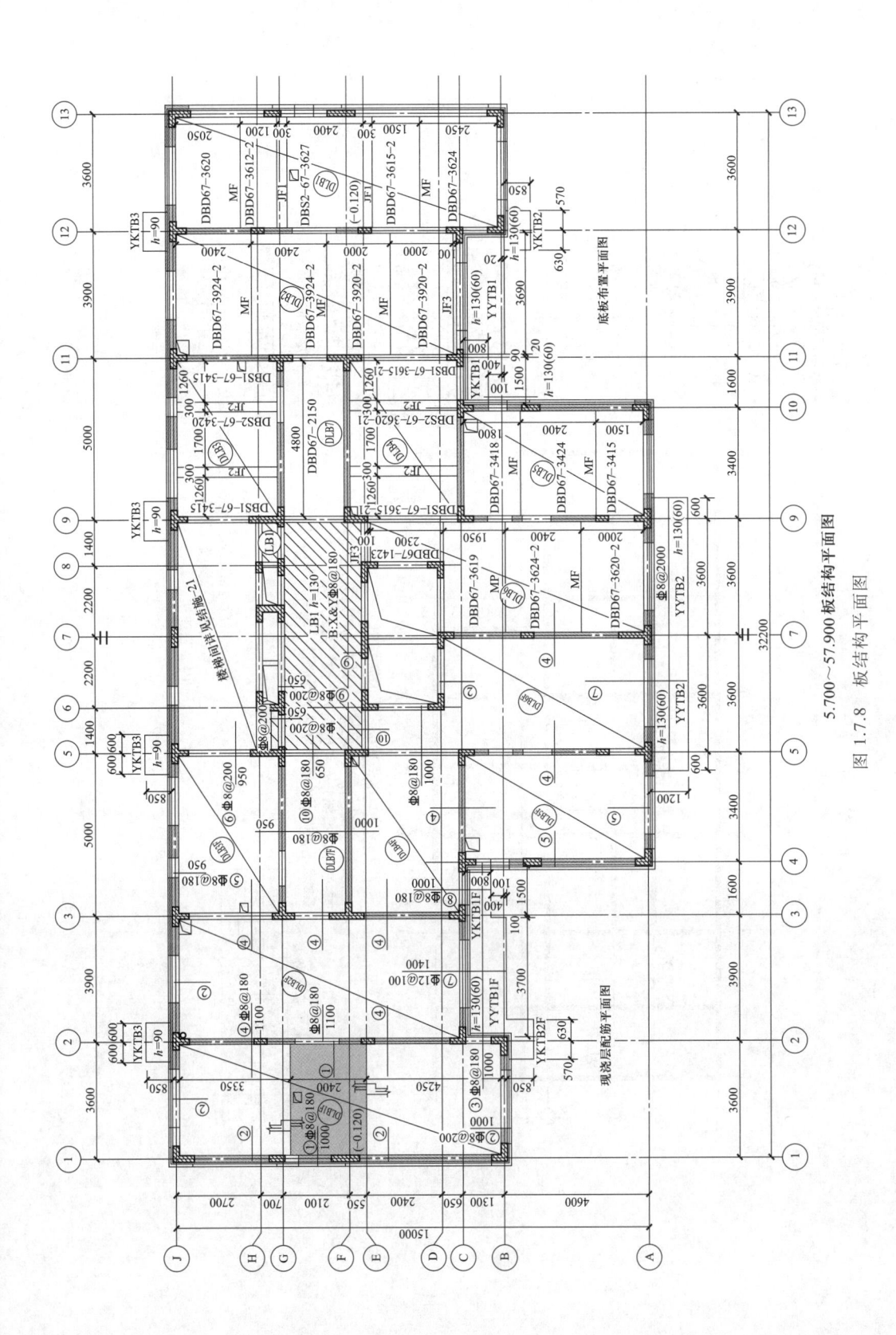

1.7 装配式混凝土剪力墙结构示例

图 1.7.8 板结构平面图

5.700～57.900水平后浇带平面布置图

注：▨ 表示外墙部分水平现浇带，编号为SHJD1；
▨ 表示内墙部分水平现浇带，编号为SHJD2；
▨ 表示楼梯间外墙部分水平现浇带，编号为SHJD3。

水平后浇带表

平面中编号	平面所在位置	所在楼层	配筋	箍筋/拉筋
SHJD1	外墙	3~21	2⎯14	—
SHJD2	内墙	3~21	2⎯12	—
SHJD3	⑤~⑨、①	3~21	4⎯14	Φ8@200

结构层楼面标高 结构层高

层号	标高(m)	层高(m)
屋面2	65.200	4.300
屋面1	60.900	3.000
21	57.900	2.900
20	55.000	2.900
19	52.100	2.900
18	49.200	2.900
17	46.300	2.900
16	43.400	2.900
15	40.500	2.900
14	37.600	2.900
13	34.700	2.900
12	31.800	2.900
11	28.900	2.900
10	26.000	2.900
9	23.100	2.900
8	20.200	2.900
7	17.300	2.900
6	14.400	2.900
5	11.500	2.900
4	8.600	2.900
3	5.700	2.900
2	2.800	2.900
1	-0.100	2.650
-1	-2.750	2.700
-2	-5.450	

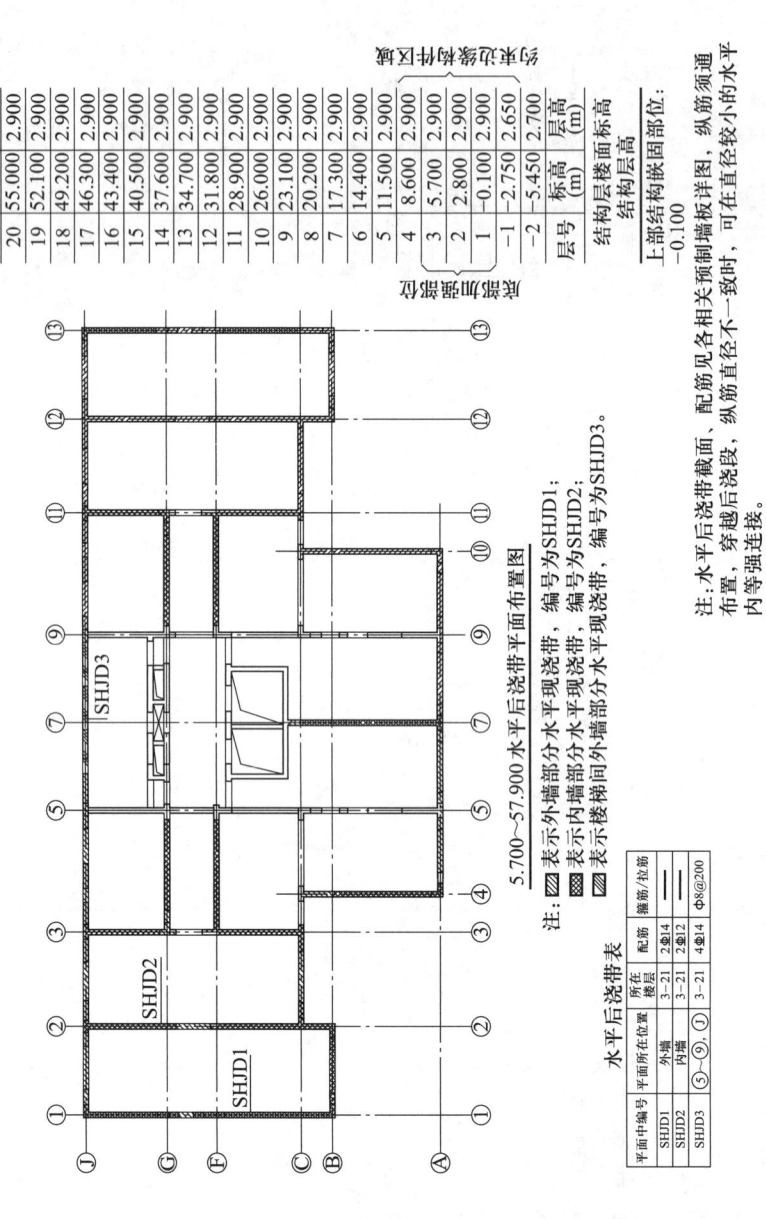

← 各层后浇带构造区别

← 标准层部分

上部结构嵌固部位：-0.100

注：水平后浇带截面、配筋见各相关预制墙板详图，纵筋须通穿越后浇带，布置，纵筋直径不一致时，可在直径较小的水平内等强连接。

图1.7.9 水平后浇带图

女儿墙平面布置图(部分)

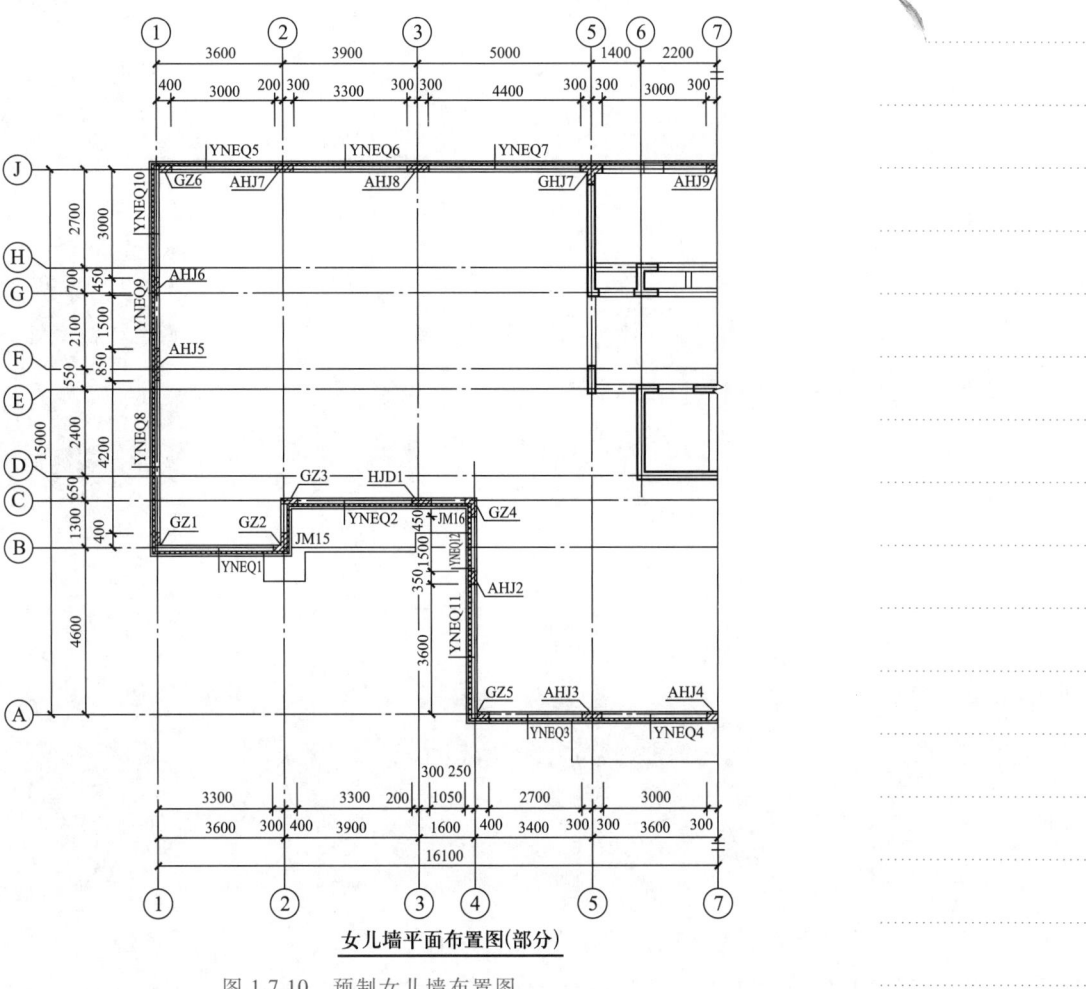

图 1.7.10　预制女儿墙布置图

单元 2

装配式混凝土结构施工

2.1 预制构件制作

2.1.1 生产准备

预制构件加工单位应具备相应的资质等级管理要求,并建立起一套完善的预制构件加工质量管理体系,具有预制构件生产加工经验和必备试验检测手段。预制构件加工制作前应审核预制构件深化设计加工图,具体内容包括:预制构件模板图、配筋图、预埋吊件及其埋件的细部构造图等;预制构件脱模、翻转过程中混凝土强度、构件承载力、构件变形以及吊具、预埋吊件承载力验算等;预制构件加工前应编制生产加工方案,具体内容包括:生产计划及生产工艺、模板方案及模板计划、技术质量控制措施、成品保护等内容。

(1)应根据预制构件的质量要求、生产技术及工艺,模具可周转次数确定预制构件模具设计和加工方案。模具设计应满足下列条件:

1)混凝土浇筑时的振动及加热养护情况;
2)满足相应的强度、刚性和整体稳定性要求;
3)预制构件预留孔、插筋、预埋吊件及其他预埋件的安装定位要求。

(2)支模时,应认真清扫模板,防止模板翘曲、凹陷,尺寸和角度应保持准确。

(3)预制构件模具尺寸的允许偏差及预埋件、预留孔洞安装允许偏差应符合表 2.1.1、表 2.1.2 规定。

表 2.1.1　预制构件模具尺寸的允许偏差和检验方法

项次	项目		允许偏差/mm	检验方法
1	长度	≤6 m	1,-2	用尺量平行构件高度方向,取最大值
		>6 m 且≤12 m	2,-4	
		>12 m	3,-5	
2	墙板宽度、高(厚)度		1,-2	用尺量平行构件宽度方向,取最大值
3	其他构件宽度、高(厚)度		2,-4	用尺量测两端或中部,取最大值
4	对角线差		3	用尺量纵、横两个方向对角线
5	侧向弯曲		L/1 500,且≤5	拉线,用尺量测侧向弯曲最大处
6	翘曲		L/1 500	对角线测量交点间距离值的两倍
7	底模板表面平整度		2	用 2 m 直尺和楔形塞尺量测
8	组装缝隙		1	用塞片或塞尺量

表 2.1.2　模具上预埋件、预留孔洞安装允许偏差

项次	项目、内容		允许偏差/mm	检验方法
1	预埋钢板、建筑幕墙用槽式预埋组件	中心线位置	3	用尺量测纵横两个方向的中心线位置,取其中较大值
		平面高差	±2	钢直尺和塞尺检查
2	预埋管、电线盒、电线管水平和垂直方向的中心线位置偏移、预留孔、浆锚搭接预留孔(或波纹管)		2	用尺量测纵横两个方向的中心线位置,取其中较大值
3	插筋	中心线位置	3	用尺量测纵横两个方向的中心线位置,取其中较大值
		外露长度	+10,0	用尺量测
4	吊环	中心线位置	3	用尺量测纵横两个方向的中心线位置,取其中较大值
		外露长度	0,-5	用尺量测
5	预埋螺栓	中心线位置	2	用尺量测纵横两个方向的中心线位置,取其中较大值
		外露长度	+5,0	用尺量测
6	预埋螺母	中心线位置	2	用尺量测纵横两个方向的中心线位置,取其中较大值
		平面高差	±1	钢直尺和塞尺检查

续表

项次	项目、内容		允许偏差/mm	检验方法
7	预留洞	中心线位置	3	用尺量测纵横两个方向的中心线位置，取其中较大值
		尺寸	+3,0	用尺量测纵横两个方向的尺寸，取其中较大值
8	灌浆套筒及连接钢筋	灌浆套筒中心线位置	1	用尺量测纵横两个方向的中心线位置，取其中较大值
		连接钢筋中心线位置	1	用尺量测纵横两个方向的中心线位置，取其中较大值
		连接钢筋外露长度	+5,0	用尺量测

备注：引自 GB/T 51231《装配式混凝土建筑技术标准》

（4）混凝土预制构件用钢筋网或钢筋骨架尺寸允许偏差应符合表 2.1.3 的规定，钢筋桁架尺寸允许偏差应符合表 2.1.4 的规定并宜采用专用钢筋定位件严格控制混凝土的保护层厚度满足设计或标准要求。

表 2.1.3 钢筋网或钢筋骨架尺寸允许偏差

项目		允许偏差/mm	检验方法
钢筋网片	长、宽	±5	钢尺检查
	网眼尺寸	±10	钢尺量连续三档，取最大值
	对角线	5	钢尺检查
	端头对齐	5	钢尺检查
钢筋骨架	长	0,-5	钢尺检查
	宽	±5	钢尺检查
	高（厚）	±5	钢尺检查
	主筋间距	±10	钢尺量两端、中间各一点，取最大值
	主筋排距	±5	钢尺量两端、中间各一点，取最大值
	箍筋间距	±10	钢尺量连续三档，取最大值
	弯起点位置	15	钢尺检查
	端头对齐	5	钢尺检查
	保护层 柱梁	±5	钢尺检查
	保护层 板墙	±3	钢尺检查

备注：引自 GB/T 51231《装配式混凝土建筑技术标准》

表 2.1.4　钢筋桁架尺寸允许偏差

项次	检验项目	允许偏差/mm
1	长度	总长度的±0.3%,且不超过±10
2	高度	+1,-3
3	宽度	±5
4	扭翘	≤5

备注：引自 GB/T 51231《装配式混凝土建筑技术标准》

（5）预制构件中的预埋件质量要求和加工允许偏差应满足表 2.1.5、表 2.1.6 的规定。

表 2.1.5　预埋件质量要求和允许偏差

项次	项目		允许偏差和质量要求
1	规格尺寸/mm		0,-5
2	表面平整/mm		3
3	锚固筋	长度/mm	10,-5
		间距偏差/mm	±10
4	埋弧压力焊接头	相对钢板的直角偏差/°	≤4
		咬边深度/mm	≤0.5
		与钳口接触处的表面烧伤	不明显
		钢板焊穿、凹陷	不应有
5	弧焊焊缝	裂纹	不应有
		大于 1.5 mm 的气孔(或夹渣)	<3 个
		贴角焊缝焊脚高、宽	≥0.5d（Ⅰ级钢） ≥0.6d（Ⅱ级钢）

表 2.1.6　预埋件加工允许偏差

项目		允许偏差/mm	检验方法
预埋件锚板的边长		0,-5	钢尺检查
预埋件锚板的平整度		1	直尺和塞尺量测
锚筋	长度	10,5	钢尺检查
	间距偏差	±10	钢尺检查

（6）混凝土预制构件生产宜选用脱模效果好且避免污染构件表面的水性或蜡质隔离剂。

2.1.2　构件制作

（1）在混凝土浇筑成型前应进行预制构件的隐蔽工程验收;检查项目应包括下列

内容：

1）钢筋的品种、级别、规格和数量；

2）钢筋、预埋件、灌浆套筒、吊环、插筋及预留孔洞的位置；

3）混凝土保护层厚度。

（2）预制构件用混凝土工作性应根据产品类别和生产工艺要求确定，混凝土构件应采用机械振捣成型方式生产。

（3）预制构件与现浇混凝土的结合面或叠合面应采取拉毛或凿毛处理，也可采用在模板表面涂刷适量的缓凝剂形成设计要求的露骨料粗糙面。

（4）带保温材料的预制构件宜采用水平浇筑方式成型，保温材料宜在混凝土成型过程中放置固定。制作过程应按设计要求检查连接件在混凝土中的定位偏差。当采用垂直浇筑方式成型时，保温材料可在混凝土浇筑前放置固定。

（5）带门窗框、预埋管线的预制构件，其制作应符合下列规定：

1）门窗框、预埋管线应在浇筑混凝土前预先放置并固定，固定时应采取防止污染窗体表面的保护措施；

2）当采用铝框时，应采取避免铝框与混凝土直接接触发生电化学腐蚀的措施；

3）应考虑温度或受力变形与门窗适应性要求。

（6）带饰面的预制构件宜采用反打一次成型工艺制作。根据构件的设计要求，饰面可采用涂料、面砖或石材等。饰面材料应分别满足下列要求：

1）当面砖或石材与预制构件一次浇注成型时，构件生产前应对面砖或石材进行加工；

2）当构件采用面砖饰面时，模具中铺设面砖前，应根据图纸设计要求对拐角面砖和面砖版面进行加工，并应采用背面带有燕尾槽的面砖；

3）当构件采用石材饰面时，模具中铺设石材前，应在石材背面做涂覆防水处理；同时应在石材背面钻倒角孔，并安装不锈钢卡钩与混凝土进行机械连接；

4）应采用不污染饰面和构件的材料（如：规格海绵条等）预留面砖缝或石材缝，并应保证缝的垂直和水平齐整。

（7）预制构件可根据需要选择自然养护或蒸汽养护方式。采用蒸汽养护时应按要求严格控制升降温速度不超过 25 ℃/h，最高养护温度不超过 70 ℃。

（8）预制构件脱模起吊时，应根据设计要求或具体生产条件确定所需的混凝土立方体抗压强度。脱模强度应不小于 12 MPa；起吊强度：小构件不应小于 15 MPa，大构件不应小于 20 MPa，特大构件不应小于 25 MPa。对于预应力混凝土构件及脱模后需要移动的构件，脱模时的混凝土立方体抗压强度不宜小于设计混凝土强度等级值的 75%。

2.1.3 质量检验

（1）预制构件不得存在影响结构性能或装配、使用功能的外观缺陷。对于存在的一般缺陷应采用专用修补材料按修补方案要求进行修复和表面处理。构件外观质量缺陷分类见表 2.1.7，构件的外观质量要求及检查方法应符合表 2.1.8 的规定。

表 2.1.7 构件外观质量缺陷分类

名称	现象	严重缺陷	一般缺陷
露筋	构件内钢筋未被混凝土包裹而外露	纵向受力钢筋有露筋	其他钢筋有少量露筋
蜂窝	混凝土表面缺少水泥砂浆而形成石子外露	构件主要受力部位有蜂窝	其他部位有少量蜂窝
孔洞	混凝土中孔穴深度和长度均超过保护层厚度	构件主要受力部位有孔洞	其他部位有少量孔洞
夹渣	混凝土中夹有杂物且深度超过保护层厚度	构件主要受力部位有夹渣	其他部位有少量夹渣
疏松	混凝土中局部不密实	构件主要受力部位有疏松	其他部位有少量疏松
裂缝	缝隙从混凝土表面延伸至混凝土内部	构件主要受力部位有影响结构性能或使用功能的裂缝	其他部位有少量不影响结构性能或使用功能的裂缝
连接部位缺陷	构件连接处混凝土缺陷及连接钢筋、连接件松动,插筋严重锈蚀、弯曲,灌浆套筒堵塞、偏位,灌浆孔洞堵塞、偏位、破损等缺陷	连接部位有影响结构传力性能的缺陷	连接部位有基本不影响结构传力性能的缺陷
外形缺陷	缺棱掉角、棱角不直、翘曲不平、飞出凸肋等,装饰面砖黏结不牢、表面不平、砖缝不顺直等	清水或具有装饰的混凝土构件内有影响使用功能或装饰效果的外形缺陷	其他混凝土构件有不影响使用功能的外形缺陷
外表缺陷	构件表面麻面、掉皮、起砂、沾污等	具有重要装饰效果的清水混凝土构件有外裹缺陷	其他混凝土构件有不影响使用功能的外表缺陷

表 2.1.8 预制构件的外观质量要求及检查方法

项次	项目	质量要求	检查方法
1	露筋	不应有	对构件各个面进行目测
2	蜂窝	表面上不允许	对构件每个面进行目测然后用尺量出尺寸
3	麻面	表面上不允许	目测
4	硬伤、掉角	不允许,碰伤后要立即修复	目测
5	饰面空鼓、起砂、起皮、漏抹	不应有	目测
6	裂缝、门窗口角裂	不应有	目测

质量检验

（2）预制构件的尺寸偏差应符合表 2.1.9 的规定。

表 2.1.9　预制构件尺寸允许偏差　　　　　　　　mm

项次	检验项目		允许偏差
预制墙板	高		±4
	宽		±4
	厚		±3
	对角线差		5
	翘曲		3
	侧向弯曲		$L/1\,000$ 且 $\leqslant 20$
	翘曲		$L/1\,000$
	内表面平整		4
	外表面平整		3
预制楼板	长	<12 m	±5
		≥12 m 且 <18 m	±10
		≥18 m	±20
	宽		±5
	厚		±5
	侧弯		$L/750$ 且 $\leqslant 20$
	表面平整	内表面	4
		外表面	3
预制梁柱	长度	<12 m	±5
		≥12 m 且 <18 m	±10
		≥18 m	±20
	宽度		±5
	高度		±5
	表面平整度		4
	侧向弯曲		$L/750$ 且 $\leqslant 20$
预埋件	预埋板	中心位置偏移	5
		与混凝土面平面高差	0,-5
	预埋螺栓（螺母）	中心位置偏移	2
		外露长度	+10,-5
	预留孔洞	中心位置偏移	5
		尺寸	±5
	预埋套筒	中心位置偏移	2

(3) 对外观缺陷及超过表 2.1.9 要求的允许尺寸偏差的部位应制订修补方案进行修理,并重新检查验收。

(4) 预制构件应按设计要求的试验参数及检验指标进行结构性能检验;检验内容及验收方法按 GB 50204《混凝土结构工程施工质量验收规范》有关规定执行。

(5) 预制构件经检查合格后,应及时标记工程名称、构件型号、制作日期、合格状态、生产单位等信息。

2.2　预制构件运输、堆垛与进场检查

2.2.1　预制构件运输要求

预制构件的运输应符合 GB 50666《混凝土结构工程施工规范》及 JGJ 1《装配式混凝土结构技术规程》的规定。总包单位及构件生产单位应制订预制构件的运输与堆垛方案,其内容应包括运输时间、次序、堆垛场地、运输线路、固定要求、堆垛支垫及成品保护措施等。对于超高、超宽、形状特殊的大型构件的运输和堆垛应有专门的质量安全保证措施。

预制构件运输车辆应满足构件尺寸和载重要求,装卸与运输时应符合下列规定:

(1) 应根据构件尺寸及重量要求选择运输车辆,装卸及运输过程应考虑车体平衡。运输过程应采取防止构件移动或倾覆的可靠固定措施。运输竖向薄壁构件时,宜设置临时支架。构件边角部及构件与捆绑、支撑接触处,宜采用柔性垫衬加以保护。预制柱、梁、叠合楼板、阳台板、楼梯、空调板宜采用平放运输;预制墙板宜采用竖直立放运输。现场运输道路应平整,并应满足承载力要求。

(2) 装卸构件时,应采取保证车体平衡的措施;应采取防止构件移动、倾倒、变形等的固定措施;应采取防止构件损坏的措施,对构件边角部或链索接触处的混凝土,宜设置保护衬垫。

(3) 当采用靠放架堆垛(图 2.2.1a)或运输构件时,靠放架应具有足够的承载力和刚度,构件与地面倾斜角度宜大于 80°;墙板宜对称靠放且外饰面朝外,构件上部宜采用木垫块隔离;运输时构件应采取固定措施。

(4) 当采用插放架直立堆垛(图 2.2.1b)或运输构件时,宜采取直立运输方式;插放架应有足够的承载力和刚度,并应支垫稳固。

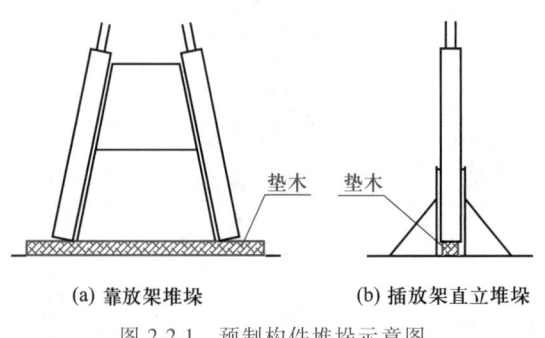

(a) 靠放架堆垛　　(b) 插放架直立堆垛

图 2.2.1　预制构件堆垛示意图

（5）采用叠层平放的方式堆垛或运输构件时，应采取防止构件产生裂缝的措施。

（6）构件接触部位应采用柔性垫片填实，支撑牢固，不得有松动。

（7）运输车辆进入施工现场的道路应满足预制构件的运输要求；卸放、吊装工作范围内，不得有障碍物，并应有满足预制构件周转使用的场地；堆场应设置在吊车工作范围内，并考虑吊装时的起吊、翻转等动作的操作空间。

（8）预制构件在施工现场卸车前，施工单位应做好进场验收工作。

预制构件联排插放堆垛见图 2.2.2。

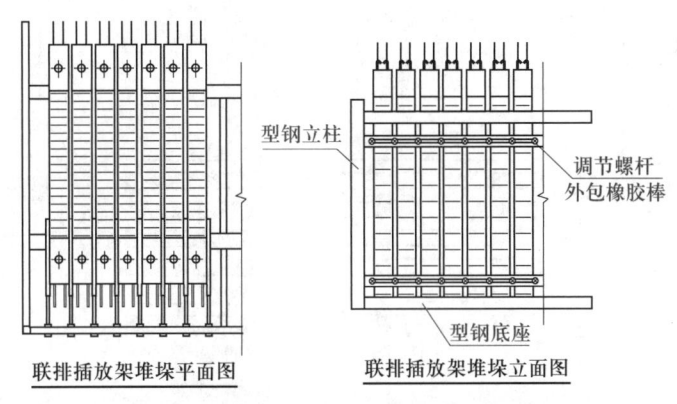

图 2.2.2　预制构件联排插放堆垛示意图

图 2.2.3 为预制叠合板堆垛示意图。叠合板堆垛场地应平整硬化，宜有排水措施，堆垛时叠合板底板与地面之间应有一定的空隙。垫木放置在叠合板钢筋桁架侧边，板两端（至板端 200 mm）及跨中位置垫木间距计算确定；垫木应上下对齐。不同板号应分别堆放，堆放时间不宜超过两个月。堆垛层数不宜大于 6 层。叠合板底部垫木宜采用通长木方。

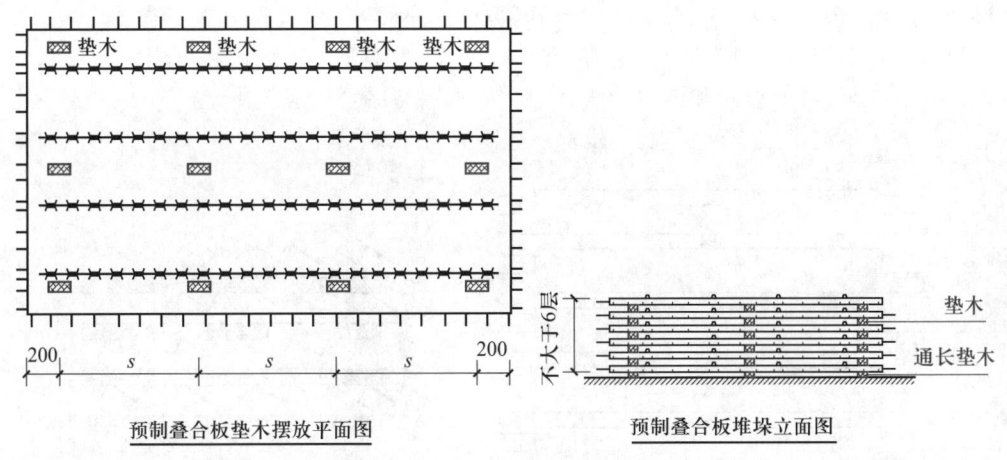

图 2.2.3　预制叠合板堆垛示意图

图 2.2.4 为预制阳台板堆垛示意图。预制阳台板堆垛层与层之间应垫平、垫实，各层支垫应上下对齐，最下面一层支垫应通长设置。叠放层数不宜大于 4 层。预制阳台板封边高度为 800 mm、1 200 mm 时宜单层放置。预制空调板可采用叠放方式

(图 2.2.5)。预制阳台板及空调板构件应在正面设置标识,标识内容宜包括构件编号、制作日期、合格状态、生产单位等信息。

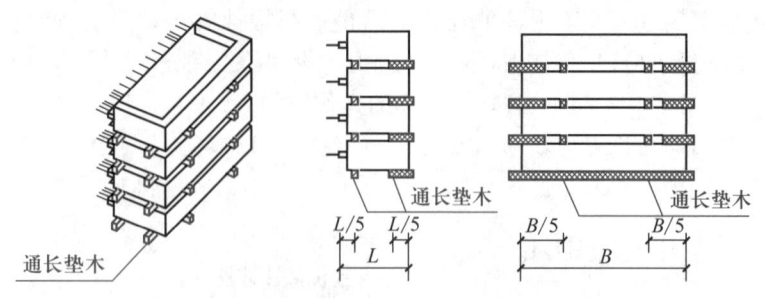

图 2.2.4　预制阳台板堆垛示意图

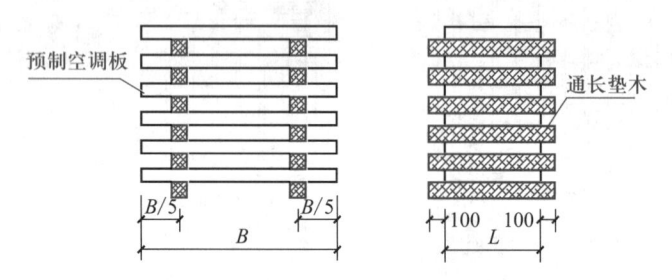

图 2.2.5　预制空调板堆垛示意图

图 2.2.6 为预制女儿墙板堆垛示意图。预制女儿墙可采用平放方式。在堆置预制女儿墙时,板下部两端垫置 100 mm×100 mm 垫木,垫木放置在 $L/5 \sim L/4$ 位置(L 为预制女儿墙总长度),当预制女儿墙长度很大时,应在中间增加垫木。层与层之间应垫平、垫实,各层支垫应上下对齐,不同板号应分别堆垛,堆垛层数不宜大于 5 层。

图 2.2.7 为板式楼梯堆垛示意图。预制楼梯的放置采用立放或平放方式。在堆置预制楼梯时,板下部两端垫置 100 mm×100 mm 垫木,垫木放置在 $L/5 \sim L/4$ 位置(L 为预制板总长度),并在预制楼梯段的后起吊(下端)的端部设置防止起吊碰撞的伸长垫木,防止在起吊时的磕碰和斜向转角磕碰。垫木层与层之间应垫平、垫实,各层支垫应上下对齐。不同类型应分别堆垛,堆垛层数不宜大于 5 层。

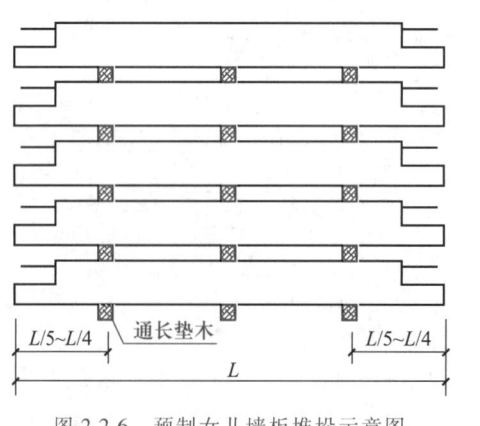

图 2.2.6　预制女儿墙板堆垛示意图 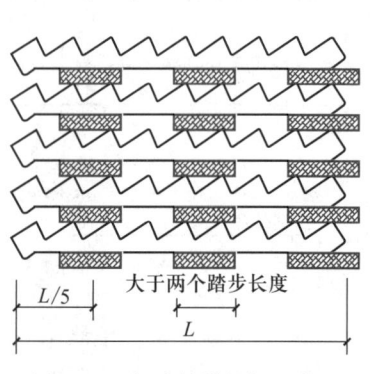　　图 2.2.7　板式楼梯堆垛示意图

2.2.2 预制构件堆垛要求

场地应平整、坚实,并应有良好的排水措施。存放场地应为钢筋混凝土地坪,并应有排水措施。预制构件的堆放要符合吊装位置的要求,要事先规划好不同区位的构件的堆放地点。尽量放置在能吊装区域,避免吊车移位,造成工期的延误。堆放构件的场地应保持排水良好,防止雨天积水后不能及时排泄,导致预制构件浸泡在水中,污染预制构件。堆放构件的场地应平整坚实并避免地面凹凸不平。在规划储存场地的地基承载力时,要根据不同预制构件堆垛层数和构件的重量进行规划。按照文明施工要求,现场裸露的土体(含脚手架区域)场地需进行场地硬化;对于预制构件堆放场地路基压实度不应小于90%,面层建议采用15 cmC30钢筋混凝土,钢筋采用$\phi 12@150$双向布置。

施工现场存放的构件,宜按照安装顺序分类存放,堆垛宜布置在吊车工作范围内且不受其他工序施工作业影响的区域;预制构件存放场地的布置应保证构件存放有序、安排合理,确保构件起吊方便且占地面积小。构件存放方法有平放和竖放两种,原则上墙板采用竖放方式,楼面板、屋顶板和柱构件采用平放或竖放方式,梁构件采用平放方式(图2.2.8~图2.2.11)。

图2.2.8 预制构件堆放示意图1

图2.2.9 预制构件堆放示意图2

图2.2.10 预制构件堆放示意图3

图2.2.11 预制构件堆放示意图4

预制构件应按规格、品种、所用部位、出厂日期、吊装顺序分别设置堆垛。堆垛层数应根据构件与垫木或垫块的承载能力及堆垛的稳定性确定,必要时应设置防止构件倾覆的支架。预埋吊件应朝上,标识宜朝向堆垛间的通道。构件支垫应坚实,垫块在构件下的位置宜与脱模、吊装时的起吊位置一致。重叠堆垛构件时,每层构件间的垫块应上下对齐,堆垛层数应根据构件、垫块的承载力确定,并应根据需要采取防止堆垛倾覆的措施。采用靠放架直立存放的墙板宜对称靠放、饰面向外,构件与竖向垂直线的倾斜角不宜大于10°。对墙板类构件的连接止水条、高低口和墙体转角等薄弱部位应加强保护。

施工单位应针对预制墙板构件插放编制专项方案,插放架应满足强度、刚度和稳定性的要求,插放架必须设置防磕碰、防止构件的损坏、倾倒、变形,防下沉的保护措施。预制楼板注意存放高度和层数,应满足存放安全和吊装方便的需要。

预制构件的成品保护,应根据构件的存放、码放的条件制订相应的构件成品保护措施,对于有装饰面和装饰要求的构件,应制订有针对性的具体措施及成品保护方法。预制构件的成品保护应符合下列规定:

(1)垫块表面应覆盖或包裹柔性材料;

(2)外墙门框、窗框和带有外装饰材料的表面宜采用塑料贴膜或者其他防护措施;

(3)灌浆套筒、预埋螺栓孔应采用临时封堵措施;

(4)带有装饰面的板材要有专门的成品保护措施,防止面层受损;

(5)预制构件的转运次数不宜大于 3 次,以减少构件在运输及堆放过程中的损伤。

2.2.3 预制构件进场检查

(1)检查内容

1)预制构件进场要进行验收工作,验收内容包括构件的外观、尺寸、预埋件、特殊部位处理等方面。

2)预制构件的验收和检查应由质量管理员或者预制构件接收负责人完成,检查率为 100%。施工单位可以根据构件发货时的检查单对构件进行进场验收,也可以根据项目计划书编写的质量控制要求制订检查表进行进场验收。

3)运输车辆运抵现场卸货前要进行预制构件质量验收。对特殊形状的构件或特别要注意的构件应放置在专用台架上认真进行检查。

4)如果构件产生影响结构、防水和外观的裂缝、破损、变形等状况时,要与原设计单位商量是否继续使用这些构件,或者直接废弃。

5)通过目测对全部构件进行进场接收检查时的主要检查项目如下:

① 构件名称;

② 构件编号;

③ 生产日期;

④ 构件上的预埋件位置、数量;

⑤ 构件裂缝、破损、变形等情况;

⑥ 预埋构配件、构件突出的钢筋等状况；

⑦ 预制构件进场验收参考检查表的样式。

（2）检查方法

预制构件运至施工现场时的检查内容包括外观检查和几何尺寸检查两大方面。其中，外观检查项目包括：预制构件的裂缝、破损、变形等项目，应进行全数检查。其检查方法一般可通过目视进行检查，必要时可采用相应的专用仪器设备进行检测。预制构件几何尺寸检查项目包括：构件的长度、宽度和高度或厚度以及预制构件对角线等。此外，尚应对预制构件的预留钢筋和预埋件，一体化预制的窗户等构配件进行检测，其检查的方法一般采用钢尺量测。外观检查和几何尺寸检查的检查率及合格与否的判断标准应符合要求。

2.3 预制墙板施工

预制混凝土墙板施工包括外墙板施工和内墙板施工。

2.3.1 预制墙板施工与安装要求

1. 施工要求

（1）施工准备：清理施工层地面，检查连接钢筋位置、长度、垂直度、表面清洁情况；检查墙板构件编号及外观质量；检查墙板支撑规格型号、辅助材料。

（2）定位放线：墙板安装控制定位放线，墙板支撑与地面预埋件安装，现浇混凝土面凿毛处理。

（3）墙板垫片及压条铺设：沿预制外墙板保温层上部铺设压条，墙板安装底部标高采用垫片找平控制。

（4）墙板构件吊装安装：采用吊装梁垂直起吊，墙板构件吊装至操作面，由底部定位装置及人工辅助引导至安装位置，并保证其底部稳定水平，使预留钢筋插入灌浆套筒内，安装墙板临时支撑，检查墙板安装位置、垂直度、水平度，并调节支撑紧固。

（5）底部接缝密闭封堵：采用快硬高强砂浆对预制墙板底部接缝进行周圈封堵，确保密实可靠。

（6）钢筋套筒灌浆作业：采用压浆法从灌浆分区下口灌注，当浆料从其他孔流出后及时进行封堵，完成整段墙体的灌浆后，进行外流浆料清理。

2. 施工要点

（1）采用钢筋灌浆套筒连接的预制墙板构件就位前，应检查套筒、预留孔的规格、位置、数量、深度，和被连接钢筋的规格、数量、位置、长度。

（2）墙板构件安装前应复核：结合面清洁；构件底部应设置可调节接缝厚度和底部标高的垫块；灌浆套筒连接接头灌浆前，应对接缝周围进行封堵，封堵措施应符合接合面承载力设计要求；多层剪力墙底部采用坐浆材料时，其厚度不宜大于 20 mm。

（3）预制墙板构件吊装就位后，应及时校准并采取临时固定措施，并应符合国家现行标准 GB 50666《混凝土结构工程施工规范》的安装与连接要求。

（4）预制墙板构件连接采用焊接或螺栓连接时，应符合国家现行标准 JGJ 18《钢筋焊接及验收规程》、GB 50661《钢结构焊接规范》、GB 50755《钢结构工程施工规范》和 GB 50205《钢结构工程施工质量验收规范》的有关规定。采用焊接连接时,应采取防止因连续施焊引起连接部位混凝土开裂的措施。

(5) 当设计对构件连接处有防水要求时,材料性能应符合设计要求及现行相关国家标准要求。

3. 预制墙板安装要求

(1) 构件安装前,应清理结合面。

(2) 构件底部应设置可调整接缝厚度和底部标高的垫块。

(3) 灌浆施工前,应对接缝周围进行封堵,封堵措施应符合结合面承载力设计要求。

(4) 预制剪力墙底部采用坐浆材料时,其厚度应符合设计要求。

(5) 预制墙板构件施工安装预埋件,应结合施工安装方案所采取的施工具体措施及施工做法,结合安全、高效、经济综合考虑。

(6) 预制构件安装过程中应根据水准点和轴线校正位置,安装就位后应及时采取临时固定措施。预制构件与吊具的分离应在校准定位及临时固定措施安装完成后进行。临时固定措施的拆除应在装配式混凝土剪力墙结构能达到后续施工承载要求后进行。

(7) 预制墙板构件安装临时支撑(图 2.3.1~图 2.3.3)时,应符合下列规定:

每个预制构件的临时支撑不宜少于 2 道;墙板的上部斜支撑,其支撑点距离底部的距离不宜小于高度的 2/3,且不应小于高度的 1/2;构件安装就位后,可通过临时支撑对构件的位置和垂直度进行微调。

(8) 临时支撑必须在完成套筒灌浆施工及叠合板后浇混凝土施工完毕,并经检查确认无误后,方可拆除。

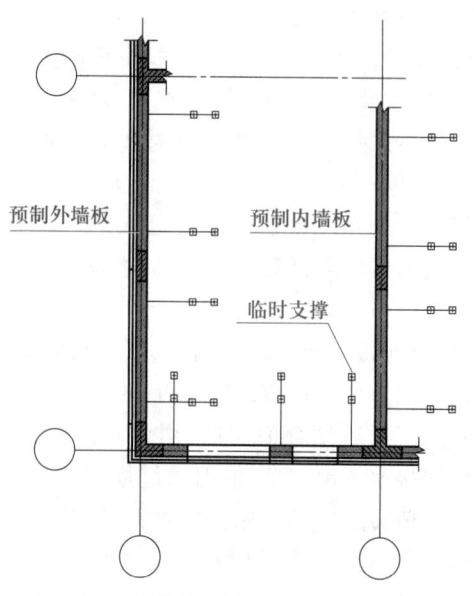

图 2.3.1 预制墙板临时支撑平面布置图

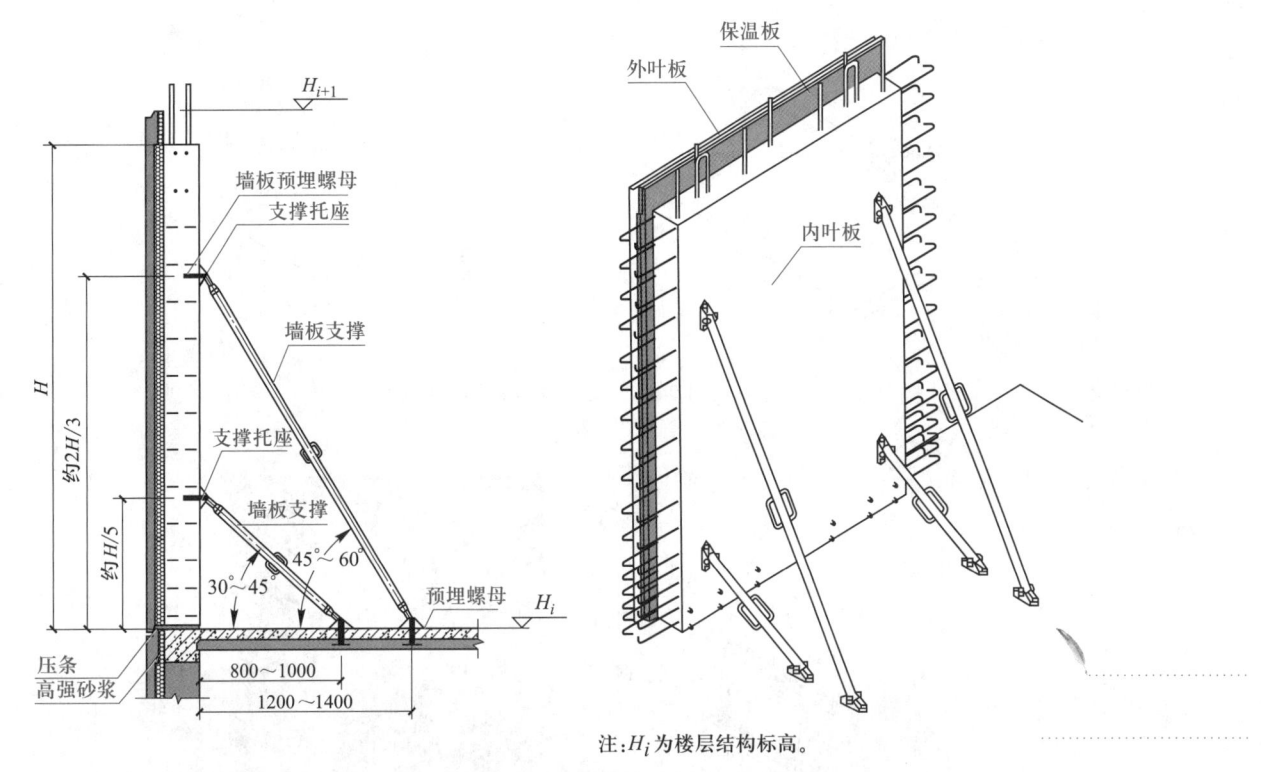

图 2.3.2　预制墙板支撑示意图

图 2.3.3　预制墙板安装示意图

2.3.2　预制墙板安装施工工艺流程

（1）预制外墙板施工工艺流程

安装前施工准备→构件检查与编号确认(→剪力墙钢筋校核、灌浆溢浆孔清理检查)→压条铺设(→底部垫片标高找平、灌浆区分仓)→非灌浆区域砂浆铺设(→墙板上支撑端座安装、楼板上支撑端座安装)→起吊与安装→位置调整与斜撑固定→塔吊吊钩松钩→垂直度调整→构件周边封仓→灌浆套筒注浆（图 2.3.4~图 2.3.11）。

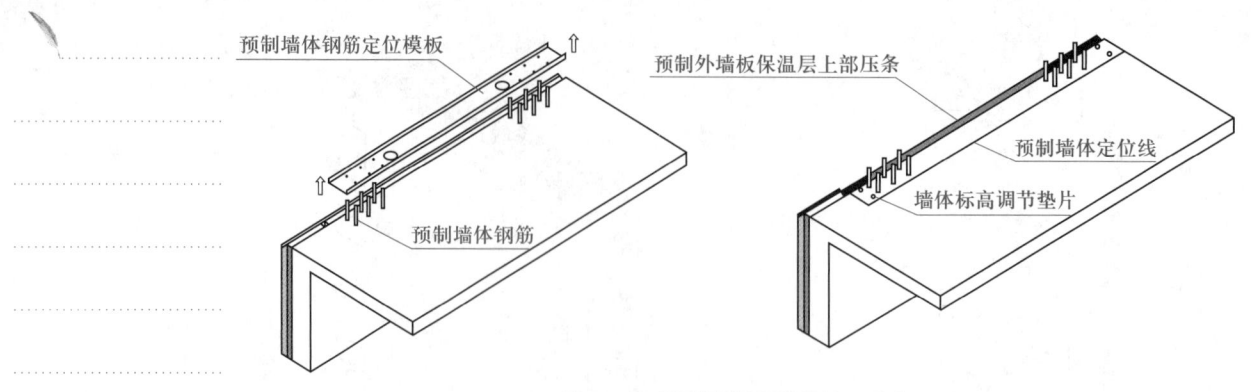

图 2.3.4　预制墙板安装前施工准备

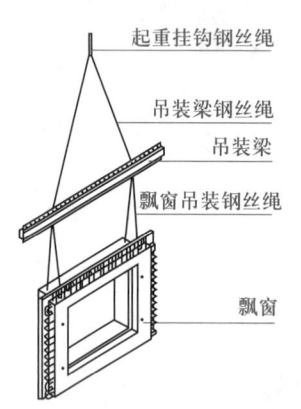

图 2.3.5　吊装示意图

图 2.3.6　铺设压条　　　　图 2.3.7　坐浆

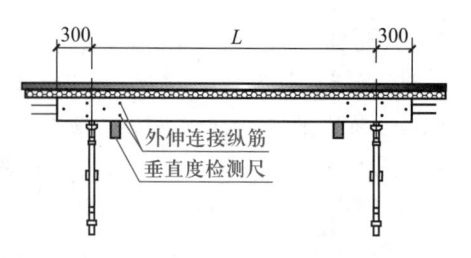

图 2.3.8　垂直度检测示意图

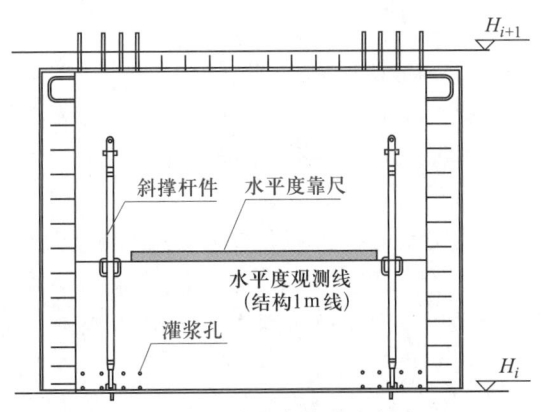

图 2.3.9 水平度检测示意图

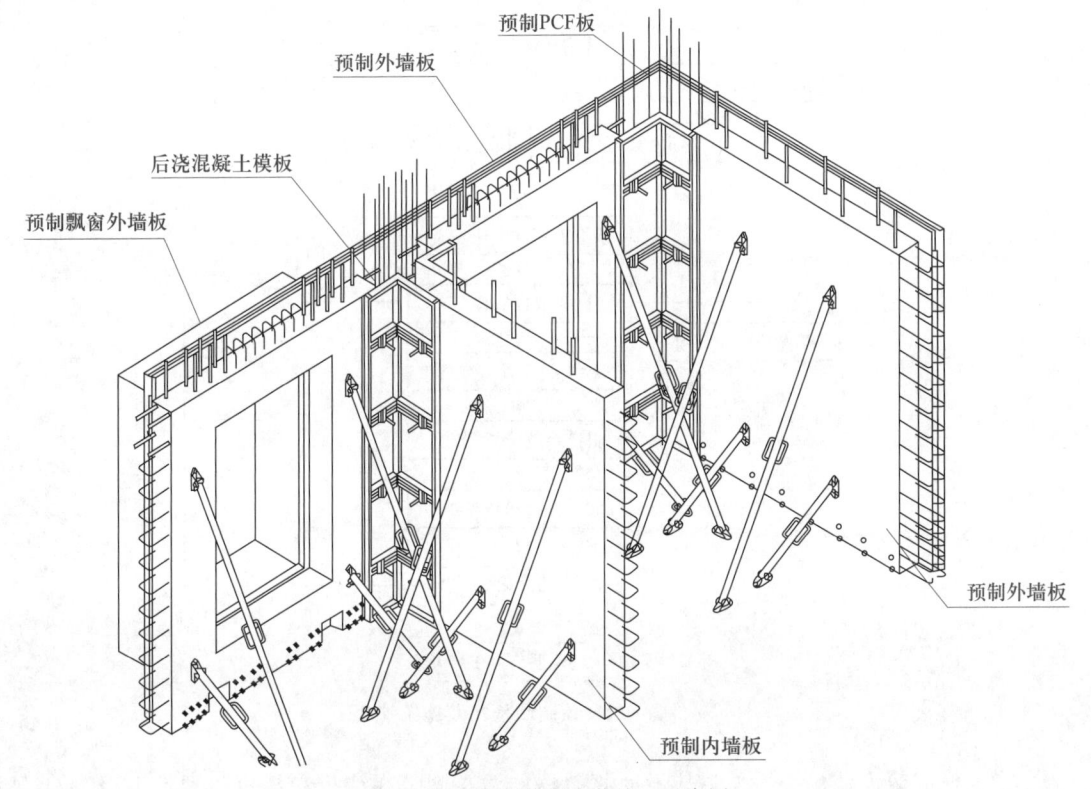

图 2.3.10 预制墙板安装施工示意图

图 2.3.11 预制墙板现场安装施工示意

(2) 预制内墙板施工工艺流程

构件检查与编号确认(→剪力墙钢筋垂直度校验、灌浆孔清理检查)→底部垫片标高找平(→墙板上支撑端座安装、楼板上支撑端座安装)→起吊与安装→位置调整与斜撑固定→塔吊吊钩松钩→垂直度调整→构件周边封仓→灌浆套筒注浆。

(3) 预制墙板吊装工艺流程

吊装前施工准备→质检与编号确认→底部标高钢片调整、楼板斜撑固定座安装→墙板上斜撑端座安装(→剪力墙钢筋垂直位置矫正、注浆孔检查)→预制墙板吊装→GPS测量定位→斜撑安装及垂直度调整→斜撑系统位置锁定→起吊系统吊钩松绑→循环进入下道工序(图 2.3.12)。

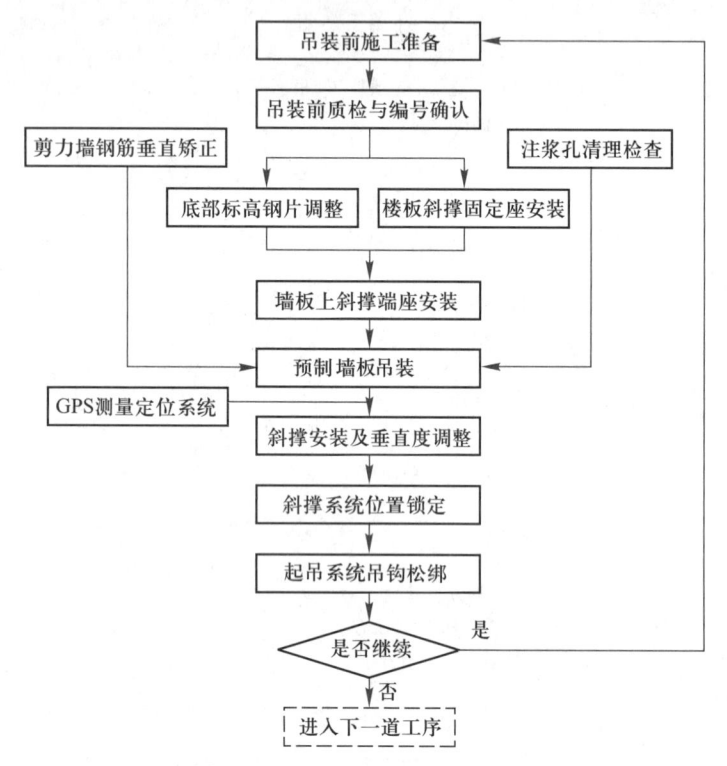

图 2.3.12 预制墙板吊装施工流程

预制剪力墙吊装到位后应及时将斜撑的两端固定在墙板和楼板预埋件上,然后边测量边对垂直度进行复核和调整。同时,通过安装在斜撑上的调节器调整垂直度,当精度达到设计要求后及时进行锁定。剪力墙至少采用两根斜撑固定,与楼面板的夹角可取 45°~60°。

预制外挂墙板吊装工艺流程见图 2.3.13,吊装前需对下层的预埋件进行安装位置及标高复核;吊装前应准备好标高调节装置及斜撑系统、外墙板接缝防水材料等。墙板吊装就位后在调整好位置和垂直度前,需要通过带有标高调节装置的斜撑对其进行临时固定。当全部外墙板的接缝防水嵌缝施工结束后,将预制在外墙板上的预埋铁件与吊装用的标高调节铁盒用电焊焊接或螺栓拧紧形成一整体,再进行防水处理。

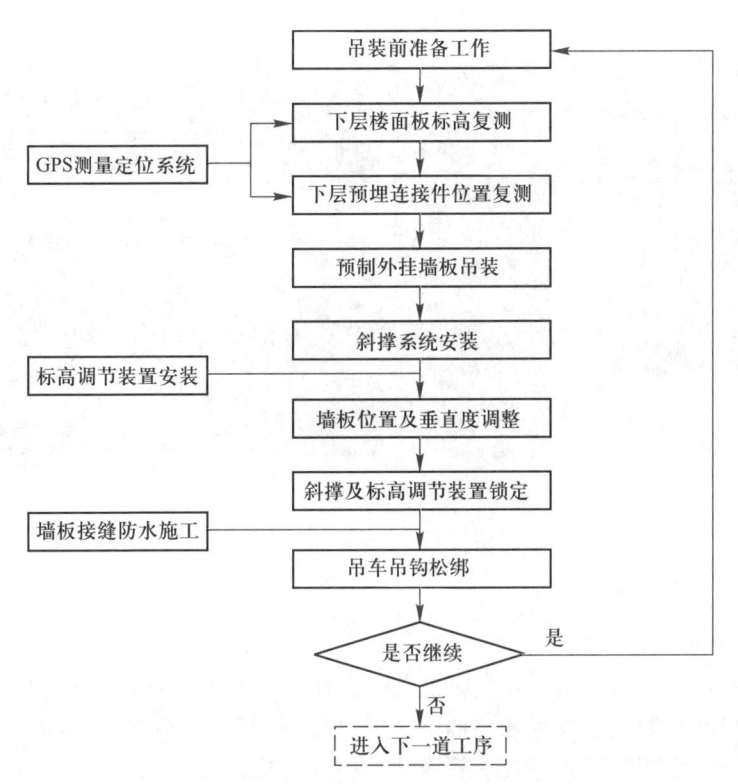

图 2.3.13　预制外挂墙板吊装工艺流程示意图

2.4　叠合楼板施工

预制叠合板底板吊装(图 2.4.1～图 2.4.3)前,施工管理及操作人员应熟悉施工图纸,按照吊装流程核对构件编号,确认安装位置,并标注吊装顺序。施工前应对吊点进行复核性的验算。同时对叠合板的叠合面及桁架钢筋进行检查。叠合板施工前,宜选择合适的支撑体系并通过验算确定支撑间距。模板优先选用轻质高强的面板材料。支撑可采用碗扣架或独立支撑等多种支撑形式。采用可调节钢制预制工具式支撑+铝合金梁体系更为方便快捷。竖向连续支撑层数不宜少于 2 层且上下层支撑应对齐。

图 2.4.1　叠合板制作　　　　图 2.4.2　叠合板准备

图 2.4.3 叠合板支撑示意图

2.4.1 叠合楼板施工工艺

1. 叠合楼板施工工艺

施工准备→测量、放线→叠合底板支撑布置→底板支撑梁安装→底板位置标高调整、检查→吊装预制叠合板底板→调整支撑高度,校核叠合板底板标高→现浇板带模板安装,墙板结合部位模板安装→管线铺设→现浇叠合层钢筋绑扎→浇筑叠合层混凝土→叠合层混凝土养护→拼缝模板及板底支撑拆除。

2. 叠合楼板施工安装工艺

(1) 施工准备:清理拟安装部位的剪力墙、梁等结构基层,做到无油污、杂物。剪力墙上留出的外露连接钢筋不正不直时,要进行修整,以免影响预制叠合板底板就位。清理施工层地面,检查预留洞口部位的覆盖防护,检查支撑材料规格、辅助材料;检查叠合板构件编号及质量。

(2) 定位放线:进行支撑布置轴线测量放线,标记叠合板底板支撑的位置;标记施工层叠合板板底标高及水平位置线。

1) 测放支撑位置线:按照施工方案在楼板上放出支撑立柱位置线及预制叠合板底板位置线。

2) 放墙身标高线:抄平放线,在剪力墙面上弹出 +1 m 水平线及叠合板侧面边线;墙顶弹出叠合板另一侧边线,并做出明显标志,以控制预制叠合板底板安装标高和平面位置。

3) 弹线处理:装配式剪力墙体系的墙体按照装配率的不同,有采用预制外墙板+现浇内墙+叠合板的,也有采用预制外墙板+预制内墙板+叠合板的形式。当支承剪力墙现浇时,为便于控制安装标高,通常采用将现浇结构墙体浇筑超过叠合板安装底标高 20 mm,在预制叠合板底板安装前,在墙体侧面弹叠合板预制板底标高线(图 2.4.4),根据安装需要采用角磨机将顶面超高部分切割掉,形成安装基面。

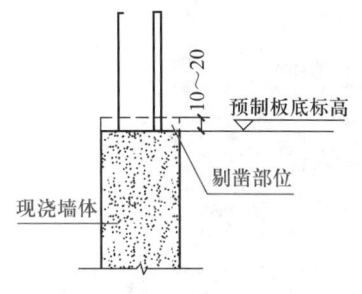

图 2.4.4 叠合板就位弹线示意图

(3) 安装底板支撑:底板支撑系统可选用碗扣式、扣件式、承插式脚手架体系,宜采用独立钢支撑、门式脚手架等工具式脚手架。如以独立钢支撑体系脚手架支撑为例,将带有可调装置的独立钢支撑安放在位置标处,设置三角稳定架,架设工具梁托座,安装工具梁(宜选择铝合金梁、木工字梁等刚度大、截面尺寸标准的工具梁),安装支撑构件间连接件等稳固措施。下面以独立支撑为例进行说明。

1）工艺流程：

放工具式支撑位置线→安装工具式支撑→调整支撑高度达到预定标高→安放龙骨→复核龙骨标高→板底支撑搭设完成→叠合层混凝土养护→拼缝模板及板底支撑拆除。

2）放工具式支撑位置线,如图 2.4.5 所示。

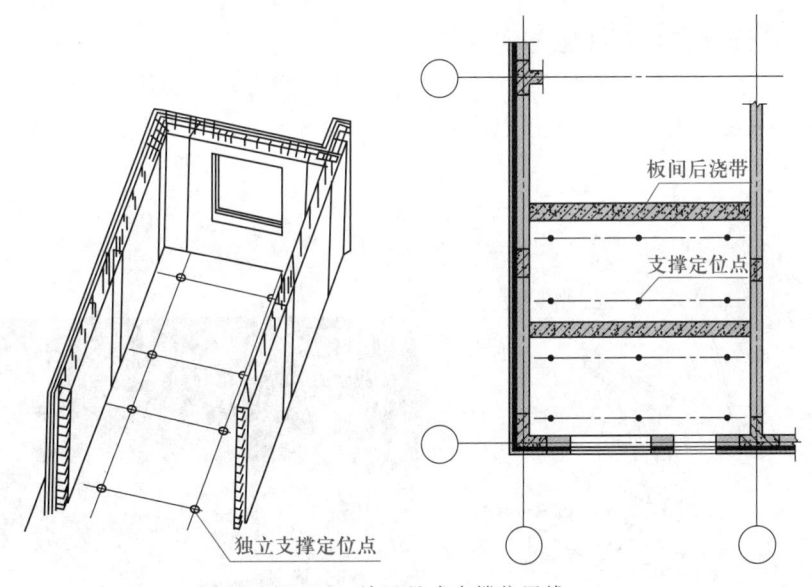

图 2.4.5　放工具式支撑位置线

3）安装工具式支撑及龙骨,调整支撑及龙骨高度,如图 2.4.6、图 2.4.7 所示。

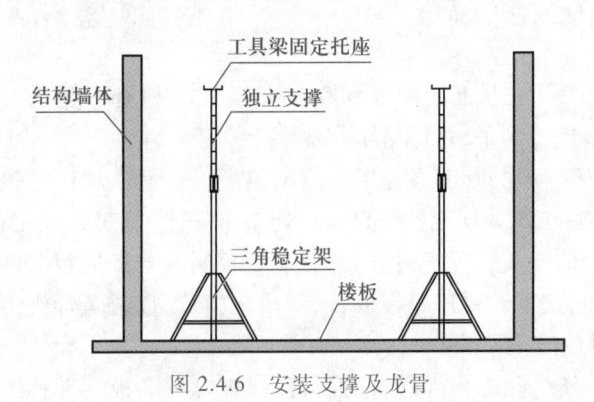

图 2.4.6　安装支撑及龙骨

（4）调整底座支撑高度:根据板底标高线,微调节支撑的支设高度,使工具梁顶面达到设计位置,并保持支撑顶部位置在平面内。

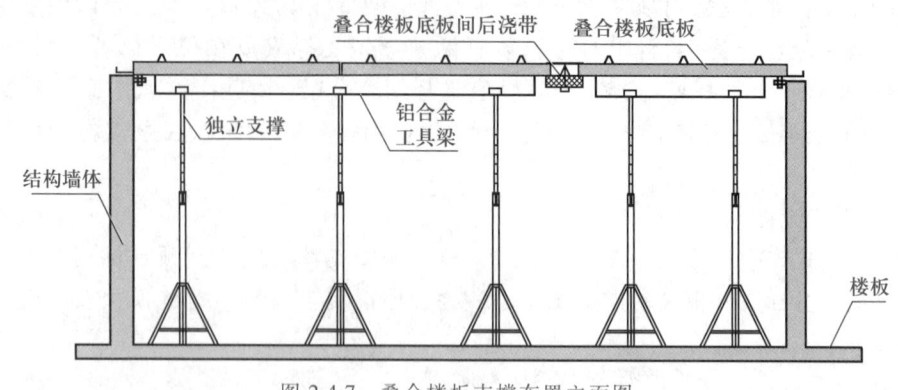

图 2.4.7 叠合楼板支撑布置立面图

（5）预制叠合板底板吊装就位

1）预制叠合板底板起吊时，要尽可能减小预制叠合板底板因自重产生的弯矩。采用型钢梁吊装架进行吊装，使吊点均匀受力，保证构件平稳吊装（图 2.4.8、图 2.4.9）。

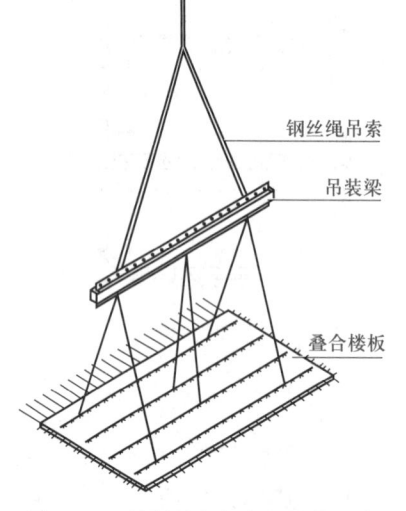

图 2.4.8　预制叠合板底板吊装示意　　图 2.4.9　叠合板吊装

2）起吊时先试吊，先吊起至距地 500 mm 时停止，检查钢丝绳、吊钩的受力情况，使预制叠合板底板保持水平，然后吊至作业层上空。

3）将预制桁架钢筋混凝土叠合板吊装至支撑工作面。就位时预制叠合板底板应从上垂直向下安装，在作业层上空 200 mm 处略作停顿，施工人员手扶楼板调整方向，将板的边线与墙上的安放位置线对准，注意避免预制叠合板底板上的预留钢筋与墙体钢筋或叠合梁碰撞，放下时要停稳慢放，严禁快速猛放，以避免冲击力过大造成板面开裂。5 级风以上时应停止吊装。

4）微调支撑，校核叠合板标高、位置。预制叠合板底板端部伸入支座的长度应符合设计要求。调整板位置时，应采用楔形小木块嵌入调整，不宜直接使用撬棍，以避免损坏板边角。叠合板安装就位后，利用板下可调支撑调整预制叠合板底板标高，如图 2.4.10、图 2.4.11 所示。

图 2.4.10 叠合板安装　　　　　图 2.4.11 叠合板安装就位

（6）安装叠合板间结合部位模板，安装现浇带模板及支撑，使叠合楼板四周稳固（图 2.4.12）。

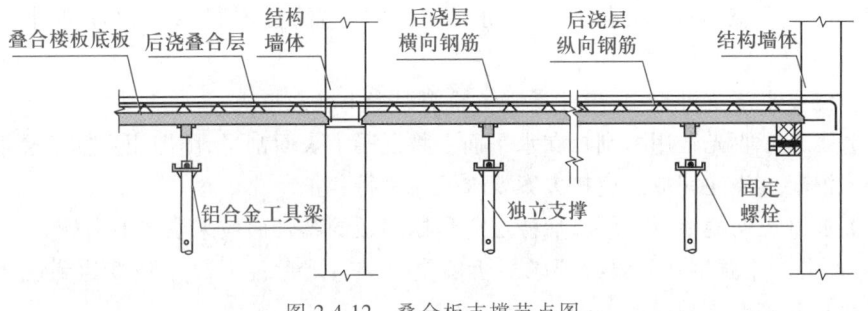

图 2.4.12 叠合板支撑节点图

（7）叠合层梁板钢筋绑扎（图 2.4.13）及管线、预埋件的铺设。

图 2.4.13 叠合板钢筋绑扎

机电管线敷设：机电管线在深化设计阶段应进行优化，合理排布，管线连接处应采取可靠的密封措施。

叠合层钢筋绑扎、埋件安放及混凝土浇筑准备：叠合层钢筋绑扎前清理干净叠合板上杂物，根据钢筋间距弹线绑扎，上部受力钢筋带弯钩时，弯钩向下摆放，应保证钢筋搭接和间距符合设计要求。安装预制墙板用的斜支撑预埋件应及时埋设。预埋件定位应准确，并采取可靠的防污染措施。钢筋绑扎过程中，应注意避免局部钢筋堆载过大。台风来临前,应对尚未浇筑混凝土的叠合板的模板及支架采取临时加固措施;台风结束后,应检查模板及支架,已验收合格的模板及支架应重新办理验收手续。

(8) 梁板叠合层混凝土浇筑。

1) 为使叠合层与预制叠合板底板结合牢固,要认真清扫板面,对有油污的部位,应将表面凿去一层(深度约 5 mm),露出未被污染面。在浇灌前要用有压力的水管冲洗湿润,注意不要使浮灰积在压痕内。

2) 混凝土浇筑前,应采用定位卡具检查并校正预制构件的外露钢筋。在浇筑混凝土前将插筋露出部分包裹胶带,避免浇筑混凝土时污染钢筋接头。

3) 为保证预制叠合板底板及支撑受力均匀,混凝土浇筑宜从中间向两边浇筑。混凝土浇筑时,应控制混凝土的入模温度。混凝土浇筑应连续施工,一次完成。使用平板振捣器振捣,要尽量使混凝土中的气泡逸出,以保证振捣密实。

4) 叠合构件与周边现浇混凝土结构连接处混凝土浇筑时,应加密振捣点,保证结合部位混凝土振捣质量。

5) 混凝土浇筑时,注意不应移动预埋件的位置,且不得污染预埋件外露连接部位。

6) 混凝土浇筑过程中,应注意避免局部混凝土堆载过大。

7) 工人穿收光鞋用木刮杠在水平面上将混凝土表面刮平,随即用木抹子搓平。

8) 混凝土浇注完成后应按方案要求及时进行养护。

9) 混凝土初凝后,终凝前,后浇层与预制墙板的结合面应采取拉毛措施。

(9) 混凝土强度达到设计要求后拆除支撑装置。后浇混凝土强度达到设计要求后,方可拆除临时支撑。

2.4.2 叠合楼板施工控制要点

(1) 水平楼板的模板及支撑方案须满足承载力、刚度及稳定性设计要求,支撑布置须满足构件在施工荷载不利效应组合状态下的承载力、挠度要求。模板及支撑严格根据施工设计要求及施工方案设置。采用门式、碗扣式、盘扣式等钢管架搭设的支架,应采用支架立柱杆端插入可调托座的中心传力方式,其承载力、刚度、抗倾覆按国家现行相关标准规定进行验算。

(2) 混凝土浇筑前,应按设计要求检查结合面粗糙度和预制构件的外露钢筋的位置和尺寸。

(3) 安装预制受弯构件时,端部的搁置长度应符合设计要求,支座处的受力状态应保持均匀一致,端部与支承构件之间应坐浆或设置支承垫块,坐浆或支承垫块厚度不宜大于 20 mm。

(4) 施工荷载宜均匀布置且应符合设计规定,并应避免单个构件承受较大的集中荷载。

(5) 叠合板支座的连接应按设计要求施工,支座应采取保证钢筋可靠锚固的措施。

(6) 叠合构件应在后浇混凝土强度达到设计要求后,方可拆除模板支撑。

(7) 预制楼板支撑支架宜优先选用传力明确、安全可靠且适合其安装特点的工具式支撑体系。

2.5 预制阳台板、空调板安装施工

2.5.1 预制阳台板、空调板安装施工工艺

1. 工艺流程

施工准备→定位放线→阳台板、空调板安装并与结构内侧拉接固定→板底支撑标高调整→阳台板、空调板吊装→校核阳台板、空调板标高及位置→阳台板、空调板临时性拉接固定→阳台板、空调板钢筋与梁板钢筋绑扎固定→梁板混凝土浇筑→混凝土达到规定强度,拆除支撑。

2. 预制阳台板、空调板安装施工工艺

1) 施工准备:将预制阳台板、空调板施工操作面的临边安全防护措施安装就位。

2) 定位放线:在墙体上的预制阳台板、空调板安装位置测量放线,并设置安装位置标记。

3) 板底支撑标高调整并有可靠拉接:阳台板、空调板支撑部位放线,安装预制阳台板、空调板下支撑。调节支撑上部的支撑梁至板底标高位置后,将支撑与墙体内侧结构拉接固定,防止构件倾覆,确保安全可靠。

4) 阳台板、空调板吊装,将预制阳台板、空调板吊至预留位置,进行位置校正。

5) 阳台板、空调板临时性拉接固定,设置安全构造钢筋与梁板内连接筋焊接或其他可靠拉接。

6) 阳台板部位的现浇钢筋绑扎固定,铺设上层钢筋,安装预留预埋件及管线铺设。

7) 梁板混凝土施工浇筑。

8) 待混凝土强度达到100%后方可拆除支撑装置。

预制阳台安装见图2.5.1、图2.5.2,预制空调板安装见图2.5.3、图2.5.4。

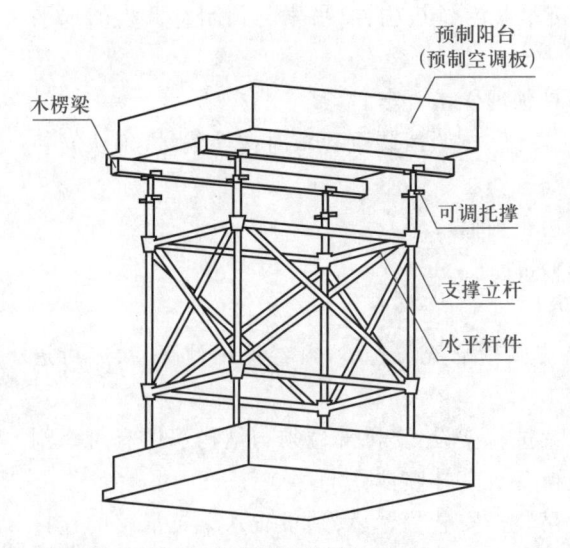

图 2.5.1 预制阳台安装图示1

图 2.5.2 预制阳台安装图示2

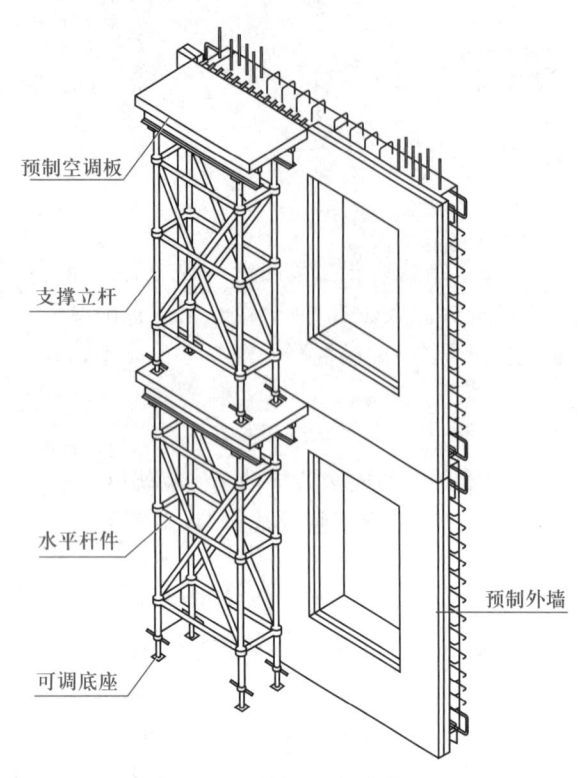

图 2.5.3 预制空调板安装图示

图 2.5.4 预制空调板

预制阳台板、空调板施工控制要点

2.5.2 预制阳台板、空调板安装控制

1. 预制阳台板、空调板的吊装

1）预制阳台板吊装宜使用专用型框式吊装梁,用卸扣将钢丝绳与预制构件上的预埋吊环连接,并确认连接紧固,吊索与吊装梁的水平夹角不宜小于60°。

2）预制空调板吊装可采用吊索直接吊装空调板构件,吊索与预制空调板的水平夹角不宜小于60°。

3）吊装前应进行试吊装,且检查吊具预埋件是否牢固。

4）施工管理及操作人员应熟悉施工图纸,按照吊装流程核对构件编号,确认安装位置,并标注吊装顺序。

5）吊装时注意保护成品,以免墙体边角被撞。

6）阳台板施工荷载不得超过 $1.5\ kN/m^2$。

2. 预制阳台板、空调板安装施工要点

1）预制阳台板、空调板支撑的布置方式应有充分经验,并经严格计算后,方可进行支撑支设。

2）支撑宜采用承插式、碗扣式脚手架进行架设,支撑部位须与结构墙体有可靠刚性拉接节点,支撑应设置斜撑等构造措施,保证架体整体稳定。

3）预制阳台板、空调板等预制构件吊装至安装位置后,须设置水平抗滑移的连接措施,必要时与现浇部位的梁板构件附加必要的焊接拉接,本层施工时预制阳台板、空调板外侧须有安全可靠的临边防护措施,确保预制阳台板、空调板上部施工人员操作安全。

4)阳台板、空调板等悬挑构件支撑拆除时,除应达到混凝土结构设计强度,还应确保该构件能承受上层阳台通过支撑传递下来的荷载。

2.6 预制楼梯施工

2.6.1 预制楼梯施工工艺

1. 预制楼梯施工工艺流程

预制楼梯构件检查编号确认→预制楼梯位置放线→清理安装面,设置垫片,铺设砂浆→预制楼梯吊装→缓慢放置于安装面,并调整校验安装位置→楼梯固定端焊接固定或灌浆连接→楼梯滑移端固定及灌浆连接→楼梯段安装防护面,成品保护(图2.6.1、图2.6.2)。

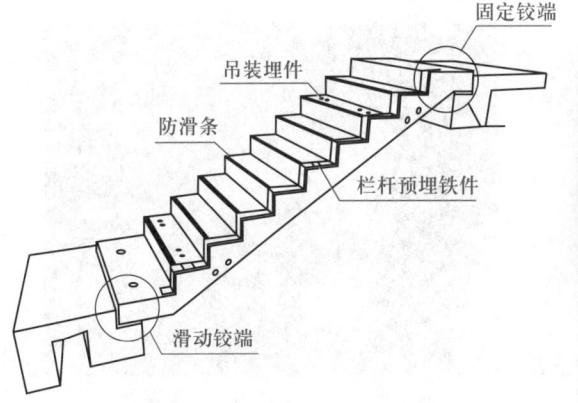

图2.6.1 预制楼梯构造图示意

图2.6.2 预制楼梯堆放示意图

2. 预制楼梯施工要点

1)施工准备:清理楼梯段安装位置的梁板施工面,检查预制楼梯构件规格及编号。

2)定位放线:根据施工图纸,弹出楼梯安装控制线,并对控制线及标高进行复核,控制安装标高。梯井根据楼梯栏杆安装要求预留40 mm左右空隙。进行预制楼梯安装的位置测量定位,并标记梯段上、下安装部位的水平位置与垂直位置的控制线。

3)调节梯段位置调整垫片,在梯梁支撑部位预铺设水泥砂浆找平层。

4)吊装板式楼梯:将预制梯段吊至预留位置,进行位置校正。预制楼梯吊装前,施工管理及操作人员应熟悉施工图纸,按照吊装流程核对构件编号,确认安装位置,并标注吊装顺序。预制楼梯梯段采用水平吊装,吊装时,应使踏步平面呈水平状态,便于就位。板起吊前,检查吊环,用卸扣卡环销紧。就位时楼梯板要从上垂直向下安装,在作业层上空300 mm左右处略作停顿,施工人员手扶楼梯板调整方向,将楼梯板的边线与梯梁上的安放位置线对准,放下时应停稳慢放,严禁快速猛放,以避免冲击力过大造成板面开裂。长度超过 3.2 m 的预制楼梯应以平衡架吊装。预制楼梯翻转时应注意安全。

5）楼梯位置调整：基本就位后再微调楼梯板，直到位置正确，搁置平实。安装楼梯板时，应特别注意标高正确，校正后再脱钩。

6）在楼梯销件预留孔封闭前对楼梯梯段板进行验收。

7）按照设计要求，先进行楼梯固定铰端施工，再进行滑动铰端施工；楼梯采用销键预留洞与梯梁连接的做法时，应参照国标图集 15G367-1《预制钢筋混凝土板式楼梯》固定铰端节点做法实施；采用其他可靠连接方式，如焊接连接时，应符合设计要求或国家现行有关施工标准的规定。

8）预制楼梯段安装施工过程中及装配后应做好成品保护，成品保护可采取包、裹、盖、遮等有效措施，防止构件被撞击损伤和污染。

预制楼梯施工见图 2.6.3~图 2.6.7。

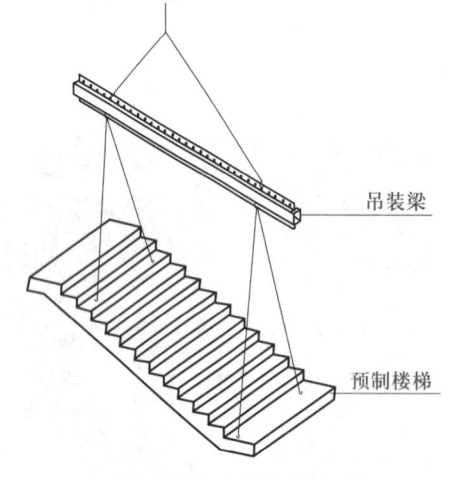

图 2.6.3　楼梯吊装示意图

图 2.6.4　楼梯安装示意图

图 2.6.5　楼梯安装示意图

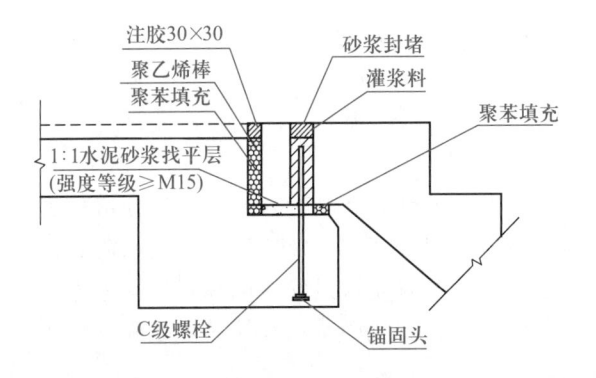

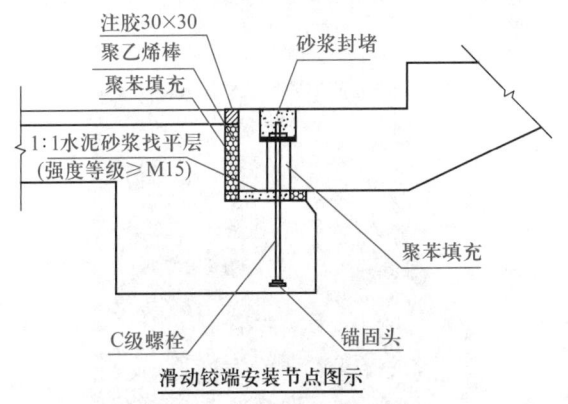

图 2.6.6　端部安装节点图

图 2.6.7　楼梯安装完成示意图

2.6.2　预制楼梯吊装安全

1）施工管理及操作人员应熟悉施工图纸，应按照吊装流程核对构件编号，确认安装位置，并标注吊装顺序。

2）采用吊装梁设置长短钢丝绳保证楼梯起吊呈正常使用状态，吊装梁呈水平状态，楼梯吊装钢丝绳与吊装梁垂直。

3）主吊索与吊装梁水平夹角 α 不宜小于 60°。

4）采用水平吊装时，应使踏步平面呈水平状态，便于就位。

5）就位时楼梯板要从上垂直向下安装，在作业层上空 30 cm 左右处略作停顿，施工人员手扶楼梯板调整方向，将楼梯板的边线与梯梁上的安装控制线对准，放下时要停稳慢放，严禁快速猛放。

6）基本位置就位后用撬棍微调楼梯板，直到位置正确，搁置平实。注意标高正确，校正后再脱钩。

2.7　预制构件钢筋连接施工

预制构件节点的钢筋连接应满足行业标准 JGJ 107《钢筋机械连接技术规程》中 I 级接头的性能要求，并应符合国家、行业有关标准的规定。预制构件主筋连接的种类主要有套筒灌浆连接、钢筋浆锚连接以及直螺纹套筒连接。

2.7.1 钢筋套筒灌浆连接施工

1. 基本原理

钢筋套筒灌浆连接的主要原理是预制构件一端的预留钢筋插入另一端预留的套筒内,钢筋与套筒之间通过预留灌浆孔灌入高强度无收缩水泥砂浆,即完成钢筋的续接(图 2.7.1~图 2.7.4)。钢筋套筒灌浆连接的受力机理是通过灌注的高强度无收缩砂浆在套筒的围束作用下,在达到设计要求的强度后,钢筋、砂浆和套筒三者之间产生的摩擦力和咬合力,满足设计要求的承载力。

钢筋采用套筒灌浆连接时,灌浆应饱满、密实,其材料及连接质量应符合 JGJ 355《钢筋套筒灌浆连接应用技术规程》的要求。

图 2.7.1 钢筋连接套筒图示

图 2.7.2 钢筋连接套筒应用(一)

图 2.7.3 钢筋连接套筒应用(二)

图 2.7.4 注浆示意图

2. 灌浆料

灌浆料不应对钢筋产生锈蚀作用,结块灌浆料严禁使用。柱套筒注浆材料选用专用的高强无收缩灌浆料。

灌浆料进场(厂)时,应对灌浆料拌合物 30 min 流动度、泌水率及 3 d 抗压强度、

28 d抗压强度、3 h竖向膨胀率、24 h与3 h竖向膨胀率差值进行检验,检验结果应符合JG/T 408《钢筋连接用套筒灌浆料》的有关规定。

1)灌浆料的抗压强度应符合要求,且不应低于接头设计要求的灌浆料抗压强度;灌浆料抗压强度试件尺寸应按40 mm×40 mm×160 mm尺寸制作,其加水量应按灌浆料产品说明书确定,试件应按标准方法制作、养护;

2)灌浆料竖向膨胀率应符合要求,3 h竖向膨胀率≥0.02%,24 h与3 h竖向膨胀率差值在0.02%~0.5%之间。

3)灌浆料拌合物的工作性能应符合要求,初始流动度≥300 mm,30 min流动度≥260 mm;泌水率试验方法应符合现行国家标准GB/T 50080《普通混凝土拌合物性能试验方法标准》的规定。

3. 套筒续接器

(1)套筒应采用球墨铸铁制作,并应符合现行国家标准GB/T 1348《球墨铸铁件》的有关要求。球墨铸铁套筒材料性能应符合下列规定:

1)抗拉强度不应小于600 MPa。

2)伸长率不应小于3%。

3)球化率不应小于85%。

(2)套筒式钢筋连接件的性能检验,应符合JGJ 107中Ⅰ级接头性能等级要求。

(3)采用套筒续接砂浆连接的钢筋,其屈服强度标准不应大于500 MPa,且抗拉强度标准值不应大于630 MPa。

4. 接头工艺检验

灌浆施工前,应对不同钢筋生产企业的进场钢筋进行接头工艺检验;施工过程中更换钢筋生产企业,或同生产企业生产的钢筋外形尺寸与已完成工艺检验的钢筋有较大差异时,应再次进行工艺检验。接头工艺检验应符合JCJ 355《钢筋套筒灌浆连接应用技术规程》的下列规定:

1)灌浆套筒埋入预制构件时,工艺检验应在预制构件生产前进行;当现场灌浆施工单位与工艺检验时的灌浆单位不同时,灌浆前应再次进行工艺检验。

2)工艺检验应模拟施工条件制作接头试件,并应按接头提供单位提供的施工操作要求进行。

3)每种规格钢筋应制作3个对中套筒灌浆连接接头,并应检查灌浆质量。

4)采用灌浆料拌合物制作的40 mm×40 mm×160 mm试件不应少于1组。

5)接头试件及灌浆料试件应在标准养护条件下养护28d。

6)每个接头试件的抗拉强度不应小于连接钢筋抗拉强度标准值,且破坏时应断于接头外钢筋。每个接头试件的屈服强度不应小于连接钢筋屈服强度标准值。3个接头试件残余变形的平均值应符合规定;灌浆料抗压强度应符合28 d抗压强度要求。

7)接头试件在量测残余变形后可再进行抗拉强度试验,并应按现行行业标准JGJ 107《钢筋机械连接技术规程》规定的钢筋机械连接型式检验单向拉伸加载制度进行试验。

8)第一次工艺检验中1个试件抗拉强度或3个试件的残余变形平均值不合格时,可再抽3个试件进行复检,复检仍不合格判为工艺检验不合格。

9）工艺检验应由专业检测机构进行，并应按规定的格式出具检验报告。

检查数量：每种规格钢筋应制作 3 个灌浆质量符合要求的对中套筒灌浆连接接头。采用灌浆拌合物制作的 40 mm×40 mm×160 mm 试件不应少于 1 组。接头试件及灌浆料试件应在标准条件下养护 28d，检查抽样工艺试验报告。

5．灌浆施工

（1）套筒灌浆连接施工应编制专项施工方案。

（2）灌浆施工的操作人员应经专业培训后上岗。

（3）套筒灌浆连接应采用由接头型式检验确定的相匹配的灌浆套筒、灌浆料。

（4）施工现场灌浆料宜存储于室内，并应采取防雨、防潮、防晒措施。

（5）钢筋套筒灌浆前，应有钢筋套筒型式检验报告及工艺检验报告，应在现场模拟构件连接接头的灌浆方式，每种规格钢筋应制作不少于 3 个套筒灌浆连接接头，进行灌注质量以及接头抗拉强度的检验及工艺检验；当工艺检验与检验报告有较大差异时，应再次进行工艺检验，经检验合格后，方可进行灌浆作业。

（6）预留连接钢筋位置和长度应满足设计要求。

（7）每块预制墙板套筒连接灌浆时，为保证灌浆饱满及灌浆操作的可行性，应合理划分连通灌浆区域；每个区域除预留灌浆孔、出浆孔与排气孔，应形成密闭空腔，不应漏浆。

（8）为满足墙体安装时支撑强度的要求，采用钢垫片支撑墙体，应严格控制钢垫片高度及平整度，以保证墙板安装标高准确。

（9）对于首次施工，宜选择有代表性的单元或部位进行试制作、试安装、试灌浆。

（10）施工管理人员应做好全程施工质量检查记录，保证全过程可追溯。

（11）预制构件就位前，应检查下列内容：

1）套筒、预留孔的规格、位置、数量和深度。

2）被连接钢筋的规格、数量、位置和长度；当套筒、预留孔内有杂物时，应清理干净；当连接钢筋倾斜时，应进行校直。连接钢筋偏离套筒或孔洞中心线不宜超过 2 mm。

3）钢筋套筒灌浆连接接头应按检验批划分要求及时灌浆。

（12）灌浆施工作业应按灌浆施工方案执行并应符合下列规定：

1）灌浆操作全过程应有专职检验人员负责现场监督及时形成施工检查记录。

2）灌浆施工时，环境温度应符合灌浆料产品使用说明书要求；环境温度低于 5 ℃ 时不宜施工，低于 0 ℃ 时不得施工，当环境温度高于 30 ℃ 时，应采取降低灌浆料拌合物温度的措施。

3）拌合灌浆料的用水应符合现行行业标准 JGJ 63《混凝土用水标准》的有关规定；加水量应按灌浆料使用说明书的要求确定，并应按重量计量。

4）灌浆料拌合物应采用电动设备搅拌充分、均匀，并宜静置 2 min 后使用；搅拌完成后，不得再次加水。

5）每工作班应检查灌浆料拌合物初始流动度不少于 1 次，灌浆料技术性能应符合要求。

6）灌浆料拌合物应在制备后 30 min 内用完。

7）散落的灌浆料拌合物不得二次使用；剩余的拌合物不得再次添加灌浆料、水后混合使用。

8）灌浆作业应从灌浆套筒下灌浆孔注入灌浆料拌合物，当灌浆料拌合物从构件其他灌浆孔、出浆孔流出后应及时封堵。

9）灌浆施工宜采用一点灌浆的方式进行；当一点灌浆遇到问题而需要改变灌浆点时，各灌浆套筒已封堵灌浆孔、出浆孔的，应重新打开，待灌浆料拌合物再次流出后进行封堵。

10）当灌浆施工出现无法出浆的情况时，应查明原因，采取的施工措施应符合下列规定：

① 对于未密实饱满的竖向连接灌浆套筒，当在灌浆料加水拌合 30 min 内时，应首选在灌浆孔补灌；当灌浆料拌合物已无法流动时，可从出浆孔补灌，并应采用手动设备结合细管压力灌浆；

② 补灌应在灌浆料拌合物达到设计规定的位置后停止，并应在灌浆料凝固后再次检查其位置是否符合设计要求；

③ 灌浆料同条件养护试件抗压强度达到 35 N/mm^2 后，方可进行对接头有扰动的后续施工；临时固定措施的拆除应在灌浆料抗压强度能确保结构达到后续施工承载要求后进行。

6. 灌浆施工工艺流程

灌浆孔清理→构件灌浆区域周边封堵→灌浆料搅拌→流动度检测→灌浆施工→灌浆饱满、出浆确认并塞孔→场地清洁。

1）灌注孔应在灌浆前清理，防止因为污浊影响灌浆后的黏结强度，并且较大的颗粒物会阻碍灌浆的进行。

2）四周封堵时，可采用砂浆密封避免漏浆。

3）遇有漏浆必须立即处理，每支注浆孔内必须充满连续灌浆料拌合物，不能有气泡存在。

4）灌浆料的流动度检查是为了检查灌浆料的流动度是否符合有关要求，保证硬化后的各项力学性能满足要求。

5）灌浆时由底部注入，由顶部流出至圆柱状，方能以胶塞塞住。

6）如果灌浆孔无法出浆，应立即停止灌浆作业，排除障碍方可继续灌浆。

7）灌浆完成后必须将工作面和施工机具清洁干净。

2.7.2 钢筋浆锚搭接连接施工

1. 基本原理

传统现浇混凝土结构的钢筋搭接一般采用绑扎连接或直接焊接等方式。而装配式结构预制构件之间的连接除了采用钢套筒连接以外，有时也采用钢筋浆锚连接的方式。与钢套筒连接相比，钢筋浆锚连接的同样安全可靠、施工方便、成本相对较低。根据同济大学、哈尔滨工业大学等高校大量的试验研究结果表明，钢筋浆锚搭接是一种可以保证钢筋之间力的传递的有效连接方式。钢筋浆锚连接的受力机理是将拉接钢筋锚固在带有螺旋筋加固的预留孔内，通过高强度无收缩水泥砂浆的灌浆后实现力的传递。也就是说钢筋中的拉力是通过剪力传递到灌浆料中,再传递到周围的预制混凝土之间的界面中去,也称之为间接锚固或间接搭接。连接钢筋采用浆锚搭接连接时,可在下层预制构件中设置竖向连接钢筋与上层预制构件内的连接钢筋通过浆锚搭接连接。纵向钢筋采用浆锚搭接连接时,对预留孔成孔工艺、孔道形状和长度、构造要求、灌浆料和被连接的钢筋,应进行力学性能以及适用性的试验验证。直径大于20 mm的钢筋不宜采用浆锚搭接连接,直接承受动力荷载构件的纵向钢筋不应采用浆锚搭接连接。连接钢筋可在预制构件中通长设置,或在预制构件中可靠地锚固。

2. 浆锚灌浆连接的性能要求

钢筋浆锚连接用灌浆料性能应按照 JGJ 1《装配式混凝土结构技术规程》的要求执行,具体性能要求满足泌水率、流动度、竖向膨胀率、抗压强度、对钢筋的锈蚀作用等指标要求。

3. 浆锚灌浆连接施工要点

预制构件主筋采用浆锚灌浆连接的方式,在设计上对抗震等级和高度有一定的限制。在预制剪力墙体系中预制剪力墙的连接使用较多,预制框架体系中的预制立柱的连接一般不宜采用。

浆锚搭接方式,预留孔道的内壁是螺旋形的,有两种成型方式:一种是埋置螺旋的金属内模,构件达到强度后旋出内模成型;一种是预埋金属波纹管做内模,不用抽出。

浆锚搭接连接包括螺旋箍筋约束浆锚搭接连接(图 2.7.5)、金属波纹管浆锚搭接连接(图 2.7.6)以及其他采用预留孔洞插筋后灌浆的间接搭接连接方式,做法见图 2.7.7。

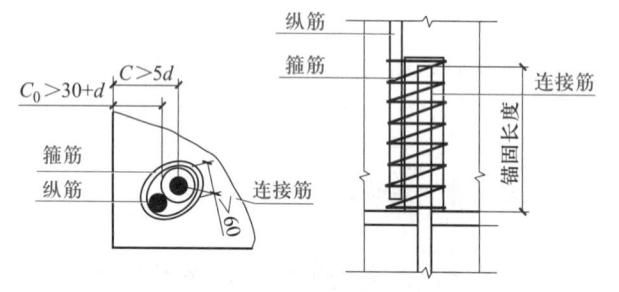

图 2.7.5 螺旋箍筋约束浆锚搭接连接示意图

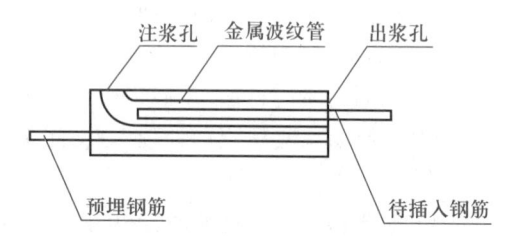

图 2.7.6 金属波纹管浆锚搭接连接示意图

金属波纹管浆锚搭接连接(图 2.7.8):墙板主要受力钢筋采用插入一定长度的钢

图 2.7.7 浆锚搭接连接做法

图 2.7.8 金属波纹管浆锚搭接连接

套筒或预留金属波纹管孔洞,灌入高性能灌浆料形成的钢筋搭接连接接头。

金属波纹浆锚管:采用镀锌钢带卷制形成的单波或双波形咬边扣压制成的预埋于预制钢筋混凝土构件中用于竖向钢筋浆锚接的金属波纹管。

浆锚搭接连接技术的关键在于孔洞的成型技术、灌浆料的质量以及对被搭接钢筋形成约束的方法等几个方面。

目前我国的孔洞成型技术种类较多,尚无统一的论证,因此 JGJ 1 要求纵向钢筋采用浆锚搭接连接时,对预留孔成孔工艺、孔道形状和长度、构造要求、灌浆料和被连接钢筋,应进行力学性能以及适用性的试验验证。

2.7.3 直螺纹套筒连接施工

1. 基本原理

直螺纹套筒连接接头施工其工艺原理是将钢筋待连接部分剥肋后滚压成螺纹,利用连接套筒进行连接,使钢筋丝头与连接套筒连接为一体,从而实现了等强度钢筋连接。直螺纹的种类主要有冷镦粗直螺纹、热镦粗直螺纹、直接滚压直螺纹、挤(碾)压肋滚压直螺纹。

2. 施工要点

(1) 技术要求

1) 钢筋先调直再下料,切口端面与钢筋轴线垂直,不得有马蹄形或挠曲,不得用气割下料。

2) 钢筋下料时需符合下列规定:

① 设置在同一个构件内的同一截面受力钢筋的位置应相互错开。在同一截面接头百分率不应超过 50%。

② 钢筋接头端部距钢筋受弯点不得小于钢筋直径的 10 倍长度。

③ 钢筋连接套筒的混凝土保护层厚度应满足 GB 50010《混凝土结构设计规范》中的相应规定且不得小于 15 mm,连接套筒之间的横向净距不宜小于 25 mm。

(2) 钢筋螺纹加工

1) 钢筋端部平头使用钢筋切割机进行切割,不得采用气割。切口断面应与钢筋轴线垂直。

2) 按照钢筋规格所需要的调试棒调整好滚丝头内控最小尺寸。

3) 按照钢筋规格更换涨刀环,并按规定丝头加工尺寸调整好剥肋加工尺寸。

4) 调整剥肋挡块及滚轧行程开关位置,保证剥肋及滚轧螺纹长度符合丝头加工尺寸的规定。

5) 丝头加工时应用水性润滑液,不得使用油性润滑液。当气温低于 0 ℃时,应掺入 15%~20% 亚硝酸钠。严禁使用机油作切割液或不加切割液加工丝头。

6) 钢筋丝头加工完毕经检验合格后,应立即带上丝头保护帽或拧上连接套筒,防止装卸钢筋时损坏丝头。

(3) 钢筋连接

1) 连接钢筋时,钢筋规格和连接套筒规格应一致,并确保钢筋和连接套的丝扣干净、完好无损。

2）连接钢筋时应对准轴线将钢筋拧入连接套中。

3）必须用力矩扳手拧紧接头。力矩扳手的精度为±5%，要求每半年用扭力仪检定一次。力矩扳手不使用时，将其力矩值调整为零，以保证其精度。

4）接头拧紧值应满足规范规定的力矩值，不得超拧，拧紧后的接头应作上标记，防止钢筋接头漏拧。

5）钢筋连接前要根据所连接直径的需要将力矩扳手上的游动标尺刻度调定在相应的位置上。即按规定的力矩值，使力矩扳手钢筋轴线均匀加力。当听到力矩扳手发出"咔哒"声响时即停止加力（否则会损坏扳手）。

6）连接水平钢筋时必须依次连接，从一头往另一头，不得从两边往中间连接，连接时两人应面对面站立，一人用扳手卡住已连接好的钢筋，另一人用力矩扳手拧紧待连接钢筋，按规定的力矩值进行连接，这样可避免弄坏已连接好的钢筋接头。

7）使用扳手对钢筋接头拧紧时，只要达到力矩扳手调定的力矩值即可，拧紧后按规定力矩值检查。

8）接头拼接完成后，应使两个丝头在套筒中央位置相互顶紧，套筒的两端不得有一扣以上的完整丝扣外露，加长型接头的外露扣数不受限制，但有明显标记，以检查进入套筒的丝头长度是否满足要求。

（4）材料与机械设备

1）材料准备

① 钢套筒应具有出厂合格证。套筒的力学性能必须符合规定。表面不得有裂纹、折叠等缺陷。套筒在运输、储存中，应按不同规格分别堆放，不得露天堆放，防止锈蚀和沾污。

② 钢筋必须符合国家标准设计要求，还应有产品合格证、出厂检验报告和进场复验报告。

2）施工机具

钢筋直螺纹剥肋滚丝机、力矩扳手、牙型规、卡规、直螺纹塞规。

2.8　后浇混凝土施工

后浇混凝土是指预制构件安装后在预制构件连接区域叠合层现浇混凝土。在装配式混凝土结构中，基础、首层、裙楼、顶层等部位一般采用现浇混凝土；连接和叠合部位的现浇混凝土称为"后浇混凝土"。后浇混凝土是装配式混凝土结构非常重要的连接方式。

2.8.1　后浇混凝土模板施工工艺

施工准备→测量、放线→安装就位、临时固定→墙体及节点区钢筋绑扎→预埋件安装→后浇区定型模板安装→定型模板加固→模板检查校验→混凝土浇筑。

施工管理及操作人员应熟悉模板设计施工图纸，应按照模板施工平面布置图和编号，确认安装位置。预制外墙面板（PCF板）安装就位后，须设置必要的临时固定措施。模板应保证后浇混凝土部分形状、尺寸和位置准确，并应防止漏浆。在浇筑混凝土前应洒水润湿结合面,混凝土应振捣密实。

后浇混凝土模板工程应编制专项施工方案。模板及支架应根据施工过程中的各种工况进行设计,应具有足够的承载力和刚度,并应保证其整体稳固性。模板及支架应保证工程结构和构件各部分形状、尺寸和位置准确,防止漏浆,且应便于钢筋安装和混凝土浇筑、养护。模板宜选用轻质、高强、耐用定型模板。模板与预制构件连接部位宜选用标准定型连接方式及产品。安装模板时,应进行测量放线,并应采取保证模板位置准确的定位措施。对竖向构件的模板及支架,应根据混凝土一次浇筑高度和浇筑速度,采取竖向模板抗侧移和抗倾覆措施。对水平构件的模板及支架,应结合不同的支架和模板面板形式,采取支架间、模板间及模板与支架间的有效拉接措施。对可能承受较大风荷载的模板,应采取防风措施。模板安装应保证混凝土结构构件各部分形状、尺寸和相对位置准确,并应防止漏浆。预制墙板间后浇混凝土的节点模板应在钢筋绑扎完成后进行安装,模板与混凝土接触面应清理干净并涂刷脱模剂,脱模剂不得污染钢筋和混凝土接槎处。固定在模板上的预埋件、预留孔和预留洞,均不得遗漏,且应安装牢固、位置准确。采用焊接或螺栓连接构件时,应符合设计要求或国家现行有关钢结构施工标准的规定,并应做好防腐和防火处理。采用焊接连接时,应采取避免损伤已施工完成结构、预制构件及配件的措施。

2.8.2 后浇混凝土模板设计要求

(1) 模板及支架的设计应根据工程结构形式、荷载大小、施工设备和材料等条件进行设计。

(2) 模板及支架的设计应符合下列规定:

1) 应具有足够的承载力、刚度和稳定性,应能可靠地承受新浇混凝土的自重、侧压力和施工过程中所产生的荷载及风荷载;

2) 构造应简单,拆装方便,便于钢筋的绑扎、安装和混凝土的浇筑、养护;

3) 当验算模板及其支架在自重和风荷载作用下的抗倾覆稳定性时,应符合相应材质结构设计规范的规定;

4) 模板及支架应根据施工期间各种受力状况进行结构分析,并确定其最不利的作用效应组合;

5) 模板及支架结构构件计算应符合国家现行标准 GB 50666《混凝土结构工程施工规范》的有关规定。

(3) 模板设计应包括下列内容:

1) 根据混凝土的施工工艺和季节性施工措施,确定其构造和所承受的荷载;

2) 绘制配板设计图、支撑布置设计图、细节构造和异形模板大样图;

3) 按模板承受荷载的最不利组合对模板进行验算;

4) 制订模板安装和拆除的程序和方法;

5) 编制模板及配件的规格、数量汇总表和周转使用计划;

6) 编制模板施工安全、防火技术措施及设计、施工说明书。

(4) 后浇混凝土模板构造见图 2.8.1~图 2.8.4。

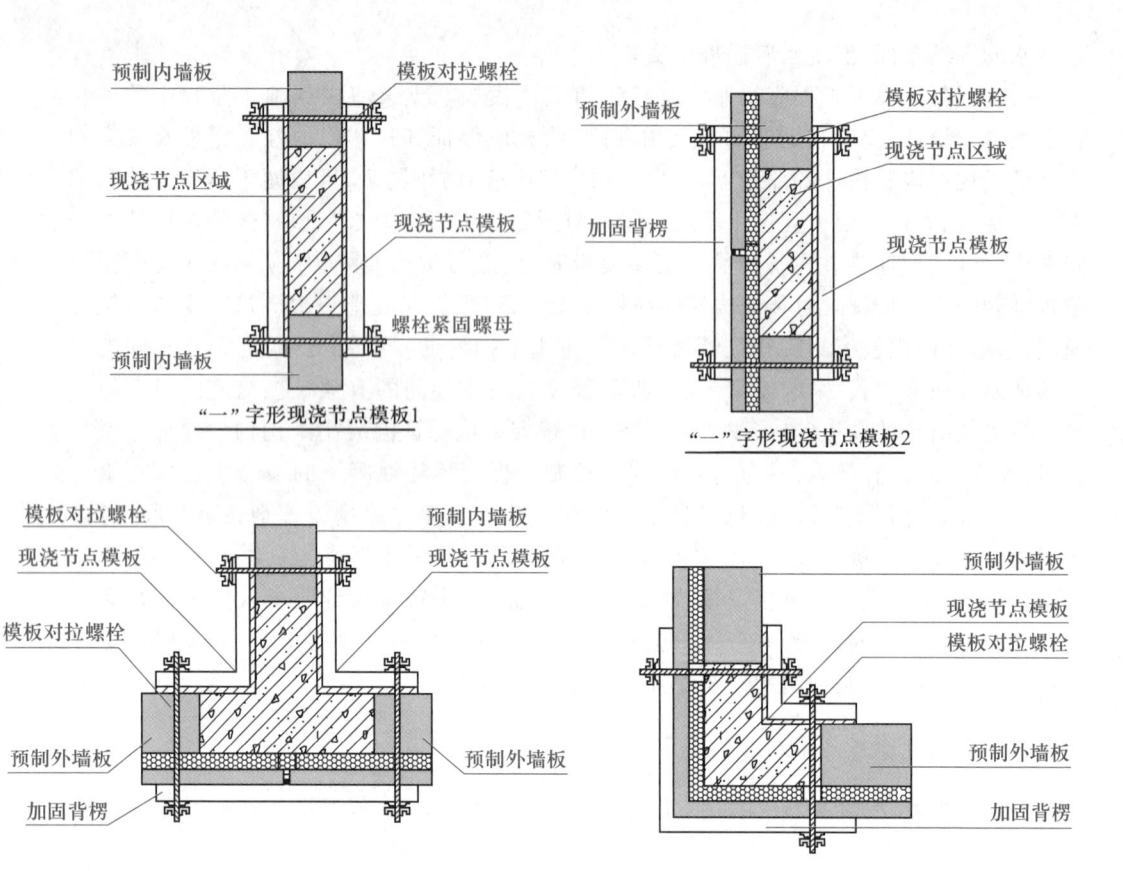

图 2.8.1　后浇混凝土节点模板示意图

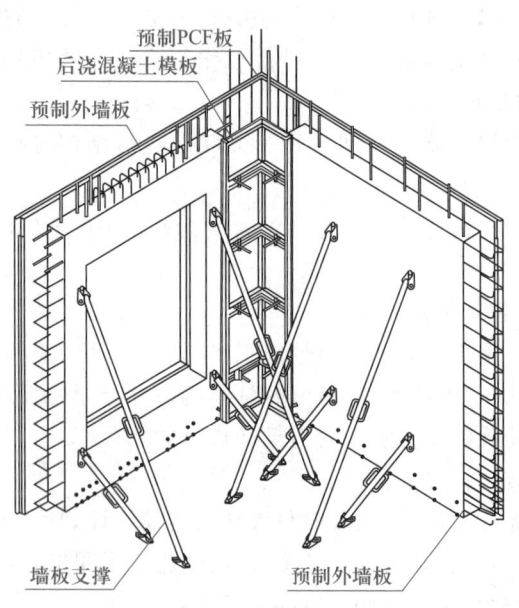

图 2.8.2　后浇混凝土模板图

图 2.8.3 预制墙体后浇混凝土施工示意图

图 2.8.4 后浇混凝土施工示意图

2.8.3 后浇混凝土施工

装配式混凝土结构中节点现浇连接是指在预制构件吊装完成后预制构件之间的节点经钢筋绑扎或焊接,然后通过支模浇筑混凝土,实现装配式结构同现浇的一种施工工艺。按照建筑结构体系的不同,其节点的构造要求和施工工艺也有所不同。现浇连接节点主要包括:梁柱节点、叠合梁板节点、叠合阳台、空调板节点、湿式预制墙板节点等。

节点现浇连接构造应按设计图纸的要求进行施工,才能具有足够的抗弯、抗剪、抗震性能,才能保证结构的整体性以及安全性。预制构件现浇节点施工的注意事项如下:

(1) 现浇节点的连接在预制侧接触面上应设置粗糙面和键槽等(图 2.8.5~图 2.8.8)。

图 2.8.5 柱键槽示意图

图 2.8.6 梁键槽示意图

(2) 为了防止水泥浆从预制构件面和模板的结合面溢出,模板需要和构件连接紧密。必要时对缝隙采用软质材料进行有效封堵,避免漏浆影响施工质量。混凝土浇筑量小,需考虑模板和构件的吸水影响。浇筑前要清扫浇筑部位,清除杂质,用水打湿模板和构件的接触部位,但模板内不应有积水。

(3) 在混凝土浇筑过程中,为使混凝土填充到节点的每个角落,确保混凝土充填密实,混凝土灌入后需采取有效的振捣措施,但一般不宜使用振动幅度大的振捣装置。

(4) 冬季施工时为防止冻坏填充混凝土,要对混凝土进行保温养护。

(5) 对清水混凝土工程及装饰混凝土工程,应使用能达到设计效果的模板。

(6) 现浇混凝土应达到设计强度后方可拆除底部模板。

图 2.8.7　粗糙面示意图(一)　　图 2.8.8　粗糙面示意图(二)

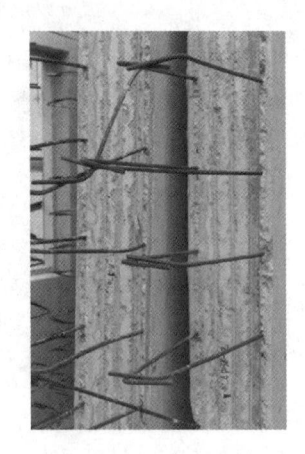

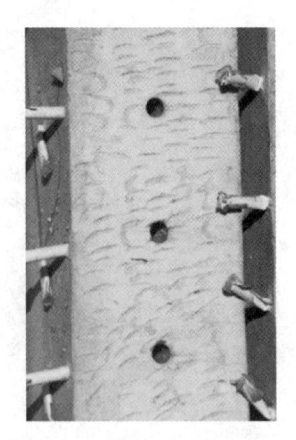

（7）固定在模板上的预埋件、预留孔和预留洞均不得渗漏，且应安装牢固，其偏差应符合规定。检查中心线位置时，应沿纵、横两个方向量测，并取其中的较大值。

（8）混凝土浇筑完毕后，应按施工技术方案及时采取有效的养护措施，并应符合下列规定：

1）应在混凝土浇筑完毕后 12 h 内对混凝土加以覆盖并保湿养护；

2）混凝土浇水养护的时间：对采用硅酸盐水泥、普通硅酸盐水泥或矿渣硅酸盐水泥拌制的混凝土，不得少于 7 h；对掺用缓凝型外加剂或有抗渗要求的混凝土，不得少于 14 h；

3）浇水次数应能保持混凝土处于湿润状态，混凝土养护用水应与拌制用水相同；

4）采用塑料薄膜覆盖养护的混凝土，其敞露的全部表面应覆盖严密，并应保持塑料薄膜内有凝结水；

5）混凝土强度达到 1.2 N/mm^2 前，不得在其上踩踏或安装模板及支架；

6）当日平均气温低于 5 ℃时，不得浇水；

7）当采用其他品种水泥时，混凝土的养护时间应根据所采用水泥的技术性能确定；

8）混凝土表面不便浇水或使用塑料薄膜时，宜涂刷养护剂。

根据 GB/T 51231《装配式混凝土建筑技术标准》，有关后浇混凝土的施工规定如下：

1）预制构件结合面疏松部分的混凝土应剔除并清理干净。

2）混凝土分层浇筑高度应符合国家现行有关标准的规定，应在底层混凝土初凝前将上一层混凝土浇筑完毕。

3）浇筑时应采取保证混凝土或砂浆浇筑密实的措施。

4）预制梁、柱混凝土强度等级不同时，预制梁柱节点区混凝土强度等级应符合设计要求。

5）混凝土浇筑应布料均衡，浇筑和振捣时，应对模板及支架进行观察和维护，发生异常情况应及时处理；构件接缝混凝土浇筑和振捣应采取措施防止模板、相连接构件、钢筋、预埋件及其定位件移位。

2.9　装配式混凝土结构施工方案

装配式混凝土结构施工前应制订施工组织设计、施工方案；在编制装配式混凝土结构施工方案之前，编制人员应仔细阅读设计单位提供的相关设计资料，正确理解深化设计图纸和设计说明所规定的结构性能和质量要求等相关内容，并根据"装配式混凝土结构施工组织设计大纲"的要求，针对不同建筑结构体系预制构件的吊装施工工艺和流程的基本要求进行编制，并应符合国家和地方等相关施工质量验收标准和规范的要求。

2.9.1　施工组织设计的内容

施工组织设计包括以下内容：
（1）确定施工目标和进度、质量、安全、成本控制目标。
（2）施工部署、施工工序环节模拟推演。
（3）建立施工组织机构。
（4）选择专业施工队伍。
（5）编制进度计划。根据现场条件、塔式起重机工作效率、构件供货能力、气候环境条件和施工企业条件等，编制施工进度计划。
（6）构件进场计划、进场检验清单与流程。
（7）材料进场计划、检验清单、检验流程。
（8）劳动力计划与培训。
（9）塔式起重机选型布置。
（10）吊架吊具计划，根据施工技术方案设计，制订各种构件吊具制作或委派加工计划、吊具和吊装材料。
（11）设备机具计划。
（12）质量管理计划。含作业操作规程、图样、质量要求、操作规程、质量检验流程、隐蔽验收、质量控制点等。
（13）安全管理计划。
（14）环境保护措施。
（15）成本管理计划。

2.9.2　施工方案

施工方案具体包括：构件安装及节点施工方案、构件安装的质量管理及安全措施。预制构件吊装总体流程及工期、单个标准层吊装施工的流程及工期、施工场地的总体布置、预制构件的运输和方法、吊装起重设备和吊装专用器具及管理、作业班组的构成、构件吊装顺序及注意事项、施工吊装注意事项及吊装精度、安全注意事项等相关内容。施工方案编制时，尚应考虑与传统现浇混凝土施工之间的作业交叉，尽可能做到两种施工工艺之间的相互协调和匹配。
（1）塔式起重机布置：塔式起重机数量、位置和选型设计。
（2）吊装方案与吊具设计：包括吊装架设计、吊索设计、吊装就位方案及辅助设备工具,如吊车、牵引绳、电动葫芦、手动葫芦、千斤顶等。

(3)构件支撑方案设计:临时支撑方案应当在构件制作图设计阶段与设计单位共同设计,如固定式套筒、可调式套筒、斜撑托座预埋件、斜撑托座、斜撑、墙板连接件、大梁托座、支撑架、调节垫片等。

(4)灌浆作业技术方案:灌浆料搅拌设备与工具(砂浆搅拌机、搅拌桶、电子秤、测温计、计量杯等)、灌浆作业设备(灌浆泵、灌浆枪等)、灌浆检验工具(流动度截锥试模、试块试模等)。

(5)脚手架方案。

(6)后浇混凝土施工方案。

(7)构件接缝与防护措施。

(8)道路场地布置设计:车辆进场与调头区设计,卸车场地设计设计,临时堆场设计,堆放架、垫方、垫块设计等。

2.9.3 材料与机具

1. 材料要求

(1)模板及支架材料的技术指标应符合 JGJ 162《建筑施工模板安全技术规范》等国家现行标准的规定。

(2)脱模剂应能有效减少混凝土与模板间的吸附力,并应有一定的成膜强度,且不应影响脱模后混凝土表面的后期装饰。

(3)灌浆套筒应符合现行行业标准 JG/T 398《钢筋连接用灌浆套筒》的规定;灌浆料及试验方法应符合表 2.9.1 及现行行业标准 JG/T 408《钢筋连接用套筒灌浆料》的有关规定。注浆流动度测试见图 2.9.1。

表 2.9.1 套筒灌浆料技术性能要求

项目		性能指标
泌水率/%		0
流动度/mm	初始值	≥300
	30 min 保留值	≥260
竖向膨胀率/%	3 h	≥0.02
	24 h 与 3 h 的膨胀率之差	0.02~0.5
抗压强度/MPa	1 d	≥35
	3 d	≥60
	28 d	≥85
氯离子含量/%		≤0.03

注:泌水率试验方法应符合现行国家标准 GB/T 50080《普通混凝土拌合物性能试验方法标准》的规定。

(4)灌浆及密封材料的生产厂家应提供材料合格证明文件,施工单位应进行进场验收、检验批验收。

(5)钢筋锚固板的材料应符合现行行业标准 JGJ 256《钢筋锚固板应用技术规程》的规定。

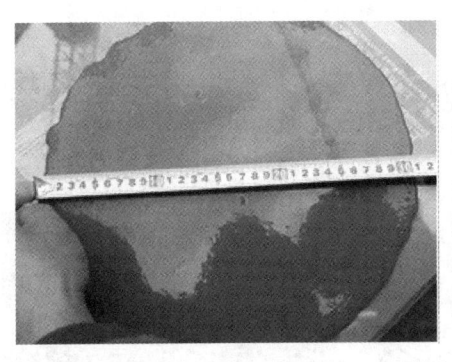

图 2.9.1 注浆流动度测试示意图

（6）受力预埋件的锚板及锚筋材料应符合现行国家标准 GB 50010《混凝土结构设计规范》的有关规定；专用预埋件及连接材料应符合国家现行有关标准的规定。

（7）连接用焊接材料，螺栓、锚栓和铆钉等紧固件的材料应符合国家现行标准 GB 50017《钢结构设计规范》、GB 50661《钢结构焊接规范》和 JGJ 18《钢筋焊接及验收规程》等的规定。

（8）外墙板接缝处的密封材料应与混凝土具有相容性，以及规定的抗剪切和伸缩变形能力；密封材料尚应具有防霉、防水、耐候等性能。

（9）硅酮、聚氨酯、聚硫建筑密封胶应分别符合国家现行标准 GB/T 14683《硅酮和改性硅酮建筑密封胶》、JC/T 482《聚氨酯建筑密封胶》、JC/T 483《聚硫建筑密封胶》的规定。

2. 机具要求

（1）吊装用吊具及配件（图 2.9.2）应按国家现行有关标准的规定进行设计、验算或试验检验。

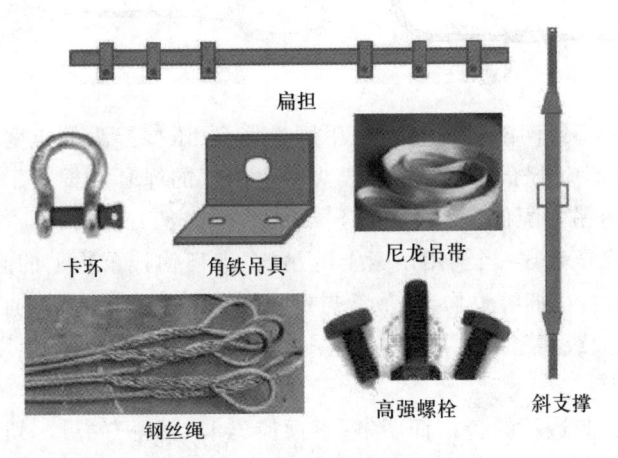

图 2.9.2 工具图示

（2）预制构件采用靠放的方式堆放或运输构件时，靠放架应具有足够的承载力及刚度，应设置防倾覆、防磕碰等保护措施，验收合格后方可使用。

（3）预制构件堆垛方式采用叠层平放的方式堆垛或运输构件时，应采取防止构件产生裂缝的措施。

3. PC 专用吊装梁

预制构件吊装梁是一种用于装配式混凝土剪力墙结构工程施工中预制构件吊装的施工机具(图 2.9.3、图 2.9.4),适用于装配式预制外墙板、预制楼梯以及叠合楼板底板等多种预制构件的吊装施工。

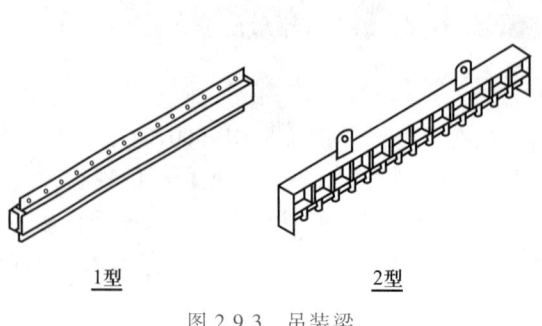

图 2.9.3 吊装梁

图 2.9.4 吊装梁实物图

4. PC 专用吊装梁吊索及配件

(1)钢丝绳吊索

1)吊索可采用 6×19 型钢丝绳,但宜用 6×37 型钢丝绳制作成环式(图 2.9.5)或八股头式(图 2.9.6),其长度和直径应根据吊物的几何尺寸、重量和所用的吊装工具、吊装方法予以确定。使用时可采用单根、双根、四根或者多根悬吊形式。

图 2.9.5 环式吊索

图 2.9.6 八股头式吊索

2)吊索的绳环或两端的绳套应采用压接接头,压接接头的长度不应小于钢丝绳直径的 20 倍,且不应小于 300 mm;八股头吊索两端的绳套可根据工作需要装上桃形环、卡环或吊钩等吊索配件。

3)吊索的安全系数:当利用吊索上的吊钩、卡环钩挂重物上的起重吊环时,不应小于 6;当用吊索直接捆绑重物,且吊索与重物棱角间采取了妥善的保护措施时,应取 6~8;当起吊重、大或精密的重物时,除应采取妥善保护措施外,安全系数应取 10。

(2)吊索配件

1)吊钩应有制造厂的合格证明书,表面应光滑,不得有裂纹、划痕、剥裂、锐角等现象存在,否则严禁使用。吊钩每次使用前应检查一次,不合格者应停止使用。

2)活动卡环在绑扎时,起吊后销子的尾部应朝下,吊索在受力后压紧销子,其容许荷载应按出厂说明书采用。

(3)索具的规格和性能指标

钢丝绳的主要数据应符合现行行业标准 JGJ 276《建筑施工起重吊装工程安全技术规范》中附录 A 的规定。

装配式混凝土剪力墙结构施工工艺见图 2.9.7~图 2.9.16。

图 2.9.7　叠合板支撑示意图

图 2.9.8　预制墙板支撑示意图

图 2.9.9　安装就位

图 2.9.10　斜撑杆件与预埋拉环节点连接

图 2.9.11　后浇混凝土模板

图 2.9.12　后浇筑节点

图 2.9.13　预制墙板吊装

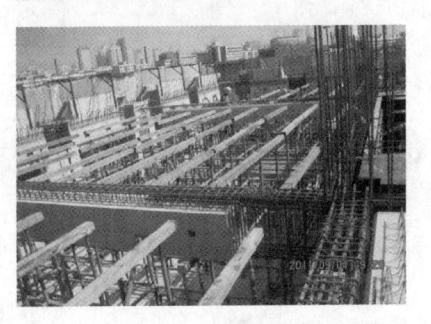

图 2.9.14　楼板支撑

图 2.9.15　注浆及后浇混凝土　　　　图 2.9.16　预制梁柱安装

装配式混凝土剪力墙结构施工工艺流程见图 2.9.17。

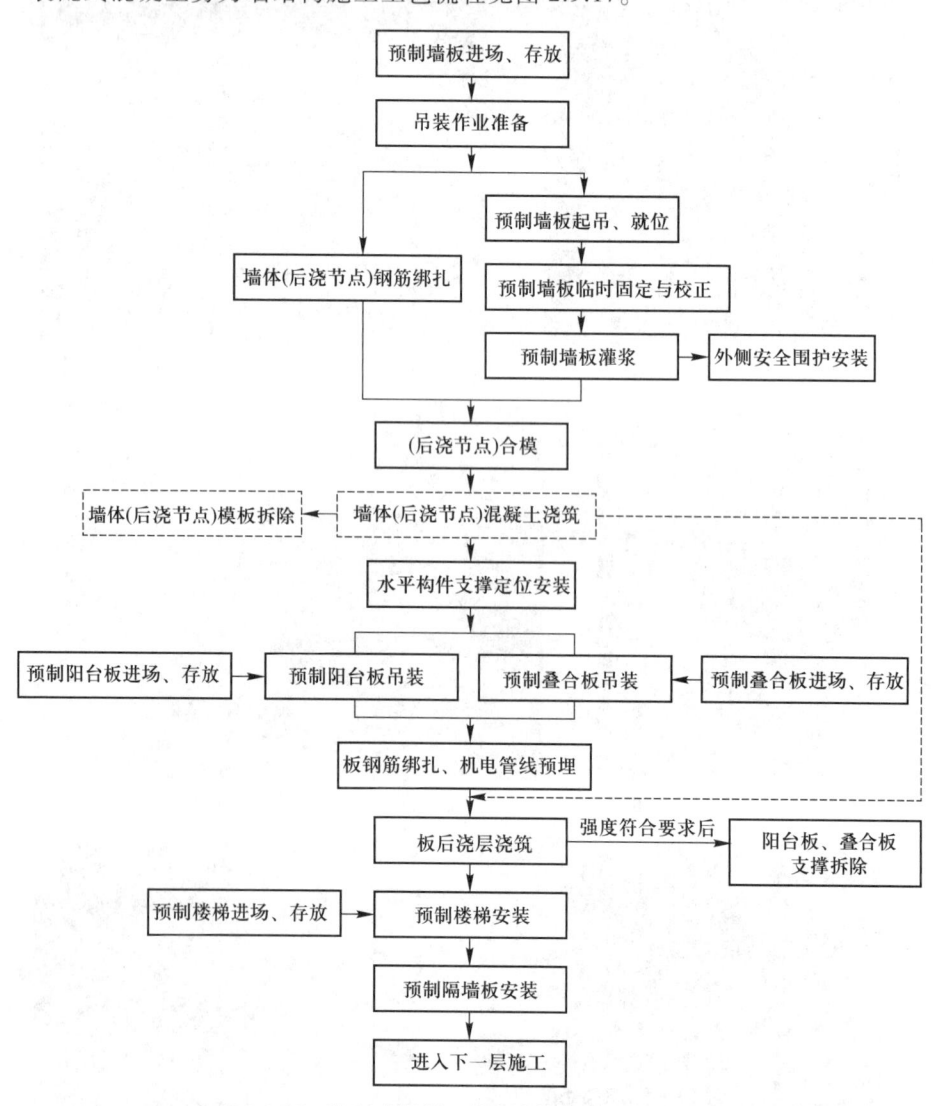

图 2.9.17　装配式混凝土剪力墙结构施工工艺流程

单元 3

装配式混凝土结构施工计算

3.1 预制墙板支撑计算实例

3.1.1 基本情况

案例中工程主体结构为装配式剪力墙结构,预制剪力墙墙体厚 200 mm,叠合板厚 130 mm,底板厚 60 mm,后浇层厚 70 mm,层高为 2.7 m,由于本工程中预制墙板外形尺寸有多种规格,按面积最大预制墙板所需的支撑进行计算,高度为 2 630 mm,宽度为 3 300 mm。考虑将聚苯板和两侧预制墙板厚度统一计算。斜支撑材质为 Q235 钢。其受力示意图见图 3.1.1。

斜支撑截面参数:

墙体斜支撑为外径 ϕ60 钢管,管壁厚度为 3 mm,截面面积 A_n = 537.2 mm²,计算长度 L = 2 280 mm,回转半径 i = 20.18 mm,长细比 L/i = 113,稳定系数 φ = 0.541。

3.1.2 计算分析

斜支撑只要承受水平力作用,按照轴心受力构件考虑,验算其强度及稳定性是否满足要求。

荷载计算及工况分析:

(1)预制墙板的自重由下层楼板承担,斜支撑仅承担水平力。

(2)风荷载作用:

根据 GB 50009《建筑结构荷载规范》,该结构装配式剪力墙受风荷载作用,按围护结构计算,风荷载为:

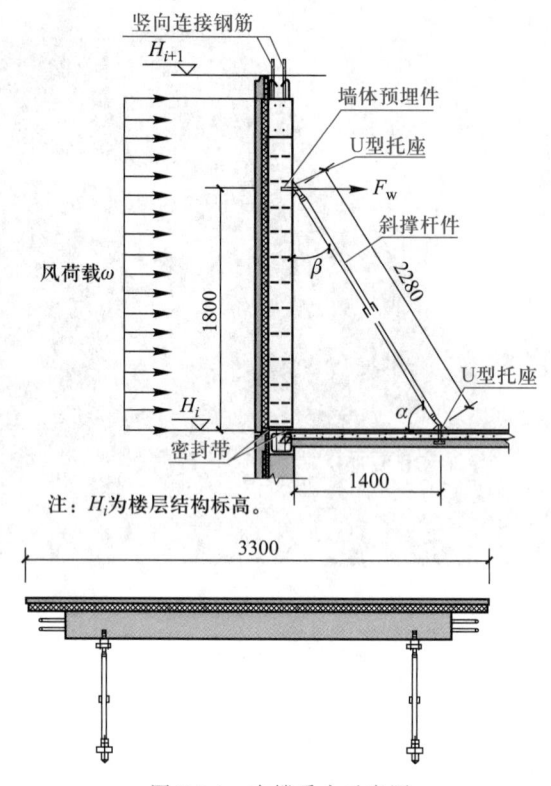

图 3.1.1 支撑受力示意图

$$\omega_k = \beta_{gz}\mu_{sl}\mu_z\omega_0$$

式中：ω_k——风荷载标准值，kN/m²；

β_{gz}——高度 z 处的阵风系数；

μ_{sl}——风荷载局部体型系数；

μ_z——风压高度变化系数，kN/m²；

ω_0——基本风压。

基本风压采用 10 年一遇，但不得小于 0.3 kN/m²，对于高层建筑、高耸结构以及风荷载比较敏感的其他结构，可适当提高。

地面粗糙类别 C 类，指有密集建筑群的城市市区。

本工程基本风压为 0.3 kN/m²。

由于本工程建筑楼层数为 21 层，层高为 2.7 m，总高度为 57.18 m，按照高度 60 m 处计算，根据 GB 50009《建筑结构荷载规范》中有风压高度变化系数 $\mu_z = 1.2$。

根据《建筑结构荷载规范》，得风荷载局部体型系数 $\mu_{sl} = 1.0$。

根据《建筑结构荷载规范》，得阵风系数 $\beta_{gz} = 1.78$。

风荷载标准值为：

$$\omega_k = \beta_{gz}\mu_{sl}\mu_z\omega_0 = 1.78 \times 1.0 \times 1.2 \times 0.3 \text{ kN/m}^2 = 0.64 \text{ kN/m}^2$$

根据 GB 50666《混凝土结构工程施工规范》，预制构件的临时支撑，宜按下式计算：

$$K_c S_c \leqslant R_c$$

式中：K_c——施工安全系数，取 $K_c = 2$；
S_c——施工阶段荷载标准组合作用下的效应值；
R_c——按材料强度标准值计算的临时支撑承载力。

风荷载标准值为：$\omega_k = 0.64 \text{ kN/m}^2$
预制墙板所受风荷载作用力为：

$$S_c = \omega_k \cdot A = 0.64 \text{ kN/m}^2 \times 3.3 \text{ m} \times 2.63 \text{ m} = 5.55 \text{ kN}$$

则风荷载对单个斜支撑产生的轴向力为：

$$F_N = (K_c S_c / \cos \alpha)/2 = (2 \times 5.55 \text{ kN}/0.61)/2 = 9.03 \text{ kN}$$

$$\alpha = \arctan \frac{1\ 800}{1\ 400} = 52.12°$$

斜支撑所受轴向分力为：$F_N = 9.03$ kN
（3）工况分析
当风荷载作用向右时，斜支撑受压；
当风荷载作用向左时，斜支撑受拉。
（4）强度及稳定性验算
根据 GB 50017《钢结构设计规范》，轴心受拉构件和轴心受压构件的强度，应按下式计算：

$$\sigma = F_N / A_n \leqslant f$$

当风荷载作用向右时，斜支撑受压，斜支撑受压强度验算：

$$\sigma = F_N / A_n = \frac{9.03 \times 10^3 \text{ kN}}{537.2 \text{ mm}^2} = 16.8 \text{ N/mm}^2 < f = 215 \text{ N/mm}^2$$

即应力满足要求。
根据《钢结构设计规范》，实腹式轴心受压构件的稳定性应按下式计算：

$F_N / \varphi A_n = 9.03 \times 10^3$ kN$/(0.541 \times 537.2 \text{ mm}^2) = 31.1$ N/mm$^2 < f = 215$ N/mm^2
即该受压构件稳定性满足要求。
其中，$\varphi = 0.541$，根据 GB 50017《钢结构设计规范》查表可得。
当风荷载作用向左时，斜支撑受拉，斜支撑受拉强度验算：

$$\sigma = F_N / A_n = \frac{9.03 \times 10^3 \text{ N}}{537.2 \text{ mm}^2} = 6.31 \text{ N/mm}^2 < f = 215 \text{ N/mm}^2$$

即应力满足要求。

$$F_N / \varphi A = 31.1 \text{ N/mm}^2 < f = 215 \text{ N/mm}^2$$

即该受拉构件稳定性满足要求。
经以上计算，斜支撑的强度及稳定性均满足要求。

3.2　现浇节点模板计算实例

3.2.1　基本情况

案例工程主体结构为装配式剪力墙结构，预制钢筋混凝土剪力墙结构墙体厚度为

200 mm,叠合板厚 130 mm,底板厚 60 mm,后浇层厚 70 mm,层高为 2 700 mm,现浇节点采用钢框木胶合板定型模板,设计模板高度为 2 600 mm。

（1）钢框木胶合板定型模板的材质构成：

面板:15 mm 厚覆面木胶合板；

外楞:壁厚为 3.0 mm,30 mm×50 mm 方钢管；

背楞间距:600 mm。

（2）钢框木胶合板定型模板的力学性能：

面板采用木胶合板厚度 15 mm,弹性模量 $E = 10\ 000\ \text{N/mm}^2$,抗弯强度设计值 $f_m = 30\ \text{N/mm}^2$。

外楞采用壁厚为 3.0 mm,30 mm×50 mm 方钢管,截面面积 $A = 444\ \text{mm}^2$,惯性矩 $I = 1.42×10^5\ \text{mm}^4$,截面模量 $W = 5.69×10^3\ \text{mm}^3$。

（3）钢框木胶合板定型模板的设计

根据 GB 50666《混凝土结构工程施工规范》,钢框木胶合板定型模板应按正常使用极限状态和承载能力极限状态进行设计。

（4）钢框木胶合板定型模板结构形式,如图 3.2.1 所示。荷载传递路线:荷载→面板→竖肋→横肋。

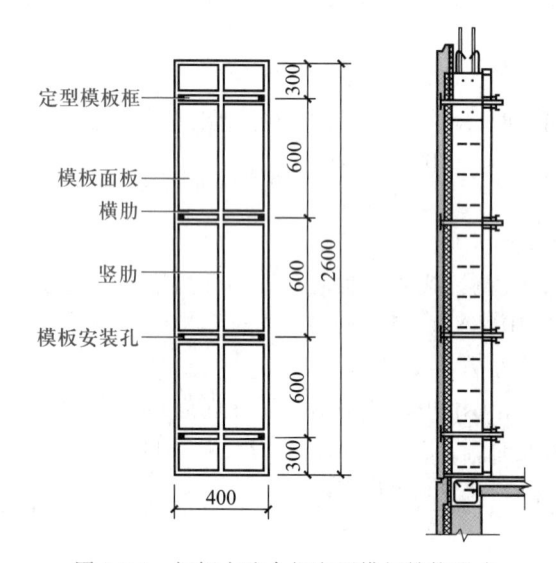

图 3.2.1　钢框木胶合板定型模板结构形式

3.2.2　模板计算

模板计算内容包括面板计算、竖肋计算、横肋计算、对拉螺杆计算几部分。

1. 面板计算

（1）荷载

1）永久荷载标准值：

新浇筑混凝土侧压力标准值计算:根据 GB 50666《混凝土结构工程施工规范》附录 A 中的公式：

$$F = 0.28\gamma_c t_0 \beta V^{\frac{1}{2}}$$
$$F = \gamma_c H$$

式中：F——新浇筑混凝土作用于模板的最大侧压力标准值，kN/m^2；

γ_c——混凝土的重力密度，kN/m^3；

V——混凝土的浇筑速度，m/h；

t_0——新浇混凝土的初凝时间，h，可按实测确定；当缺乏试验资料时可采用下式计算，T 为混凝土的入模温温度，℃：

$$t_0 = \frac{200}{T+15}$$

β——混凝土坍落度影响修正系数：当坍落度大于 50 mm 且不大于 90 mm 时，取 0.85；坍落度大于 90 mm 且不大于 130 mm 时，取 0.9；坍落度大于 130 mm 且不大于 180 mm 时，取 1.0；

H——混凝土侧压力计算位置处至新浇混凝土顶面的总高度，m。

混凝土侧压力的计算分布图如图 3.2.2 所示：$h = F/\gamma_c$，h 为有效压头高度。

设 $T = 20$ ℃，$\beta = 1.0$，$V = 10$ m/h

$$F = 0.28\gamma_c t_0 \beta V^{\frac{1}{2}} = \left(0.28 \times 24 \times \frac{200}{20+15} \times 1.0 \times 10^{\frac{1}{2}}\right) kN/m^2 = 121.42 \ kN/m^2$$

$$F = \gamma_c H = (24 \times 2.6) \ kN/m^2 = 62.40 \ kN/m^2$$

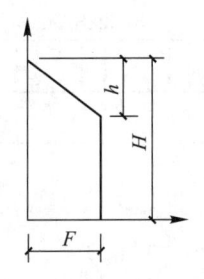

图 3.2.2 混凝土侧压力分布图

取二者中的较小值，则混凝土侧压力标准值为：

$$G_{4k} = F = 62.40 \ kN/m^2$$

2）可变荷载标准值：

根据 GB 50666《混凝土结构工程施工规范》，倾倒混凝土产生的水平荷载标准值 $Q_{2k} = 4 \ kN/m^2$。

3）荷载设计值：

根据 GB 50666《混凝土结构工程施工规范》：

$$S = 1.35\alpha \sum_{i \geq 1} S_{Gik} + 1.4\psi_{cj} \sum_{i>1} S_{Qjk}$$

选择参与模板承载力计算的荷载为：$G_4 + Q_2$

式中：α——模板及支架类型系数，侧面模板取 $\alpha = 0.9$；

ψ_{cj}——第 j 个可变荷载组合值系数，取 $\psi_{cj} = 1.0$。

永久荷载设计值：

$$1.35 \times 0.9 \times G_{4k} = 1.35 \times 0.9 \times 62.40 \text{ kN/m}^2 = 75.82 \text{ kN/m}^2$$

可变荷载设计值:
$$1.4 \times 1.0 \times Q_{2k} = 1.4 \times 1.0 \times 4 \text{ kN/m}^2 = 5.6 \text{ kN/m}^2$$

(2) 面板抗弯强度验算

木胶合板面板抗弯强度按下式计算:
$$\sigma_{max} = M_{max}/W \leq f$$

式中:M_{max}——最不利弯矩设计值;$M_{max} = K_M q l^2$

W——净截面抵抗矩,mm^3;

$$W = \frac{1}{6} b \cdot h^2 = \frac{1}{6} \times 1\,000 \text{ mm} \times 15^2 \text{ mm}^3 = 37\,500 \text{ mm}^3$$

σ_{max}——板面最大正应力;

f——木胶合板抗弯强度设计值;
$$f = 22 \text{ N/mm}^2$$

面板压力设计值:$G = 1.35 \times 0.9 \times G_{4k} + 1.4 \times 1.0 \times Q_{2k} = 75.82 \text{ kN/m}^2 + 5.6 \text{ kN/m}^2 = 81.42 \text{ kN/m}^2$

面板均布线荷载设计值:$q = 1 \text{ m} \times 81.42 \text{ kN/m}^2 = 81.42 \text{ kN/m}$;

面板的计算跨度取 0.4 m;

面板按跨计算,计算简图见图 3.2.3。

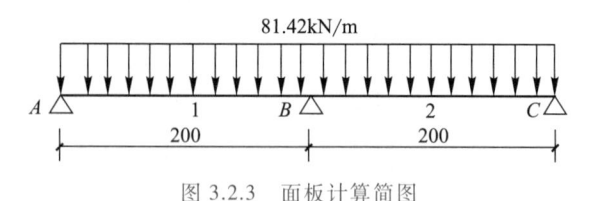

图 3.2.3 面板计算简图

经计算,面板 1、2 跨及 B 支座处弯矩最大;

$M_1 = M_2 = K_M q l^2 = 0.070 \times 81.42 \text{ kN/m} \times 0.2^2 \text{ m}^2 = 0.23 \text{ kN} \cdot \text{m}$

$M_B = K_M q l^2 = -0.125 \times 81.42 \text{ kN/m} \times 0.2^2 \text{ m}^2 = -0.41 \text{ kN} \cdot \text{m}$ 所以,B 支座处弯矩最大;

则面板的最大应力为:$\sigma_{max} = M_B/W = 410\,000 \text{ N} \cdot \text{mm}/37\,500 \text{ mm}^3 = 10.9 \text{ N/mm}^2 < f = 22 \text{ N/mm}^2$

面板的抗弯强度满足要求。

(3) 面板挠度验算

采用永久荷载标准值对面板的挠度进行验算,故其作用效应的线荷载为:
$$q = 1 \text{ m} \times 62.40 \text{ kN/m}^2 = 62.40 \text{ kN/m};$$

根据 JGJ 162《建筑施工模板安装技术规程》,面板容许最大变形为模板构件计算跨度的 1/400,面板边跨中间挠度的计算公式为:

$$\omega = K_w q L^4/(100EI)$$
$$= [0.521 \times 62.40 \times 200^4/(100 \times 10\,000 \times 281\,250)] \text{ mm}$$
$$= 0.18 \text{ mm} \leq [\omega_T] = L/400 = 200 \text{ mm}/400 = 0.5 \text{ mm}$$

面板挠度满足要求。

2. 竖肋计算

竖肋承受面板的均布荷载,再传给横肋,横肋的布置间距为:(300+600+600+600+300)mm。

（1）竖肋的抗弯强度计算

竖肋压力设计值:$G = 81.42 \text{ kN/m}^2$

竖肋受均布荷载设计值:$q = 0.20 \times 81.42 \text{ kN/m} = 16.28 \text{ kN/m}$

为简化计算,竖肋按二跨等跨连续梁来计算,经计算,竖肋中间 B 支座处弯矩最大,计算简图见图3.2.4。

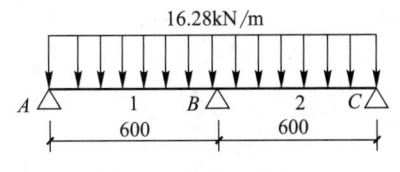

图 3.2.4　竖肋计算简图

$$M_1 = K_M q l^2 = 0.070 \times 16.28 \text{ kN/m} \times 0.6^2 \text{ m}^2 = 0.41 \text{ kN·m}$$
$$M_B = K_M q l^2 = -0.125 \times 16.28 \text{ kN/m} \times 0.6^2 \text{ m}^2 = -0.73 \text{ kN·m}$$

根据 JGJ 162《建筑施工模板安装技术规程》,竖肋的最大应力为:

$$\sigma_{max} = M_B / W = 730\,000 \text{ N·mm} / 5\,690 \text{ mm}^3 = 128.30 \text{ N/mm}^2 \leqslant 215 \text{ N/mm}^2$$

（2）竖肋挠度验算

竖肋按永久荷载验算:$q = 0.2 \text{ m} \times 62.40 \text{ kN/m}^2 = 12.48 \text{ kN/m}$;

根据 JGJ 162《建筑施工模板安装技术规程》,钢楞的最大允许变形值为 $L/500$ 和 3.0 mm 中的较小值,按二跨等跨连续梁计算,竖肋跨中挠度为:

$$f = K_w q L^4 / (100EI)$$
$$= [0.521 \times 12.48 \times 600^4 / (100 \times 206\,000 \times 142\,400)] \text{ mm}$$
$$= 0.29 \leqslant [f] = L/500 = 600 \text{ mm}/500 = 1.2 \text{ mm}$$

竖肋的挠度满足要求。

3. 横肋计算

横肋承受竖肋的集中荷载,横肋由穿墙对拉螺栓杆固定,布置间距为 400 mm。

（1）横肋抗弯强度计算

竖肋受均布荷载设计值:$G = 0.2 \text{ m} \times 81.42 \text{ kN/m}^2 = 16.28 \text{ kN/m}$

横肋受竖肋传递的集中荷载设计值:$F = 0.6 \times G = 9.77 \text{ kN}$

横肋按单跨固端梁来计算,计算简图见图3.2.5。

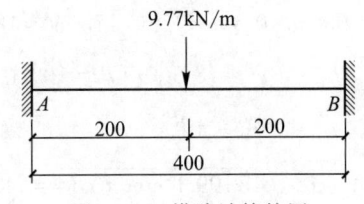

图 3.2.5　横肋计算简图

横肋跨中弯矩设计值为：
$$M = 1/8FL = 0.125 \times 9.77 \text{ kN} \times 0.4 \text{ m} = 0.49 \text{ kN} \cdot \text{m}$$
横肋的最大应力为：
$$\sigma_{max} = M/W = 490\ 000 \text{ N} \cdot \text{mm}/5\ 690 \text{ mm}^3 = 86.12 \text{ N/mm}^2 < 215 \text{ N/mm}^2$$

（2）横肋的挠度验算

横肋按永久荷载验算：$F = 0.6 \text{ m} \times 0.2 \text{ m} \times 62.40 \text{ kN/m}^2 = 7.49 \text{ kN}$；

横肋按单跨固端梁计算，横肋跨中挠度：
$$f = FL^3/(192EI) = [7.49 \times 400^3/(192 \times 206\ 000 \times 142\ 400)] \text{ mm}$$
$$= 8.51 \times 10^{-5} \leqslant [f] = L/500 = 0.8 \text{ mm}$$

则横肋的挠度满足要求。

4. 穿墙对拉螺栓杆的计算

此计算中穿墙对拉螺栓横向布置最大间距为 400 mm，竖向布置最大间距为 600 mm。

查 JGJ 162《建筑施工模板安全技术规范》，对拉螺栓强度按下列公式计算：
$$N = abF_s$$
$$N_t^b = A_n f_t^b$$

式中：N——对拉螺栓最大轴力设计值；

N_t^b——对拉螺栓轴向拉力设计值，按 JGJ 162《建筑施工模板安全技术规范》规定采用；

a——对拉螺栓横向间距；

b——对拉螺栓竖向间距；

F_s——新浇筑混凝土作用于模板上的侧压力、振捣混凝土对垂直模板产生的水平荷载或倾倒混凝土时作用于模板上的侧压力设计值：
$$F_s = 0.95\gamma_G G_4 + \gamma_Q Q_2$$

式中，0.95 为荷载值折减系数；

A_n——对拉螺栓净截面面积，按规范中要求采用；

f_t^b——螺栓的抗拉强度设计值，查附表得 $f_t^b = 170 \text{ N/mm}^2$。

计算：
$$F_s = 0.95\gamma_G G_4 + \gamma_Q Q_2$$
$$= 0.95 \times (1.35 \times 0.9 \times 62.40 \text{ kN/m}^2 + 1.4 \times 4 \text{ kN/m}^2)$$
$$= 77.35 \text{ kN/m}^2$$
$$N = abF_s = 0.4 \text{ m} \times 0.6 \text{ m} \times 77.35 \text{ kN/m}^2 = 18.56 \text{ kN}$$
$$A_n = N_t^b/f_t^b > N/f_t^b = 18\ 560/170 = 109.1 \text{ mm}^2$$
$$A_n = \pi d_e^2/4,$$
$$d_e = \sqrt{4A_n/\pi} > \sqrt{4 \times 109.1 \text{ mm}^2/3.14} = 11.7 \text{ mm}$$

所以对拉螺栓宜选择有效直径 d_e 为 11.7 mm 以上的螺栓，即 M12 以上的螺栓。

3.3 预制构件吊装计算实例

3.3.1 基本情况

装配式预制构件吊装梁限载 8 t,预制构件为预制混凝土墙体,重量约为 7.84 t,混凝用量约为 3.1 m³。墙体上预埋四处吊装点(图 3.3.1a)。

吊装梁的材质为 Q235 钢,抗拉强度设计值 f = 215 N/mm²。由两个型号为[20 的槽钢对焊于一块厚度为 16 mm,长度为 6 200 mm,宽度为 450 mm,回转半径 i = 76.4 mm,重量约为 0.63 t(图 3.3.2b)。吊装所用钢丝绳的主要技术数据见表 3.3.1。

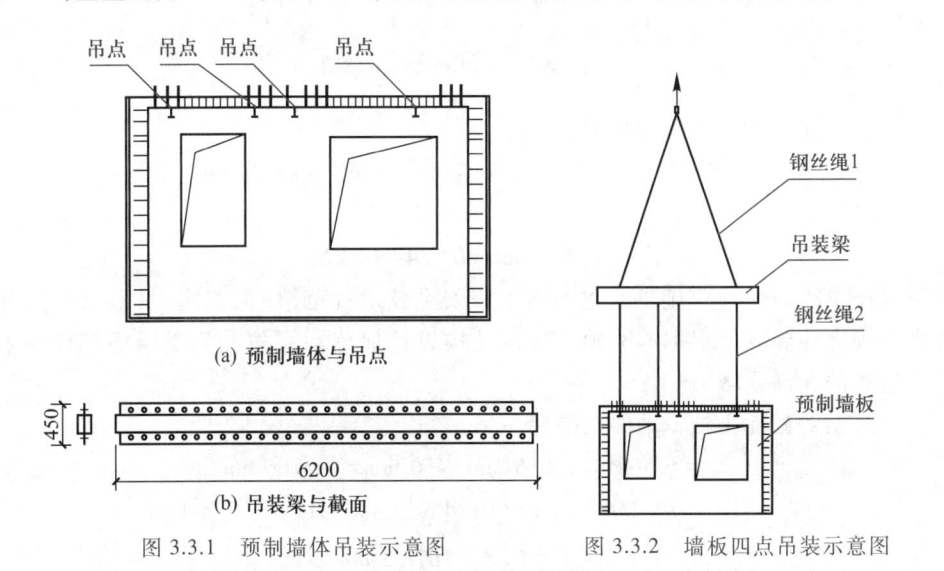

图 3.3.1 预制墙体吊装示意图

图 3.3.2 墙板四点吊装示意图

表 3.3.1 吊装所用钢丝绳的主要技术数据

直径		钢丝绳抗拉强度/(N/mm²)	钢丝绳最小破断拉力/kN
钢丝绳/mm	钢丝/mm		
22.0	1.2	1 960	341.0
28.0	1.7	1 960	552.0
本算例配备钢丝绳及配件如下:			
钢丝绳 1	ϕ28	6 m×2 根+重型 10.7 t 卸甲×4	一组
钢丝绳 2	ϕ28	2 m×4 根+10 t 卸甲×8	一组

3.3.2 计算分析

(1)荷载计算

根据 JGJ 276《建筑施工起重吊装工程安全技术规范》中的规定,计算吊装梁自重产生的轴力和弯矩,荷载应取构件自重设计值乘以 1.5 的动力系数。

吊装梁自重设计值为：$G_1 = 6.3 \text{ kN} \times 1.2 \times 1.5 = 11.34 \text{ kN}$

预制墙板自重设计值为：$G_2 = 78.4 \text{ kN} \times 1.2 \times 1.5 = 141.12 \text{ kN}$

$$G = G_1 + G_2 = 11.34 \text{ kN} + 141.12 \text{ kN} = 152.46 \text{ kN}$$

吊装梁受力示意见图 3.3.3。

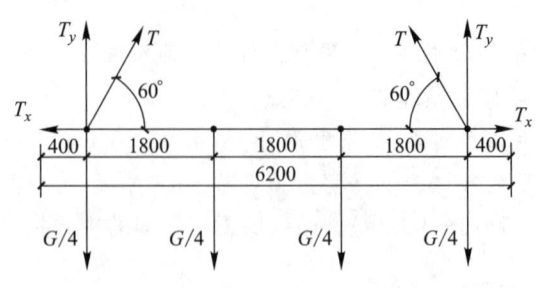

图 3.3.3　吊装梁受力示意图

则钢丝绳 1 对吊装梁的拉力：

$$T = T_y / \sin 60° = (G/4 + G/4) / \sin 60° = 88.25 \text{ kN}$$

水平分力：

$$T_x = T_y / \tan 60° = 44.13 \text{ kN}$$

根据 JGJ 276《建筑施工起重吊装工程安全技术规范》中的规定，吊装梁按压弯构件进行稳定性验算。根据 GB 50017《钢结构设计规范》，可按轴心受压稳定性要求确定吊装梁的允许承载力。

吊装梁对截面主轴 x 轴的长细比：

$$A = 6\,566 \text{ mm}^2 + 16 \text{ mm} \times 450 \text{ mm} = 13\,766 \text{ mm}^2$$

$$I_x = (19\,137\,000 \times 2 + 1/12 \times 16 \times 450^3) \text{ mm}^4 = 159\,774\,000 \text{ mm}^4$$

$$i_x = \sqrt{I_x / A} = 107.73 \text{ mm}$$

$$\lambda_x = \frac{l_x}{i_x} = \frac{6\,000 \text{ mm}}{107.73 \text{ mm}} = 55.7$$

$$\varphi_x = 0.84$$

吊装梁对截面主轴 y 轴的长细比：

$$I_y = (1\,436\,000 \times 2 + 1/12 \times 450 \times 16^3) \text{ mm}^4 = 3\,025\,600 \text{ mm}^4$$

$$i_y = \sqrt{I_y / A} = 14.83 \text{ mm}$$

$$\lambda_y = \frac{l_y}{i_y} = \frac{6\,000}{14.83} = 404.59$$

$$\varphi_y = 0.20$$

允许长细比为 200，则取 $\lambda_y = 200$，$\varphi_y = 0.20$

式中：l_x、l_y——构件在垂直于截面主轴 x 轴和 y 轴的平面内的计算长度；

λ_x、λ_y——构件对截面主轴 x 轴和 y 轴的长细比；

A——有效净截面面积；

I_x、I_y——主轴 x 轴和 y 轴的净截面惯性矩；

i_x、i_y——构件对其主轴 x 轴和 y 轴的回转半径；

φ_x、φ_y——轴心受压构件的稳定系数。

压弯构件的强度计算(受力简图及弯矩图见图3.3.4):

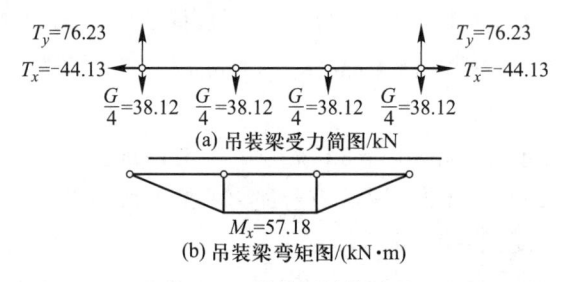

$T_y=76.23$　　　　　　　　　　$T_y=76.23$
$T_x=-44.13$　　　　　　　　　　$T_x=-44.13$
　　　$\frac{G}{4}=38.12$　$\frac{G}{4}=38.12$　$\frac{G}{4}=38.12$　$\frac{G}{4}=38.12$
(a) 吊装梁受力简图/kN

$M_x=57.18$
(b) 吊装梁弯矩图/(kN·m)

图 3.3.4　吊装梁计算简图

$$F_y = 76.23 \text{ kN} - 38.12 \text{ kN} = 38.11 \text{ kN}$$

$$M_x = 38.11 \text{ kN} \times 1.8 \text{ m} = 68.60 \text{ kN·m}, M_y = 0$$

$$W_{nx} = (191\,400 \times 2 + 16 \times 450 \times 450/6) \text{ mm}^3 = 922\,800 \text{ mm}^3$$

$$W_{ny} = (25\,880 \times 2 + 450 \times 16 \times 16/6) \text{ mm}^3 = 70\,960 \text{ mm}^3$$

(2) 强度验算

根据 GB 50017《钢结构设计规范》:

$$\frac{F_N}{A_n} + \frac{M_x}{\gamma_x W_{nx}} + \frac{M_y}{\gamma_y W_{ny}} \leqslant f$$

式中:M_x、M_y——对截面主轴 x 轴和 y 轴的弯矩;

　　　W_{nx}、W_{ny}——对截面主轴 x 轴和 y 轴的有效净截面模量;

　　　F_N——轴心拉力或轴心压力($F_N = T_x$);

　　　γ_x、γ_y——与截面模量相应的截面塑性发展系数,取 $\gamma_x = 1.0$、$\gamma_y = 1.05$;

$$\frac{F_N}{A_n} + \frac{M_x}{\gamma_x W_{nx}} + \frac{M_y}{\gamma_y W_{ny}} = \left(\frac{44\,130}{13\,766} + \frac{6\,860\,000}{1.0 \times 922\,800}\right) \text{ N/mm}^2 = 77.54 \text{ N/mm}^2 \leqslant f = 215 \text{ N/mm}^2$$

经以上计算,吊装梁强度满足要求。

(3) 稳定性验算

根据 GB 50017《钢结构设计规范》:

$$\frac{F_N}{\varphi_x A} + \frac{\beta_{mx} M_x}{\gamma_x W_x \left(1 - 0.8 \dfrac{F_N}{F_{NEx}}\right)} \leqslant f$$

式中:$F_{NEx} = \dfrac{\pi^2 EA}{1.1 \lambda_x^2} = \dfrac{3.14^2 \times 2\,000\,000 \times 13\,766}{1.1 \times 55.7^2} \text{ N} = 7\,954\,153.8 \text{ N}$

$$\frac{F_N}{\varphi_x A} + \frac{\beta_{mx} M_x}{\gamma_x W_x \left(1 - 0.8 \dfrac{F_N}{F_{NEx}}\right)} = \left(\frac{44\,130}{0.84 \times 13\,766} + \frac{1.0 \times 68\,600\,000}{1.0 \times 922\,800 \times 1.0}\right) \text{ N/mm}^2 = 78.15 \text{ N/mm}^2$$

$$\leqslant f = 215 \text{ N/mm}^2$$

经以上计算,吊装梁稳定性满足要求。

(4) 焊缝强度验算

根据 GB 50017《钢结构设计规范》，角焊缝的焊脚尺寸应符合下列要求：$h_f \geq 1.5\sqrt{t_1}$，$h_f \leq 1.2t$

且当 $t>6$ mm 时，$h_f \leq t-(1\sim2)$ mm（t_1 为较厚焊件厚度，t_2 为较薄焊件厚度）；因此：$h_f \geq 1.5\sqrt{t_1} = 6$ mm，$h_f \leq 1.2\ t_2 = 13.2$ mm，$h_f = 8.0$ mm。

焊脚尺寸 h_f 取 8.0 mm。

则焊缝的计算厚度：$h_e = h_f \times 0.7 = 8.0$ mm $\times 0.7 = 5.6$ mm；

焊缝为满焊全长分布，计算只考虑钢丝绳力的扩散角 45°范围。

取焊缝的计算长度：$l_w = 0.4$ m；则：

$\sigma_f = F_N/(h_e l_w) = 44\ 130$ N$/(5.6$ mm$\times 400$ mm$) = 19.70$ N/mm$^2 < \beta_f f = 1.22 \times 215$ N/mm$^2 = 262.3$ N/mm^2

经以上计算，焊缝强度满足要求。

（5）钢丝绳抗拉强度验算

如图 3.3.1 所示：钢丝绳 1 直径为 28 mm，钢丝绳 2 直径为 22 mm。根据钢丝绳安全系数标准可知，用于起重安装钢丝绳安全系数不小于 6.0，而单根直径 28 mm 钢丝绳 1 可承受破断拉力为 552 kN，钢丝绳 2 可承受破断力为 341 kN，所以设计可承受拉力为：

钢丝绳 1：552.00 kN$/6 = 92.00$ kN$>G/2\sin 60° = 88.25$ kN。

则钢丝绳 1 满足设计要求。

钢丝绳 2：341.00 kN$/6 = 56.83$ kN$>G/4 = 38.12$ kN。

则钢丝绳 2 满足设计要求。

经以上计算，吊装梁所用钢丝绳的抗拉强度满足要求。

3.4 安全防护架计算实例

3.4.1 基本情况

示例工程主体结构为装配式混凝土剪力墙结构，安全防护架体平面布置取最大布置间距 2.4 m，安全防护架侧面及平面、立面布置见图 3.4.1、图 3.4.2。防护架体采用 8# 槽钢，截面积 $A = 1\ 024$ mm^2，惯性矩 $I = 1.013 \times 10^6$ mm^4，截面模量 $W = 25.3 \times 10^3$ mm^3。防护栏板采用 30 mm$\times$30 mm 壁厚 3 mm 的方钢管。

3.4.2 计算分析

1. 荷载计算

（1）恒载

1）冲压钢脚手板自重标准值 0.3 kN/m^2，厚度 0.05 m。

$$G_1 = (2.4+0.6+0.6)\text{m} \times 0.3 \text{ kN/m}^2/2 = 0.54 \text{ kN/m}$$

2）踢脚板自重标准值 0.16 kN/m。

$$G_2 = 0.16 \text{ kN/m}^2 \times (2.4+0.6+0.6)\text{m}/2 = 0.288 \text{ kN}$$

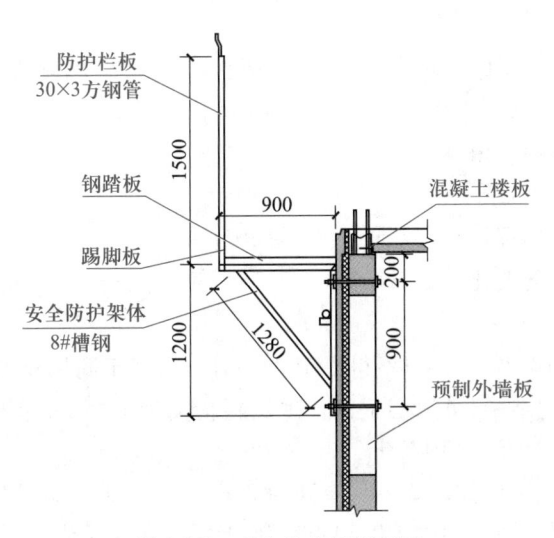

图 3.4.1 安全防护架侧面图

30 mm×30 mm 壁厚 3 的方钢管自重标准值 25.4 N/m，外防护网自重标准值 0.01 kN/m²，则整片防护栏板自重为：

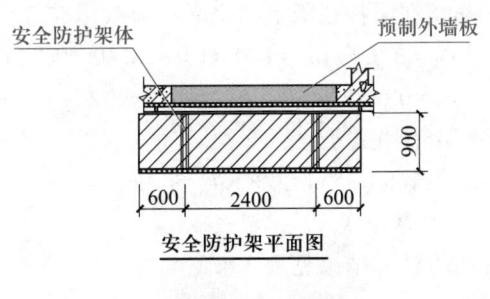

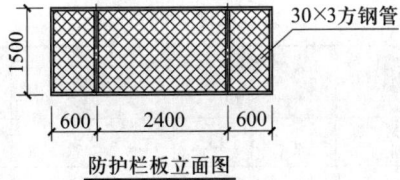

$(3.6×2+1.5×4)$ m×25.4 N/m+10 N/m²×1.5 m×3.6 m=389.28 N≈0.39 kN

图 3.4.2 防护栏做法示意图

3）防护栏板自重标准值为：
$$G_3=0.39\ \text{kN}/2=0.195\ \text{kN}$$

4）防护架自重标准值为：
$$G_4=(0.9+1.2+1.28)\ \text{m}×0.08\ \text{kN/m}=0.27\ \text{kN}$$

（2）活载

1）施工均布活荷载：根据 JGJ 130《建筑施工扣件式钢管脚手架安全技术规范》，该防护架为结构脚手架，其施工均布活荷载标准值为 0.8 kN/m²。

$$q_1=0.8\ \text{kN/m}²×3.6/2=1.44\ \text{kN/m}²$$

2）水平风荷载：

根据 GB 50009《建筑结构荷载规范》，按围护结构计算，风荷载为：

$$\omega_k = \beta_{gz}\mu_{sl}\mu_z\omega_0$$

式中：ω_k——风荷载标准值，kN/m^2；

β_{gz}——高度 z 处的阵风系数；

μ_{sl}——风荷载局部体型系数；

μ_z——风压高度变化系数，kN/m^2；

ω_0——基本风压。

基本风压采用 10 年一遇，但不得小于 0.3 kN/m^2，对于高层建筑，高耸结构以及风荷载比较敏感的其他结构，可适当提高。地面粗糙类别 C 类，指有密集建筑群的城市市区。本工程基本风压为 0.3 kN/m^2。

由于本工程建筑楼层数为 21 层，层高为 2.7 m，总高度为 57.18 m，按照高度 60 m 处计算，根据 GB 50009《建筑结构荷载规范》有风压高度变化系数 $\mu_z = 1.2$。

根据 GB 50009《建筑结构荷载规范》，得风荷载局部体型系数 $\mu_{sl} = 1.0$。

根据 GB 50009《建筑结构荷载规范》，得阵风系数 $\beta_{gz} = 1.78$。

作用在防护栏板上的水平风荷载标准值为：

$$\omega_k = \beta_{gz}\mu_{sl}\mu_z\omega_0 = 1.78 \times 1.0 \times 1.2 \times 0.3 \ kN/m^2 = 0.64 \ kN/m^2$$

$$q_2 = 0.64 \ kN/m \times 3.6/2 = 1.15 \ kN/m$$

（3）荷载组合

取恒载×1.35+活载×1.4（图 3.4.3）。

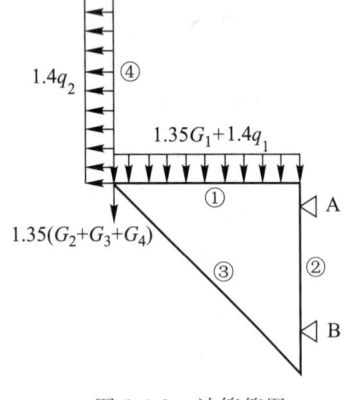

图 3.4.3 计算简图

2. 内力计算

内力计算结果见表 3.4.1。

表 3.4.1 内力计算结果

杆件编号	轴力/N	弯矩/(N·mm)	材料型号	横截面积/mm^2	应力计算/(N/mm^2)
1	7 216	1 443 193	⊏8#	1 024	7.05
2	5 362	-480 096	⊏8#	1 024	5.24
3	-7 171	480 096	⊏8#	1 024	7.00
4	0	1 811 250	30×30×3□	324	0
支座 A	$F_{xA} = 7\ 216$				
	$F_{yA} = -1\ 876$				
支座 B	$F_{xB} = -4\ 800$				
	$F_{yB} = 5\ 363$				

经过以上验算，该架体所有杆件的强度和稳定性都满足要求。

3. 焊缝的计算

取计算结果中内力最大杆件 1 进行计算:F_{N1} = 7 216 N。

根据 GB 50017《钢结构设计规范》,角焊缝的焊脚尺寸应符合下列要求:$h_f \geq 1.5\sqrt{t_1}$,$h_f \leq 1.2t_2$(t_1 为较厚焊件厚度,t_2 为较薄焊件厚度);

因此:$h_f \geq 1.5\sqrt{t_1}$ = 3.35 mm,$h_f \leq 1.2t_2$ = 6 mm。

焊脚尺寸 h_f 取 3.5 mm。

角焊缝的焊缝长度应符合下列要求:

侧面角焊缝的计算长度不得小于 $8h_f$ 和 40 mm;

侧面角焊缝的计算长度不得大于 60 h_f;

焊缝长度取 150mm,焊缝间距取 300mm;

则焊缝的计算厚度:$h_e = h_f \times 0.7$ = 3.5 mm×0.7 = 2.45 mm;

焊缝的计算长度:$l_w = l - 2h_f$ = 150 mm−2×3.5 mm = 143 mm;

则:$\sigma_f = F_N/(h_e l_w)$ = 7 216 N/(2.45 mm×143 mm) = 20.60 N/mm² < $\beta_f f$ = 1.22×215 N/mm² = 262.3 N/mm²

4. 支座的计算

支座采用 M20 螺栓将防护架体与预制外墙板连接一起,支座螺栓同时受拉和受剪。

(1) 单独受拉

支座 A 的水平反力 F_{Ax} = 7 216 N,M20 螺栓的小径为 d = 16.93 mm,对于 Q235 螺栓,其抗拉强度设计值为 170 MPa,则 M20 螺栓抗拉承载力设计值:$N_t^b = \pi d^4/4 \times f_t^b$ = 82 080 N。

(2) 单独受剪

支座 A 竖直反力 F_{By} = 5 363 N,M20 螺栓的内径为 d = 16.93 mm,对于 Q235 螺栓,其抗剪强度设计值为 130 MPa,则 M20 螺栓抗剪承载力:$N_v^b = \pi d^4/4 \times f_v^b$ = 62 760 N。

(3) 同时受拉和受剪

$$\sqrt{(N_v/N_b)^2+(N_t/N_t^b)^2} = \sqrt{(5\,363/62\,760)^2+(7\,216/80\,280)^2} \leq 1$$

经以上计算,M20 螺栓满足要求。

通过以上计算,整个安全防护架强度满足要求。

单元 4

装配式混凝土结构施工质量验收与安全管理

装配式混凝土结构施工质量检验与验收主要包括：预制构件生产、运输、进场检验、构件吊装、连接、验收等工序以及现浇混凝土等各工序中的质量验收。按检验批可以划分为：预制构件、安装与连接、现浇连接、接缝与防水质量检验等。

4.1 一般规定

装配式混凝土结构应按混凝土结构子分部工程的分项工程进行验收。装配式混凝土结构验收应符合现行行业标准 JGJ 1《装配式混凝土剪力墙结构技术规程》和现行国家标准 GB 50204《混凝土结构工程施工质量验收规范》的有关规定。

在装配式混凝土剪力墙结构验收时，除应按现行国家标准 GB 50204 的要求提供文件和记录外，尚应提供下列文件和记录：

（1）工程设计文件、预制构件制作和安装的深化设计图；

（2）预制构件、主要材料及配件的质量证明文件、进场验收记录、抽样复验报告（质量证明文件包括产品合格证书、混凝土强度检验报告及其他重要检验报告等）；

（3）预制构件安装施工记录；

（4）钢筋套筒灌浆连接的施工检验记录；

（5）后浇混凝土部位的隐蔽工程检查验收文件；

（6）后浇混凝土、灌浆料、坐浆料强度检测报告；

（7）外墙防水施工质量检验记录；

（8）装配式混凝土剪力墙结构分项工程质量验收文件；

(9)装配式工程的重大质量问题的处理方案和验收记录；

(10)装配工程的其他文件和记录。

装配式混凝土结构连接节点及叠合构件浇筑混凝土前，应进行隐蔽工程验收。隐蔽工程验收应包括下列主要内容：

(1)混凝土粗糙面的质量，键槽的尺寸、数量、位置；

(2)钢筋的牌号、规格、数量、位置、间距，箍筋弯钩的弯折角度及平直段长度；

(3)钢筋的连接方式、接头位置、接头数量、接头面积百分率、搭接长度、锚固方式及锚固长度；

(4)预埋件、预留管线的规格、数量、位置；

(5)预制混凝土构件接缝处防水、防火等构造做法；

(6)保温及其节点施工；

(7)其他隐蔽项目。

装配式结构的外观质量除设计有专门的规定外，尚应符合国家标准 GB 50204 中关于现浇混凝土结构的有关规定。外观质量缺陷应由监理单位、施工单位等各方根据其影响程度确定。预制构件与预制构件、预制构件与主体结构之间的连接应符合设计要求及现行国家标准的规定。装配式结构的接缝施工质量及防水性能应符合设计要求和国家现行相关标准的规定。

装配式混凝土结构原材料主要包括水泥、骨料、纤维、水、外加剂、钢筋、预应力钢筋、预应力锚具、夹具、连接器、预埋件、连接件、灌浆套筒和灌浆料等。

原材料及配件应按照国家现行有关标准、设计文件及合同约定进行进厂检验。检验批划分应符合下列规定：

① 预制构件生产单位将采购的同一厂家同批次材料、配件及半成品用于生产不同工程的预制构件时，可统一划分检验批。

② 获得认证的或来源稳定且连续三批均一次检验合格的原材料及配件，进场检验时检验批的容量可按本标准的有关规定扩大一倍，且检验批容量仅可扩大一倍。扩大检验批后的检验中，出现不合格情况时，应按扩大前的检验批容量重新验收，且该种原材料或配件不得再次扩大检验批容量。

(1)钢筋

钢筋进厂时，应全数检查外观质量，并应按国家现行有关标准的规定抽取试件做屈服强度、抗拉强度、伸长率、弯曲性能和重量偏差检验，检验结果应符合相关标准的规定，检查数量应按进厂批次和产品的抽样检验方案确定。成型钢筋进厂检验应符合下列规定：同一厂家、同一类型且同一钢筋来源的成型钢筋，不超过 30 t 为一批，每批中每种钢筋牌号、规格均应至少抽取 1 个钢筋试件，总数不应少于 3 个，进行屈服强度、抗拉强度、伸长率、外观质量、尺寸偏差和重量偏差检验，检验结果应符合国家现行有关标准的规定；对由热轧钢筋组成的成型钢筋，当有企业或监理单位的代表驻厂监督加工过程并能提供原材料力学性能检验报告时，可仅进行重量偏差检验；成型钢筋尺寸允许偏差应符合规定。

(2) 预应力钢筋

预应力筋进厂时,应全数检查外观质量,并应按国家现行相关标准的规定抽取试件做抗拉强度、伸长率检验,其检验结果应符合相关标准的规定,检查数量应按进厂的批次和产品的抽样检验方案确定。

(3) 水泥

水泥进厂检验应符合下列规定:同一厂家、同一品种、同一代号、同一强度等级且连续进厂的硅酸盐水泥,袋装水泥不超过200 t为一批,散装水泥不超过500 t为一批;按批抽取试样进行水泥强度、安定性和凝结时间检验,设计有其他要求时,尚应对相应的性能进行试验,检验结果应符合现行国家标准GB 175《通用硅酸盐水泥》的有关规定;同一厂家、同一强度等级、同白度且连续进厂的白色硅酸盐水泥,不超过50 t为一批;按批抽取试样进行水泥强度、安定性和凝结时间检验,设计有其他要求时,尚应对相应的性能进行试验,检验结果应符合现行国家标准GB/T 2015《白色硅酸盐水泥》的有关规定。

(4) 矿物掺合料

矿物掺合料进厂检验应符合下列规定:同一厂家、同一品种、同一技术指标的矿物掺合料,粉煤灰和粒化高炉矿渣粉不超过200 t为一批,硅灰不超过30 t为一批;按批抽取试样进行细度(比表面积)、需水量比(流动度比)和烧失量(活性指数)试验;设计有其他要求时,尚应对相应的性能进行试验;检验结果应分别符合现行国家标准GB/T 1596《用于水泥和混凝土中的粉煤灰》、GB/T 18046《用于水泥砂浆和混凝土中的粒化高炉矿渣粉》和GB/T 27690《砂浆和混凝土用硅灰》的有关规定。

(5) 减水剂

减水剂进厂检验应符合下列规定:同一厂家、同一品种的减水剂,掺量大于1%(含1%)的产品不超过100 t为一批,掺量小于1%的产品不超过50 t为一批;按批抽取试样进行减水率、1 d抗压强度比、固体含量、含水率、pH和密度试验;检验结果应符合现行国家和行业标准GB 8076《混凝土外加剂》、GB 50119《混凝土外加剂应用技术规范》和JG/T 223《聚羧酸系高性能减水剂》的有关规定。

(6) 骨料

骨料进厂检验应符合下列规定:同一厂家(产地)且同一规格的骨料,不超过400 m³或600 t为一批;天然细骨料按批抽取试样进行颗粒级配、细度模数含泥量和泥块含量试验;机制砂和混合砂应进行石粉含量(含亚甲蓝)试验;再生细骨料还应进行微粉含量、再生胶砂需水量比和表观密度试验;天然粗骨料按批抽取试样进行颗粒级配、含泥量、泥块含量和针片状颗粒含量试验,压碎指标可根据工程需要进行检验;再生粗骨料应增加微粉含量、吸水率、压碎指标和表观密度试验;检验结果应符合现行国家和行业标准JGJ 52《普通混凝土用砂、石质量及检验方法标准》、GB/T 25177《混凝土用再生粗骨料》和GB/T 25176《混凝土和砂浆用再生细骨料》的有关规定。

轻集料进厂检验应符合下列规定:同一类别、同一规格且同密度等级,不超过200 m³为一批;轻细集料按批抽取试样进行细度模数和堆积密度试验,高强轻细集料还应进行强度标号试验;轻粗集料按批抽取试样进行颗粒级配、堆积密度、粒形系数、筒压强度和吸水率试验,高强轻粗集料还应进行强度标号试验;检验结果应符合现行国家标准 GB/T 17431.1《轻集料及其试验方法 第 1 部分:轻集料》的有关规定。

（7）水

混凝土拌制及养护用水应符合现行行业标准 JGJ 63《混凝土用水标准》的有关规定,并应符合下列规定:采用饮用水时,可不检验;采用中水、搅拌站清洗水或回收水时,应对其成分进行检验,同一水源每年至少检验一次。

（8）钢纤维和有机合成纤维

钢纤维和有机合成纤维应符合设计要求,进厂检验应符合下列规定:用于同一工程的相同品种且相同规格的钢纤维,不超过 20 t 为一批,按批抽取试样进行抗拉强度、弯折性能、尺寸偏差和杂质含量试验;用于同一工程的相同品种且相同规格的合成纤维,不超过 50 t 为一批,按批抽取试样进行纤维抗拉强度、初始模量、断裂伸长率、耐碱性能、分散性相对误差和混凝土抗压强度比试验,增韧纤维还应进行韧性指数和抗冲击次数比试验;检验结果应符合现行行业标准 JGJ/T 221《纤维混凝土应用技术规程》的有关规定。

（9）预应力筋锚具、夹具和连接器

预应力筋锚具、夹具和连接器进厂检验应符合下列规定:同一厂家、同一型号、同一规格且同一批号的锚具不超过 2 000 套为一批,夹具和连接器不超过 500 套为一批;每批随机抽取 2% 的锚具（夹具或连接器）且不少于 10 套进行外观质量和尺寸偏差检验,每批随机抽取 3% 的锚具（夹具或连接器）且不少于 5 套对有硬度要求的零件进行硬度检验,经上述两项检验合格后,应从同批锚具中随机抽取 6 套锚具（夹具或连接器）组成 3 个预应力锚具组装件,进行静载锚固性能试验;对于锚具用量较少的一般工程,如锚具供应商提供了有效的锚具静载锚固性能试验合格的证明文件,可仅进行外观检查和硬度检验;检验结果应符合现行行业标准 JGJ 85《预应力筋用锚具、夹具和连接器应用技术规程》的有关规定。

（10）脱模剂

脱模剂应符合下列规定:脱模剂应无毒、无刺激性气味,不应影响混凝土性能和预制构件表面装饰效果;脱模剂应按照使用品种,选用前及正常使用后每年进行一次匀质性和施工性能试验;检验结果应符合现行行业标准 JC/T 949《混凝土制品用脱模剂》的有关规定。

（11）保温材料

保温材料进厂检验应符合下列规定:同一厂家、同一品种且同一规格,不超过 5 000 m² 为一批;按批抽取试样进行导热系数、密度、压缩强度、吸水率和燃烧性能试验;检验结果应符合设计要求和国家现行相关标准的有关规定。

（12）预埋吊件

预埋吊件进厂检验应符合下列规定:同一厂家、同一类别、同一规格预埋吊件,不超过 10 000 件为一批;按批抽取试样进行外观尺寸、材料性能、抗拉拔性能等试验;检验结果应符合设计要求。

（13）外叶墙体拉结件

外叶墙体拉结件进厂检验应符合下列规定:同一厂家、同一类别、同一规格产品,不超过 10 000 件为一批;按批抽取试样进行外观尺寸、材料性能、力学性能检验,检验结果应符合设计要求。

(14)灌浆套筒和灌浆料

灌浆套筒和灌浆料进厂检验应符合现行行业标准 JGJ 355《钢筋套筒灌浆连接应用技术规程》的有关规定。钢筋浆锚连接用镀锌金属波纹管进厂检验应符合下列规定:应全数检查外观质量,其外观应清洁,内外表面应无锈蚀、油污、附着物、孔洞,不应有不规则褶皱,咬口应无开裂、脱扣;应进行径向刚度和抗渗漏性能检验,检查数量应按进场的批次和产品的抽样检验方案确定;检验结果应符合现行行业标准 JG/T 225《预应力混凝土用金属波纹管》的规定。

4.2 预制构件制作质量检验

4.2.1 预制构件制作的规定

(1)预制构件制作单位应具备相应的生产工艺设施,并应有完善的质量管理体系和必要的试验检测手段。

(2)预制构件制作前,应对其技术要求和质量标准进行技术交底,并应制定生产方案;生产方案应包括生产工艺、模具方案、生产计划、技术质量控制措施、成品保护、堆放及运输方案等内容。

(3)预制构件用混凝土的工作性能应根据产品类别和生产工艺要求确定,构件用混凝土原材料及配合比设计应符合国家现行标准 GB 50666《混凝土结构工程施工规范》、JGJ 55《普通混凝土配合比设计规程》和 JCJ/T 281《高强混凝土应用技术规程》等的规定。

(4)预制结构构件采用钢筋套筒灌浆连接时,应在构件生产前进行钢筋套筒灌浆连接接头的抗拉强度试验,每种规格的连接接头试件数量不应少于 3 个。

(5)预制构件用钢筋的加工、连接与安装应符合国家现行标准 GB 50666《混凝土结构工程施工规范》和 GB 50204《混凝土结构工程施工质量验收规范》等的有关规定。

4.2.2 模具与材料质量检验

(1)预制构件制作前,对带饰面砖或饰面板的构件,应绘制排砖图或排板图;对夹心外墙板,应绘制内外叶墙板的拉结件布置图及保温板排板图。

(2)预制构件模具除应满足承载力、刚度和整体稳定性要求外,尚应符合下列规定:

1)应满足预制构件质量、生产工艺、模具组装与拆卸、周转次数等要求;
2)应满足预制构件预留孔洞、插筋、预埋件的安装定位要求;
3)预应力构件的模具应根据设计要求预设反拱。

(3)预制构件模具尺寸的允许偏差和检验方法应符合规定。当设计有要求时,模具尺寸允许偏差应按设计要求确定。

(4)预埋件加工允许偏差符合要求。

模具质量检验

（5）预埋件、预留孔洞位置符合允许偏差要求。

（6）隔离剂选用符合要求。

4.2.3　构件制作过程质量检验

（1）在混凝土浇筑前应进行预制构件的隐蔽工程检查，检查项目应包括下列内容：

1）钢筋的牌号、规格、数量、位置、间距等；

2）纵向受力钢筋的连接方式、接头位置、接头质量、接头面积百分率、搭接长度等；

3）箍筋、横向钢筋的牌号、规格、数量、位置、间距，箍筋弯钩的弯折角度及平直段长度；

4）预埋件、吊环、插筋的规格、数量、位置等；

5）灌浆套筒、预留孔洞的规格、数量、位置等；

6）钢筋的混凝土保护层厚度；

7）夹心外墙板的保温层位置、厚度，拉结件的规格、数量、位置等；

8）预埋管线、线盒的规格、数量、位置及固定措施。

（2）带面砖或石材饰面的预制构件宜采用反打一次成型工艺制作，并应符合下列要求：

1）当构件饰面层采用石材时，在模具中铺设面砖前，应根据排砖图的要求进行配砖和加工；饰面砖应采用背面带有燕尾槽或黏结性能可靠的产品。

2）当构件饰面层采用石材时，在模具中铺设石材前，应根据排板图的要求进行配板和加工；应按设计要求在石材背面钻孔、安装不锈钢卡钩、涂覆隔离层。

3）应采用具有抗裂性和柔韧性、收缩小且不污染饰面的材料嵌填面砖或石材之间的接缝，并应采取防止面砖或石材在安装钢筋、浇筑混凝土等生产过程中发生位移的措施。

（3）夹心外墙板宜采用平模工艺生产，生产时应先浇筑外叶墙板混凝土层，再安装保温材料和拉结件，最后浇筑内叶墙板混凝土层；当采用立模工艺生产时，应同步浇筑内外叶墙板混凝土层，并应采取保证保温材料及拉结件位置准确的措施。

（4）应根据混凝土的品种、工作性、预制构件的规格形状等因素，制定合理的振捣成型操作规程。混凝土应采用强制式搅拌机搅拌，并宜采用机械振捣。

（5）预制构件采用洒水、覆盖等方式进行常温养护时，应符合现行国家标准 GB 50666《混凝土结构工程施工规范》的要求。

（6）预制构件采用加热养护时，应制定养护制度对静停、升温、恒温和降温时间进行控制，宜在常温下静停 2~6 h，升温、降温速度不应超过 20 ℃/h，最高养护温度不宜超过 70 ℃，预制构件出池的表面温度与环境温度的差值不宜超过 25 ℃。

（7）脱模起吊时，预制构件的混凝土立方体抗压强度应满足设计要求，且不应小于 15 N/mm^2。

（8）采用后浇混凝土或砂浆、灌浆料连接的预制构件结合面，制作时应按设计要求进行粗糙面处理。设计无具体要求时，可采用化学处理、拉毛或凿毛等方法制作糙面。

（9）预应力混凝土构件生产前应制定预应力施工技术方案和质量控制措施，并应符合现行国家标准 GB 50666 和 GB 50204 的要求。

4.3　装配式混凝土结构预制构件质量验收

4.3.1　装配式混凝土结构预制构件主控项目

（1）预制构件的质量应符合现行国家标准《混凝土结构工程施工质量验收规范》GB 50204 及国家现行相关标准的规定和设计的要求。

检查数量：全数检查。

检验方法：检查质量证明文件或质量验收记录。

（2）由专业企业生产的预制构件进场时，预制构件结构性能检验应符合下列规定：

1）梁、板类简支受弯预制构件进场时应进行结构性能检验，并应符合下列规定：

① 结构性能检验应符合国家现行相关标准的有关规定及设计的要求，检验要求和试验方法应符合 GB 50204 中附录 B 的规定；

② 预制构件和允许出现裂缝的预应力混凝土构件应进行承载力、挠度和裂缝宽度检验；不允许出现裂缝的预应力混凝土构件应进行承载力、挠度和抗裂检验；

③ 对于大型构件及有可靠应用经验的构件，可只进行裂缝宽度、抗裂和挠度检验；

④ 对使用数量较少的构件，当能提供可靠依据时，可不进行结构性能检验。

2）对其他预制构件，除设计有专门要求外，进场时可不做结构性能检验。

3）对进场时不做结构性能检验的预制构件，应采取下列措施：

① 施工单位或监理单位代表应驻厂监督制作过程；

② 当无驻厂监督时，预制构件进场时应对预制构件主要受力钢筋数量、规格、间距及混凝土强度等进行实体检验。

检查数量：每批进场不超过 1 000 个同类型预制构件为一批，在每批中应随机抽取一个构件进行检验。（注："同类型"是指同一钢种、同一混凝土强度等级、同一生产工艺和同一结构形式。抽取预制构件时，宜从设计荷载最大、受力最不利或生产数量最多的预制构件中抽取。）

检验方法：检查结构性能检验报告或实体检验报告。

（3）预制构件外观质量不应有严重缺陷，且不应有影响结构性能和安装、使用功能的尺寸偏差。

检查数量：全数检查。

检验方法：观察，尺量；检查处理记录。

（4）预制构件表面预粘贴饰面砖、石材等饰面与混凝土的粘结性能应符合设计要求和国家有关标准的规定。

检查数量：按批检查。

检验方法：检查拉拔强度检验报告。

4.3.2 装配式混凝土结构预制构件一般项目

(1) 预制构件应有标识。

检查数量:全数检查。

检验方法:观察。

(2) 预制构件的外观质量不应有一般缺陷,对出现的一般缺陷应要求构件生产单位按技术处理方案进行处理,并重新检查验收。

检查数量:全数检查。

检验方法:观察,检查处理记录。

(3) 预制构件的尺寸偏差及检验方法应符合表 4.3.1 的规定。设计有专门规定时,尚应符合设计要求。施工过程中临时使用的预埋件,其中心线位置允许偏差可取表 4.3.1 中规定数值的 2 倍。

检查数量:同一类型的构件,不超过 100 个为一批,每批抽查构件数量的 5%,且不少于 3 件。

装配式混凝土剪力墙结构尺寸允许偏差应符合设计要求。

检查数量:按楼层、结构缝或施工段划分检验批。在同一检验批内,对梁、柱,应抽查构件数量的 10%,且不少于 3 件;对墙和板,应按有代表性的自然间抽查 10%,且不少于 3 间;对大空间结构,墙可按相邻轴线间高度 5 m 左右划分检查面,板可按纵、横轴线划分检查面,抽查 10%,且均不少于 3 面。

(4) 预制构件的粗糙面的质量及键槽的数量应符合设计要求。

检查数量:全数检查。

检验方法:观察,量测。

表 4.3.1 预制构件尺寸的允许偏差及检验方法

项目			允许偏差/mm	验证方法
长度	板、梁、柱	<12	±5	尺量
		≥12 且 <18	±10	
		≥18	±20	
	板墙		±4	
宽度、高(厚)度	板、梁、柱		±5	尺量一端中部,取其中偏差绝对值较大处
	墙板		±4	
表面平整度	楼板、梁、柱、墙板内表面		5	2 m 靠尺和塞尺量测
	墙板外板面		3	
侧向弯曲	楼板、梁、柱		$L/750$ 且 ≤20	拉线、钢尺量测最大侧向弯曲处
	墙板		$L/1\,000$ 且 ≤20	
翘曲	楼板		$L/750$ 且 ≤20	调平尺在两端量测
	墙板		$L/1\,000$ 且 ≤20	

续表

项目		允许偏差/mm	验证方法
对角线	楼板	10	钢尺量两个对角线
	墙板	5	
挠度变形	梁、板设计起拱	±5	拉线、钢尺量最大弯曲出
	梁、板下垂	0	
预留孔	中心线位置	5	量尺
	孔尺寸	±5	
预留洞	中心线位置	10	尺量
	洞口尺寸、深度	±10	
门窗口	中心线位置	5	尺量
	宽度、高度	±3	
预埋件	预埋锚板中心线位置	5	尺量
	预埋件锚板与混凝土面平面高差	0,-5	
	预埋螺栓中心线位置	2	
	预埋螺栓外露长度	+10,-5	
	预埋套筒、螺母中心线位置	2	
	预埋套筒、螺母与混凝土面平面高差	±5	
	线盒、电盒、木砖、吊环在构件平面的中心线位置偏差	20	
	线盒、电盒、木砖、吊环在构件表面混凝土高差	0,-10	
预埋钢筋	中心线位置	3	尺量
	外露长度	-10,-5	
键槽	中心线位置	5	尺量
	长度、宽度	±5	
	深度	±10	
灌浆套筒及连接钢筋	灌浆套筒中心线位置	2	尺量
	连接钢筋中心线位置	2	
	连接钢筋外露长度	+10,0	
吊环	中心线位置偏移	5	尺量
	与构件表面混凝土高差	0,-10	

注：1. L 为构件长度，单位为 mm；

2. 检查中心线、螺栓和孔洞位置偏差时，应沿纵、横两个方向量测，并取其中偏差较大值。

（5）预制构件表面预贴饰面砖、石材等饰面及装饰混凝土饰面的外观质量应符合设计要求或国家现行有关标准的规定。

检查数量：按批检查。

检验方法：观察或轻击检查；与样板比对。

（6）预制构件上的预埋件、预留插筋、预留孔洞、预埋管线等规格型号、数量应符合设计要求。

检查数量：按批检查。

检验方法：观察、尺量；检查产品合格证。

（7）预制板类、墙板类、梁柱类构件外形尺寸偏差和检验方法应分别符合本标准的规定。

检查数量：按照进场检验批，同一规格（品种）的构件每次抽检数量不应少于该规格（品种）数量的5%且不少于3件。

（8）装饰构件的装饰外观尺寸偏差和检验方法应符合设计要求；当设计无具体要求时，应符合相关标准的规定。

检查数量：按照进场检验批，同一规格（品种）的构件每次抽检数量不应少于该规格（品种）数量的10%且不少于5件。

4.4 装配式混凝土结构安装与连接质量检验

4.4.1 装配式混凝土结构安装与连接主控项目

（1）预制构件的临时固定措施应符合设计、专项施工方案的要求及国家现行有关标准的规定。

检查数量：全数检查。

检验方法：观察检查，检查施工方案、施工记录或设计文件。

（2）装配式结构采用后浇混凝土连接时，构件连接处后浇混凝土的强度应符合设计要求。

检查数量：按批检验。

检验方法：应符合现行国家标准GB/T 50107《混凝土强度检验评定标准》的有关规定。

（3）钢筋采用套筒灌浆连接时，灌浆应饱满、密实，其材料及连接质量应符合国家标准JGJ 355《钢筋套筒灌浆连接应用技术规程》的规定。

1）钢筋采用套筒灌浆连接时，应由接头提供单位提交所有规格接头的型式检验报告，并在验收时核查下列内容：

① 工程中应用的各种钢筋强度级别、直径对应的型式检验报告应齐全，报告应合格有效；

② 型式检验报告送检单位与现场接头提供单位应一致；

③ 型式检验报告中的接头类型，灌浆套筒规格、级别、尺寸，灌浆料型号与现场使用的产品应一致；

④ 型式检验报告应在4年有效期内，可按灌浆套筒进场验收日期确定；

⑤ 报告内容应包括:接头试件检验报告钢筋套筒灌浆连接接头试件型式检验报告(全灌浆套筒连接基本参数、半灌浆套筒连接基本参数、试验结果)、钢筋套筒灌浆连接接头试件工艺检验报告。

2) 灌浆套筒进厂(场)时,应抽取灌浆套筒检验外观质量、标识和尺寸偏差,检验结果应符合现行行业标准 JG/T 398《钢筋连接用灌浆套筒》的有关规定。

灌浆套筒灌浆端最小内径与连接钢筋公称直径的差值不宜小于表 4.4.1 规定的数值,用于钢筋锚固的深度不宜小于插入钢筋公称直径的 8 倍。

表 4.4.1 灌浆套筒灌浆段最小内径尺寸的要求

钢筋直径/mm	套筒灌浆段最小内径与连接钢筋公称直径差最小值
12~25	10
28~40	15

检查数量:同一批号、同一型号、同一规格的灌浆套筒,不超过 1 000 个为一批,每批随机抽取 10 个灌浆套筒。

检验方法:观察,尺量检查。

3) 灌浆料进场(厂)时,应对灌浆料拌合物 30 min 流动度、泌水率及 3 d 抗压强度、28 d 抗压强度、3 h 竖向膨胀率、24 h 与 3 h 竖向膨胀率差值进行检验,检验结果应符合 JG/T 408《钢筋连接用套筒灌浆料》的有关规定。

① 灌浆料的抗压强度应符合表 4.4.2 的要求,且不应低于接头设计要求的灌浆料抗压强度;灌浆料抗压强度试件应按 40 mm×40 mm×160 mm 尺寸制作,其加水量应按灌浆料产品说明书确定,试件应按标准方法制作、养护;

表 4.4.2 灌浆料抗压强度要求

时间(龄期)	抗压强度/(N/mm^2)
1 d	≥35
3 d	≥60
28 d	≥85

② 灌浆料竖向膨胀率应符合表 4.4.3 的要求。

③ 灌浆料拌合物的工作性能应符合表 4.4.3 的要求,泌水率试验方法应符合现行国家标准 GB/T 50080《普通混凝土拌合物性能试验方法标准》的规定。

表 4.4.3 灌浆料竖向膨胀率、工作性能要求

项目		竖向膨胀率/%
3 h		≥0.02
24 h 和 3 h 差值		0.02~0.50
流动度	初始	≥300
	30 min	≥260
泌水率/%		0

检查数量：同一成分、同一批号的灌浆料，不超过 50 t 为一批，每批按现行行业标准 JG/T 408 的有关规定随机抽取灌浆料制作试件。

检验方法：检查质量证明文件和抽样检验报告。

4）灌浆施工前，应对不同钢筋生产企业的进场钢筋进行接头工艺检验；施工过程中更换钢筋生产企业，或同生产企业生产的钢筋外形尺寸与已完成工艺检验的钢筋有较大差异时，应再次进行工艺检验。接头工艺检验应符合 JGJ 355《钢筋套筒灌浆连接应用技术规程》的下列规定：

① 灌浆套筒埋入预制构件时，工艺检验应在预制构件生产前进行；当现场灌浆施工单位与工艺检验时的灌浆单位不同，灌浆前应再次进行工艺检验。

② 工艺检验应模拟施工条件制作接头试件，并应按接头提供单位提供的施工操作要求进行。

③ 每种规格钢筋应制作 3 个对中套筒灌浆连接接头，并应检查灌浆质量。

④ 采用灌浆料拌合物制作的 40 mm×40 mm×160 mm 试件不应少于 1 组。

⑤ 接头试件及灌浆料试件应在标准养护条件下养护 28 d。

⑥ 每个接头试件的抗拉强度不应小于连接钢筋抗拉强度标准值，且破坏时应断于接头外钢筋。每个接头试件的屈服强度不应小于连接钢筋屈服强度标准值。3 个接头试件残余变形的平均值应符合表 4.4.4 的规定；灌浆料抗压强度应符合 28 d 强度要求。

表 4.4.4　套筒灌浆连接接头的变形性能

项目	变形性能要求	
对中单向拉伸	残余变形/mm	$u_0 \leqslant 0.10 (d \leqslant 32)$ $u_0 \leqslant 0.14 (d > 32)$
	最大力下总伸长率/%	$A_{sgt} \geqslant 6.0$
高应力反复拉压	残余变形/mm	$u_{20} \leqslant 0.3$
大变形反复拉压	残余变形/mm	$u_4 \leqslant 0.3$ 且 $u_8 \leqslant 0.6$

注：当频遇荷载组合下，构件中钢筋应力高于钢筋屈服强度标准值 f_{yk} 的 0.6 倍时，设计单位可对单向拉伸残余变形的加载峰值 u_0 提出调整要求。

u_0——接头试件加载至 $0.6f_{yk}$ 并卸载后在规定标距内的残余变形；

A_{sgt}——接头试件的最大力下总伸长率；

u_{20}——接头试件按规定加载制度经高应力反复拉压 20 次后的残余变形；

u_4——接头试件按规定加载制度经大变形反复拉压 4 次后的残余变形；

u_8——接头试件按规定加载制度经大变形反复拉压 8 次后的残余变形。

⑦ 接头试件在量测残余变形后可再进行抗拉强度试验，并应按现行行业标准 JGJ 107《钢筋机械连接技术规程》规定的钢筋机械连接型式检验单向拉伸加载制度进行试验。

⑧ 第一次工艺检验中 1 个试件抗拉强度或 3 个试件的残余变形平均值不合格时，可再抽 3 个试件进行复检，复检仍不合格判为工艺检验不合格。

⑨ 工艺检验应由专业检测机构进行，并应出具检验报告。

检查数量：每种规格钢筋应制作 3 个灌浆质量符合要求的对中套筒灌浆连接接头。采用灌浆拌合物制作的 40 mm×40 mm×160 mm 试件不应少于 1 组。接头试件及灌浆料试件应在标准条件下养护 28 d。

检验方法:检查抽样工艺试验报告。

5)灌浆套筒进厂(场)时,应抽取灌浆套筒并采用与之匹配的灌浆料制作对中连接接头试件,并进行抗拉强度检验,抗拉强度不应小于连接钢筋抗拉强度标准值,且破坏时应断于接头外钢筋。

抗拉强度检验接头试件应模拟施工条件并按施工方案制作。接头试件应在标准养护条件下养护 28 d。接头试件的抗拉强度试验应采用零到破坏或零到连接钢筋抗拉荷载标准值 1.15 倍的一次加载制度,并应符合 JGJ 107 的有关规定。

检查数量:同一批号、同一类型、同一规格的灌浆套筒,不超过 1 000 个为一批,每批随机抽取 3 个灌浆套筒制作对中连接接头试件。

检验方法:检查质量证明文件和抽样检验报告。

6)灌浆施工中,灌浆料的 28 d 抗压强度应符合要求。用于检验抗压强度的灌浆料试件应在施工现场制作。

检查数量:按检验批,以每层为一检验批;每工作班应制作一组且每层不应少于 3 组 40 mm×40 mm×160 mm 的长方体试件,标准养护 28 d 后进行抗压强度试验。

检验方法:检查灌浆料强度试验报告及评定记录。

7)灌浆应密实饱满,所有出浆口均应出浆。

检查数量:全数检查。

检验方法:观察,检查灌浆施工记录。

8)当施工过程中灌浆料抗压强度、灌浆质量不符合要求时,应由施工单位提出技术处理方案,经监理、设计单位认可后进行处理。经处理后的部位应重新验收。

检查数量:全数检查。

检验方法:检查处理记录。

(4)钢筋采用焊接连接时,其接头质量应符合现行行业标准 JGJ 18《钢筋焊接及验收规程》的规定。

检查数量:按 JGJ 18 的规定确定。按生产条件每检验批制作 3 个模拟平行试件做拉伸试验。

检验方法:检查质量证明文件及平行加工试件的强度试验报告。

(5)钢筋采用机械连接时,其接头质量应符合设计要求和 JGJ 107 的规定。

检查数量:按 JGJ 107 的规定确定。同一施工条件下采用同一批材料的同等级、同型式、同规格接头,应 500 个为一个验收批进行检验与验收,不足 500 个也应作为一个验收批。每批制作 3 个平行加工试件,进行抗拉强度试验。平行加工试件应与实际钢筋连接接头的施工环境相似,并宜在工程结构附近制作。

检验方法:检查质量证明文件、施工记录及平行加工试件的检验报告。螺纹接头应检验拧紧扭矩值,挤压接头应量测压痕直径。

(6)预制构件采用焊接、螺栓连接等连接方式时,其材料性能及施工质量应符合设计要求及国家现行标准 GB 50205《钢结构工程施工质量验收规范》及 JGJ 18《钢筋焊接及验收规程》的相关规定。

检查数量:按 GB 50205 和 JGJ 18 的规定确定。

检验方法:检查施工记录及平行加工试件的检验报告。

(7) 装配式结构采用现浇混凝土连接构件时,构件连接处后浇混凝土的强度应符合设计要求。

检查数量:按 GB 50204《混凝土结构工程施工质量验收规范》的规定确定。同一配合比每拌制 100 盘且不超 100 m³、每一楼层、每工作班均不少于 1 组。

检验方法:检查混凝土强度试验报告。

检验批应符合下列规定:

① 预制构件结合面疏松部分的混凝土应剔除并清理干净;

② 模板应保证后浇混凝土部分形状、尺寸和位置准确,并应防止漏浆;

③ 在浇筑混凝土前应洒水润湿结合面,混凝土应振捣密实;

④ 同一配合比的混凝土,每工作班且建筑面积不超过 1 000 m² 应制作一组标准养护试件,同一楼层应制作不少于 3 组标准养护试件。

检查方法:按现行国家标准 GB/T 50107《混凝土强度检验评定标准》的要求进行。

(8) 预制构件采用螺栓连接时,螺栓的材质、规格、拧紧力矩应符合设计要求及现行国家标准 GB 50017《钢结构设计规范》和 GB 50205《钢结构工程施工质量验收规范》的有关规定。

检查数量:全数检查。

检验方法:应符合现行国家标准 GB 50205《钢结构工程施工质量验收规范》的有关规定。

(9) 装配式结构分项工程的外观质量不应有严重缺陷,且不得有影响结构性能和使用功能的尺寸偏差。

检查数量:全数检查。

检验方法:观察、量测;检查处理记录。

(10) 外墙板接缝的防水性能应符合设计要求。

检验数量:按批检验。每 1 000 m² 外墙(含窗)面积应划分为一个检验批,不足 1 000 m² 时也应划分为一个检验批;每个检验批应至少抽查一处,抽查部位应为相邻两层 4 块墙板形成的水平和竖向十字接缝区域,面积不得少于 10 m²。

检验方法:检查现场淋水试验报告。

(11) 预制构件底部接缝座浆强度应满足设计要求。

检查数量:按批检验,以每层为一检验批;每工作班同一配合比应制作 1 组且每层不应少于 3 组边长为 70.7 mm 的立方体试件,标准养护 28 d 后进行抗压强度试验。

检验方法:检查座浆材料强度试验报告及评定记录。

4.4.2 装配式混凝土结构安装与连接一般项目

按照 GB/T 51231《装配式混凝土建筑技术标准》的规定:

(1) 装配式结构分项工程的施工尺寸偏差及检验方法应符合设计要求;当设计无要求时,应符合本标准的规定。

检查数量:按楼层、结构缝或施工段划分检验批。同一检验批内,对梁、柱,应抽查构件数量的 10%,且不少于 3 件;对墙和板,应按有代表性的自然间抽查 10%,且不少 3

间;对大空间结构,墙可按相邻轴线间高度 5 m 左右划分检查面,板可按纵、横轴线划分检查面,抽查 10%,且均不少于 3 面。

(2) 装配式混凝土建筑的饰面外观质量应符合设计要求,并应符合现行国家标准 GB 50210《建筑装饰装修工程质量验收规范》的有关规定。

检查数量:全数检查。

检验方法:观察、对比量测。

4.5 装配式混凝土结构检验与验收控制

4.5.1 检验项目

检验项目包括材料检验、预制构件制作过程检验和构件检验。

1. 材料进场检验项目和内容

(1) 灌浆套筒:外观检查、抗拉强度检查。

(2) 水泥:细度、比表面积、凝结时间、安定性、抗压强度。

(3) 细骨料:颗粒级配、表观密度、含泥量。

(4) 粗骨料:颗粒级配、表观密度、含泥量、泥块含量、针片状颗粒含量、压碎值。

(5) 搅拌用水:pH、不溶物、氯化物、硫酸盐。

(6) 外加剂:减水率、含气量、抗压强度比、对钢筋无锈蚀危害。

(7) 混合料:细度、强度、蓄水量。

(8) 钢筋:屈服强度、抗拉强度、弯曲性能和重量偏差。

(9) 钢绞线:直径、重量。

(10) 钢板、型钢:长度、厚度、重量。

(11) 预埋螺母、预埋螺栓、吊钉:直径、长度、镀锌。

(12) 拉结件:锚固、抗拉强度、抗剪强度。

(13) 保温材料:外观质量、尺寸、黏结性能、阻燃性、耐低温性、耐高温性、耐腐蚀性、耐候性、高低温黏附性能、材料密度试验、热导率试验。

(14) 建筑装饰一体化构件用到的建筑、装饰材料:外观尺寸、质量。

2. 构件制作过程检验

(1) 钢筋加工:钢筋型号、直径、长度、加工精度。

(2) 钢筋安装:安装位置、保护层厚度。

(3) 伸出钢筋:位置、数量、钢筋直径、伸出长度的误差。

(4) 套筒安装:套管直径、套管位置及注浆孔是否通畅。

(5) 预埋件安装:型号、位置。

(6) 预留孔洞:安装孔、预留孔。

(7) 混凝土拌合物:混凝土配合比、工作性能。

(8) 混凝土强度:试块强度、构件强度。

(9) 脱模强度:脱模前强度。

(10) 混凝土力学性能:抗压强度、抗拉强度、抗折强度、表面硬度。

（11）养护：养护时间、养护温度。
（12）表面处理：污染、掉角、裂缝。

3. 构件检验

（1）套筒：位置偏差、型号、注浆孔。
（2）伸出钢筋：型号、位置、直径、长度。
（3）保护层厚度：保护层厚度。
（4）严重缺陷：纵向受力钢筋露筋、主要受力部位有蜂窝、孔洞、夹渣、疏松、裂缝。
（5）一般缺陷：有少量露筋、蜂窝、孔洞、夹渣、疏松、裂缝。
（6）尺寸偏差：构件外形尺寸与图纸要求一致是否一致。
（7）受弯构件结构性能：承载力、挠度、裂缝。
（8）粗糙面：粗糙度，板凹凸深度不小于 4 mm，预制柱、墙粗糙面不小于 6 mm。
（9）键槽：尺寸偏差、位置、尺寸、深度。
（10）PC 外墙板淋水：渗漏。
（11）构件标识：构件标识应注明构件编号、生产日期、实用部位、混凝土强度、生产厂家等。

4. 见证检验项目

（1）混凝土强度试块取样检验。
（2）钢筋取样检验。
（3）钢筋套筒取样检验，
（4）拉结件取样检验。
（5）预埋件取样检验。
（6）保温材料取样检验。

4.5.2　预制构件进场检验

构件进场时的质量证明文件应包括产品合格证明书、混凝土强度检验报告及其他重要检验报告。预制构件钢筋、混凝土原材料、预应力材料、预埋件等检验报告可不提供，但应在构件生产企业存档保留。

对于进场不做结构性能检验的预制构件，质量证明文件尚应包括预制构件生产过程的关键验收记录，如钢筋隐蔽工程验收记录、预应力筋张拉记录等。

装配式混凝土剪力墙结构住宅中，一般仅做楼梯结构性能检验。对用于叠合板、叠合梁的梁板类受弯预制构件（叠合底板、底梁），是否进行结构性能检验、结构性能检验的方式及验收指标应根据设计要求确定，设计无要求时，可不做结构性能检验。

考虑施工现场条件限制，结构性能检验可在工程各方参与下在预制构件生产场地进行。对多个工程共同使用的同类型预制构件，也可在多个工程的施工、监理单位见证下共同委托进行结构性能检验，其结果对多个工程有效。

对使用数量较少的构件，当能提供可靠依据时，可不进行结构性能检验。使用数量较少一般指数量在 50 件以内，近期完成的合格结构性能检验报告可作为可靠依据。

对所有进厂时不做结构性能检验的预制构件，可通过施工单位或监理单位代表驻厂监督生产的方式进行质量控制，此时构件进场的质量证明文件应经监督代表确认。

当无驻厂监督时,预制构件进场时应对预制构件主要受力钢筋数量、规格、间距及混凝土强度、混凝土保护层厚度等进行实体检验。

预制构件的外观质量缺陷应通过出厂质量验收环节加以控制。外观质量缺陷可按 GB 50204《混凝土结构工程施工质量验收规范》及国家现行有关标准的规定进行判断,严重缺陷及影响结构性能和安装、使用功能的尺寸偏差,处理方式应符合相应要求。根据缺陷程度可以修理的构件可按相应的技术方案进行修理,并重新检查验收。不合格的构件不得出厂。

4.5.3 预制构件安装与连接检验

(1)预制构件安装检验:

1)预制叠合板类构件安装完成后,钢筋绑扎前,应进行叠合面质量隐蔽验收。

2)预制叠合板类构件板面钢筋绑扎完成后,应进行钢筋隐蔽验收。

3)预制墙板现浇节点区混凝土浇筑前,应进行预制墙板甩出钢筋及构件粗糙面隐蔽验收。

(2)预制构件连接检验:

1)套筒灌浆连接接头型式检验报告应由接头提供单位提供,接头提供单位为提供技术并销售灌浆套筒、灌浆料的单位。如由施工单位独立采购灌浆套筒、灌浆料进行工程应用,此时施工单位即为接头提供单位,施工前应按 JGJ 355《钢筋套筒灌浆连接应用技术规程》的要求完成所有型式检验。施工中不得更换灌浆套筒、灌浆料,否则应重新进行接头型式检验及规定的灌浆套筒、灌浆料进场检验与工艺检验。

2)对于钢筋套筒进厂(场)外观质量、标识和尺寸偏差抽样检验,考虑灌浆套筒大多预埋在预制混凝土构件中,故规定为构件生产企业进厂为主,施工现场进场为辅。同一批号按原材料、炉(批)号为划分依据。

3)对于灌浆料进场验收,由于装配式结构灌浆料主要在装配现场使用,但考虑在构件生产前要进行接头工艺检验和接头抗拉强度检验,所规定的灌浆料进场验收也应在构件生产前完成第一批。对于用量不超过 50 t 的工程,则仅进行一次检验即可。

4)灌浆套筒连接工艺检验应在灌浆施工前进行,并应对不同钢筋生产企业的进场钢筋进行接头工艺检验。施工过程中更换钢筋生产企业,或同生产企业生产的钢筋外形尺寸与已完成工艺检验的钢筋有较大差异时,应再次进行工艺检验。灌浆套筒埋入预制构件时,工艺检验应在预制构件生产前进行。当现场灌浆施工单位与工艺检验时的灌浆单位不同时,灌浆前应再次进行工艺检验。

5)灌浆套筒进厂(场)接头力学性能检验包括两种情况。对于埋入预制构件的灌浆套筒,无法在灌浆施工现场截取接头试件,本措施所规定的套筒检验应在构件生产过程中进行,预制构件在混凝土浇筑前应确认接头试件检验合格,此种情况下,在灌浆施工过程中可不再检验接头性能,按批检验灌浆料 28 d 抗压强度即可。对于不埋入预制构件的灌浆套筒,可在灌浆施工过程中制作平行加工试件,构件混凝土浇筑前应确认接头试件检验合格,为考虑施工周期,宜适当提前制作平行加工试件并完成检验。为避免重复,第一批套筒力学性能检验可与规定的工艺检验合并进行,工艺检验合格后可免除此批灌浆套筒的接头抽检。

6)灌浆料强度是影响接头受力性能的关键。JGJ 355 规定的灌浆施工过程质量控制的最主要方式就是检验灌浆料抗压强度和灌浆施工质量。要求灌浆料在按批进场检验合格基础上,按工作班进行强度抽样检验,且每楼层取样不得少于 3 次。套筒灌浆连接接头验收时,应检查专职检验人员的施工检查记录和监理人员旁站记录。

7)应按现浇混凝土结构中相应的钢筋、模板分项工程进行验收,并形成验收记录。

8)钢筋采用焊接连接时,接头质量试验应按生产条件每检验批制作 3 个模拟平行试件做拉伸试验。

9)钢筋采用机械连接时,其接头质量试验方法为:同一施工条件下采用同一批材料的同等级、同型式、同规格接头,应 500 个为一个验收批进行检验与验收,不足 500 个也应作为一个验收批。每批制作 3 个平行加工试件,进行抗拉强度试验。平行加工试件应与实际钢筋连接接头的施工环境相似,并宜在工程结构附近制作。

(3)装配式混凝土剪力墙结构构件饰面质量检验:

1)对于将墙面砖等饰面材料与结构一次成型的预制构件,其饰面质量主要指饰面与混凝土基层的连接质量,对面砖主要检测其拉拔强度,对石材主要检测其连接件的受拉和受剪承载力。其他设计外观和尺寸偏差等应按现行国家标准 GB 50210《建筑装饰装修工程质量验收规范》的有关规定和设计要求进行验收。

2)复合保温外墙板等预制构件,除验收构件外观质量、尺寸偏差及结构性能外,节能保温性能验收应符合设计要求和现行国家标准 GB 50411《建筑节能工程施工质量验收规范》的有关规定。

(4)预制构件连接接缝处防水性能检验:

对于外墙和有防水要求的部位,应注意连接接缝处防水性能的检验:

1)预制构件与后浇混凝土结合部,应对是否密实进行检验,对于结合不严、存在缝隙的部位应进行处理。

2)预制构件拼缝处,应进行防水构造、防水材料的检查验收,符合设计要求。防水密封材料应具有合格证及进场复试报告。

3)外墙应进行现场淋水试验,并形成淋水试验报告。检查数量为:按外墙面积每 1 000 m² 划分为一个检验批,不足 1 000 m² 时也应划分一个检验批;每个检验批每 100 m² 应至少抽查一处,每处不得少于 10 m²。

4)当施工过程中灌浆料抗压强度、灌浆质量不符合要求时,应由施工单位提出技术处理方案,经监理、设计单位认可后进行处理。经处理后的部位应重新验收。

5)抗拉强度检验接头试件应模拟施工条件。

6)接头试件应在标准养护条件下养护 28 d。

(5)装配式结构工程质量验收时,除应按现行国家标准 GB 50204《混凝土结构工程施工质量验收规范》的要求提供文件和记录外,尚应提交下列文件与记录:

1)工程设计文件、预制构件制作和安装的深化设计图。

2)经监理单位审批的施工方案。

3)预制构件、主要材料及配件的质量证明文件、进场验收记录,抽样复检报告。

4)预制构件安装施工验收记录。

5）钢筋套筒灌浆的施工检验记录。

6）后浇混凝土部位的隐蔽工程检查验收文件。

7）叠合构件和节点的后浇混凝土、灌浆料、坐浆材料强度检测报告。

8）密封材料检测报告。

9）装配式结构分项工程质量验收记录。

10）工程中重大质量问题的处理方案和验收记录。

11）其他文件与记录。

4.6 装配式混凝土结构安全施工管理

4.6.1 安全施工管理基本要求

装配式混凝土剪力墙结构施工过程中应按照现行国家行业标准 JGJ 59《建筑施工安全检查标准》、JGJ 146《建设工程施工现场环境与卫生标准》、JGJ 80《建筑施工高处作业安全技术规范》等安全、职业健康和环境保护的有关规定执行。

现场施工临时用电的安全应符合现行国家行业标准 JGJ 146《施工现场临时用电安全技术规范》和用电专项方案的规定。

现场施工消防安全应符合现行国家标准 GB 50720《建设工程施工现场消防安全技术规范》的有关规定。

现场施工起重设备安全应符合现行行业标准 JGJ 276《建筑施工起重吊装工程安全技术规范》等的有关规定。

现场施工中各类建筑机械的使用与管理应符合现行行业标准 JGJ 33《建筑机械使用安全技术规程》等的有关规定。

现场模板工程应符合现行行业标准 JGJ 62《建筑施工模板安全技术规范》等的有关规定。

4.6.2 施工安全

1. 施工安全一般规定

（1）装配式混凝土剪力墙结构宜采用围挡或安全防护操作架,特殊结构或必要的外墙板构件安装可选用落地脚手架,脚手架搭设应符合国家现行相关标准的规定。

（2）装配式混凝土剪力墙结构施工,在绑扎柱、墙钢筋时,应采用专用登高设施;当高于围挡时,必须佩戴穿芯自锁保险带。

（3）现场施工的安全防护宜采用围挡式安全隔离,楼层围挡高度应不低于 1.5 m,阳台围挡应不低于 1.1 m,楼梯临边应加设高度应不低于 0.9 m 的临时栏杆。围挡式安全隔离应与结构层连接可靠,满足安全防护需要。围挡设置应采取安装一块外墙板,拆除相应位置的围挡,按安装顺序,逐块（榀）进行。

（4）预制外墙板就位后,应及时安装上一层围挡。预制外墙板安装就位并固定牢固后,操作人员方可进行脱钩,应使用专用梯子,在楼层内操作。

（5）一榀操作架吊升后产生的临时洞口,不得站人或施工。

(6)操作架要逐次安装与提升,不得交叉作业。每一单元应连续提升,严禁操作架在不安全状态下过夜。安全防护采用操作架时,操作架应与结构有可靠的连接体系,操作架受力应满足计算要求。

(7)施工现场应设置消防疏散通道、安全通道以及消防车通道,防火防烟应分区。

(8)施工区域应配制消防设施和器材,设置消防安全标志,并定期检验、维修,消防设施和器材应完好、有效。

2. 预制构件吊装作业安全控制措施

(1)起重吊装前,必须编制吊装作业的专项施工方案,并应进行安全技术措施交底;作业中未经技术负责人批准,不得随意更改。

(2)施工过程中应严格执行管控措施,以安全作为第一考虑因素,异常发生无法立即处理时,应立即停止吊装工作,待障碍排除后方继续执行工作。暂停作业时,对吊装作业中未形成稳定体系的部分,必须采取临时固定措施。对临时固定的构件,必须在完成了永久固定,并经检查确认无误后,方可解除临时固定措施。

(3)预制构件吊装作业一般安全控制事项

1)起重机驾驶员、指挥工必须持有特殊工种资格证书。

2)预制构件安装前应仔细检查吊具与吊环是否正常,构件强度是否符合设计规定,若有异物充填吊点应立即清理干净,检查钢索是否有破损,做到班前专人检查和记录当日的工作情况,日后每周检查一次,施工中若有异常擦伤,则立即检查钢索是否受伤。起吊前构件上的模板、灰浆残渣、垃圾碎块等全部清除干净。

3)螺钉长度必须能深入吊点内 3 cm 以上(或依设计值而定)。起重安装吊具应有防脱钩装置。

4)应检查塔吊公司执行日与月保养情况,月保养时亦须检查塔吊钢索。

5)异型构件安装,必须设计平衡用的吊具或配重,平衡时方能爬升。

6)构件必须加挂牵引绳,以利作业人员拉引。

7)所有吊装、墙板调整下方应设置警示区域。施工单位应在作业前用醒目的标识和围护将作业区隔离,严禁无关人员进入作业区内。

8)起吊瞬间应停顿 0.5 min,测试吊具与塔吊的能率,并求得构件平衡性,方可开始往上加速爬升。

9)吊运预制构件时,下方禁止站人,不得在构件顶面上行走,必须待吊物降落至离地 1 m 以内,方准靠近,就位固定后,方可脱钩。

10)当构件吊至操作层时,操作人员应在楼层内用专用钩子将构件上系扣的揽风绳勾至楼层内,然后将墙板拉到就位位置。

11)当构件采用平拼时,应防止在翻身过程中发生损坏和变形;采用立拼时,应采取可靠的稳定措施。

(4)吊具安全控制

1)吊装用吊具应按国家现行有关标准的规定进行设计、验算或试验检验。吊具应根据预制构件的形状、尺寸及重量等参数进行配置,吊索水平夹角不宜小于 60°,且不应小于 45°;对尺寸较大或形状复杂的预制构件,宜采用有分配梁或分配桁架的吊具。

2）平衡杆与平衡吊具：① 墙板尽量以平衡杆吊装，异型构件一律以平衡吊具吊装；吊装前应检查平衡杆与平衡吊具焊道是否有锈蚀不堪使用情形。② 高空作业用工具必须增加防坠落措施，严防安全事故的发生。

3. 预制构件支撑的安全措施

（1）支撑架与支撑木头：支撑架的横向支撑应以小型钢为主，有其他因素，难以避免时，方可以木头支撑，且应以新购为原则，不得有裂纹；支撑架破孔，或有明显变形，不应使用，支撑时应注意垂直度，不可倾斜。

（2）施工门式支撑架：支撑架搭设时，必须挂上水平架，水平架的作用在于防止支撑架的挫曲，尤其支撑架高度大于 3.6 m 时更显重要。

（3）预制结构现浇部分的模板支撑系统不得利用预制构件下部临时支撑作为支点。

（4）预制构件支撑应依设计图设置，阳台外墙与女儿墙下部无永久支撑且为湿式系统者，亦须于接合部混凝土浇置 14 d 后，方可拆除支撑。

（5）预制构件（叠合楼板等）的下部临时支撑架，应在进场前进行承载力试验，以试验得出的承载力极限作为计算依据，对现场支撑架布置进行计算，并严格按照计算书进行支撑架的布置，并在施工前进行核算。

（6）构件安装到位后需及时旋紧支撑架，支撑架上部采用小型钢作为支撑点，小型钢需要与支撑架可靠连接。支撑架需在上部叠合结构中现浇混凝土强度达到要求后才能拆除，以现场同条件养护试块作为拆除依据（并最少不少于 7 d）。

4. 起重设备安全措施

现场吊装施工应严格执行现行行业标准 JGJ 276《建筑施工起重吊装工程安全技术规范》及 JGJ 33《建筑机械使用安全技术规程》中的相关规定。

（1）建筑起重机械的变幅限位器、力矩限制器、起重量限制器、防坠安全器、钢丝绳防脱装置。防脱钩装置以及各种行程限位开关等安全保护装置，必须齐全有效，严禁随意调整或拆除。严禁利用限制器和限位装置代替操纵机构。

（2）起重吊装前，必须编制吊装作业的专项施工方案，并应进行安全技术措施交底；作业中，未经技术负责人批准不得随意更改。

（3）在风速达到 9.0 m/s 及以上或大雨、大雪、大雾等恶劣天气时，严禁进行建筑起重机械的安装拆卸作业。

（4）吊索的绳环或两端的绳套可采用压接接头，压接接头的长度不应小于钢丝绳直径的 20 倍并不应小于 300 mm。每班作业前应检查钢丝绳及钢丝绳的连接部位。

（5）暂停作业时，对吊装作业中未形成稳定体系的部分，必须采取临时固定措施。

（6）对临时固定的构件，必须在完成了永久固定，并经检查确认无误后，方可解除利时固定措施。

（7）群塔作业措施：

1）塔吊长时间暂停工作时，吊钩应起到最高处，小车拉到最近点，大臂按顺风向停置。为了确保工程进度与塔吊安全，各塔吊须确保驾驶室内全天 24 h 有塔吊司机值班。交班、替班人员未当面交接，不得离开驾驶室，交接班时，要认真做好交接班记录。

2）塔吊与信号指挥人员必须配备对讲机；对讲机经统一确定频率，使用人员无权调改频率;专机专用,不得转借。

3)指挥过程中,严格执行信号指挥人员与塔吊司机的应答制度,即:信号指挥人员发出动作指令时,先呼被指挥的塔吊编号,塔吊司机应答后,信号指挥人员方可发出塔吊动作指令。

4)指挥过程中,要求信号指挥人员必须时刻目视塔吊吊钩与被吊物;塔吊转臂过程中,信号指挥人员还须环顾相邻塔吊的工作状态,并发出安全提示语言。安全提示语言明确、简短、完整、清晰。

(8)预制构件吊装前,将根据设计图纸构件的尺寸、重量及吊装半径选择合适的吊装设备,并留有足够的起吊安全系数,且编制有针对性的吊装专项方案;吊装期间严格保证吊装设备的安全性,操作人员全部持证上岗。

5. 安全防护安装施工工艺

(1)施工准备,检查预制临边构件的防护架安装位置;检查防护架的规格及附件材料,检查安装工具及安装防护措施。

(2)安装首层、第二层的预制临边构件的防护架体,包括脚手架、防护板、工具架体挂栓等构件,确保架体单元结构连接可靠。

(3)校核工具式防护架体与预制构件单元的安装偏差,防止预制临边构件安装时,防护架体的位置偏差。

(4)首层、第二层的防护架体随本层构件安装至结构主体。

(5)楼层临边构件吊装完成后,检查楼层的防护架体的整体封闭安全性、检查预制构件间水平位置的安全防护,检查阳台板、空调板。飘窗构件施工部位的防护安全,确保楼层临边安全防护交圈闭合。

(6)进行首层、第二层结构主体安全防护体系的检查与验收,工具式防护架安装完毕后,正式使用前必须经过技术、安全、监理等单位的验收,未经验收或验收不合格的防护架不得使用。

(7)第三层主体结构施工的安全防护采用首层的安全防护架周转安装,第四层主体结构施工的安全防护采用第二层的安全防护架周转安装。楼层结构安全防护整体安装完成后必须进行检查与验收。

(8)结构主体施工完成后,拆除安全防护架。

4.7 装配式混凝土结构验收记录

装配式混凝土结构验收需要提供文件和记录,以保证工程质量实现可追溯性的基本要求。其提供的文件记录需要满足 GB/T 51231《装配式混凝土建筑技术标准》、GB 50204《混凝土结构工程施工质量验收规范》和行业标准 JGJ 1《装配式混凝土结构技术规程》规定的文件与记录要求。其中 JGJ 1 列出的文件与记录如下:

(1)工程设计文件、预制构件制作和安装的深化设计图。

(2)预制构件、主要材料及配件的质量证明文件、现场验收记录、抽样复验报告。

(3)预制构件安装记录。

(4)钢筋套筒灌浆、浆锚连接的施工检验记录。

(5) 后浇混凝土部位的隐蔽验收文件。
(6) 后浇混凝土、灌浆料、坐浆材料强度检验报告。
(7) 外墙防水施工质量检验记录。
(8) 装配式结构分项工程质量验收文件。
(9) 装配式工程重大质量问题的处理方案和验收记录。
(10) 装配式工程的其他文件和记录。

验收记录表：
(1) 预制构件进场检验批质量验收记录。
(2) 预制构件检验批质量验收记录（表 4.7.1）。
(3) 装配式混凝土剪力墙结构安装与连接检验批质量验收记录（表 4.7.2）。
(4) 装配式混凝土剪力墙结构分项工程质量验收记录。

表 4.7.1 预制构件检验批质量验收记录

编号：

单位(子单位)工程名称			分部(子分部)工程名称			分项工程名称			
施工单位			项目负责人			检验批容量			
分包单位			分包单位项目负责人			检验批部位			
施工依据					验收依据				
		验收项目			设计要求与规范规定	样本总数	抽样数量	检查记录	检查结果
主控项目	1	预制构件质量			GB 50204 第9.2.1条				
	2	结构性能检验			GB 50204 第9.2.2条				
	3	外观质量缺陷及尺寸偏差			GB 50204 第9.2.3条				
	4	预埋件、插筋、预留孔洞			GB 50204 第9.2.4条				
一般项目	1	构件标识			GB 50204 第9.2.5条				
	2	外观质量一般缺陷			GB 50204 第9.2.6条				
	3	粗糙面质量和键槽量			GB 50204 第9.2.8条				

续表

验收项目			设计要求与规范规定	样本总数	抽样数量	检查记录	检查结果
一般项目	4	长度偏差/mm	楼板、梁、柱	<12 m	±5				
				≥12 m 且 <18 m	±10				
				≥18 m	±20				
			墙板	±4				
	5	宽度、高度(厚)度、偏差/mm	楼板、梁、柱	±5				
			墙板	±4				
	6	表面平整度/mm	楼板、梁、柱墙板内表面	5				
			墙板外表面	3				
	7	侧向弯曲/mm	楼板、梁、柱	$L/750$ 且 ≤20				
			墙板	$L/100$ 且 ≤20				
	8	翘曲/mm	楼板	$L/750$				
			墙板	$L/1\,000$				
	9	对角线/mm	楼板	10				
			墙板	5				
	10	挠度变形/mm	梁、板设计起拱	±10				
			梁板下垂	0				
	11	预留孔/mm	中心线位置	5				
			孔尺寸	±5				
	12	预留洞/mm	中心线位置	10				
			洞口尺寸、深度	±10				
	13	门窗口	中心线位置	5				
			宽度、高度	±3				
	14	预埋件/mm	预埋板中心线置	5				
			预埋板与混凝土面平面差高	0,-5				
			预埋螺栓中心位置	2				

续表

验收项目			设计要求与规范规定	样本总数	抽样数量	检查记录	检查结果
一般项目	14	预埋件/mm — 预埋螺栓外露长度	+10,-5				
		预埋套筒、螺母中心线位置	2				
		预埋套筒、螺母与混凝土面平面差	±5				
		线管、电盒、木砖、吊环在构件平面的中心线位置偏差	20				
		线管、电盒、木砖、吊环在构件表面混凝土高差	0,-10				
	15	预留插筋/mm — 中心线位置	5				
		外露长度	+10,-5				
	16	键槽/mm — 中心线位置	5				
		长度、宽度	±5				
		深度	±10				

施工单位检查结果	专业工长： 项目专业质量检测员：　　　　　　　　　××年×月×日
监理单位验收结论	专业监理工程师：　　　　　　　　　××年×月×日

表 4.7.2　装配式混凝土剪力墙结构安装与连接检验批量验收记录

编号：

单位(子单位)工程名称		分部(子分部)工程名称		分项工程名称	
施工单位		项目负责人		检验批容量	
分包单位		分包单位项目负责人		检验批部位	
施工依据			验收依据		

续表

		验收项目			设计要求与规范规定	样本总数	抽样数量	检查记录	检查结果
主控项目	1	预制构件临时固定措施			GB 50204 第9.3.1条				
	2	套筒灌浆饱满、密实,材料及连接质量			GB 50204 第9.3.2条				
	3	钢筋焊接接头质量			GB 50204 第9.3.3条				
	4	钢筋机械连接接头性能与质量			GB 50204 第9.3.4条				
	5	焊接、螺栓连接的材料性能与施工质量			GB 50204 第9.3.5条				
	6	预制构件连接部位现浇混凝土强度			GB 50204 第9.3.6条				
	7	安装后外观质量			GB 50204 第9.3.7条				
	8	底部接缝坐浆强度			JGJ 1 第13.2.4条				
一般项目	1	外观质量一般缺陷			GB 50204 第9.3.8条				
	2	轴线位置	竖向构件(柱、墙板)		8				
			水平构件(梁、楼板)		5				
	3	标高	梁、柱、楼板楼板底面或顶面		±5				
	4	构件垂高度	柱、墙板安装后的高度	≤6 m	5				
				>6 m	10				
	5	构件倾斜度	梁		5				
	6	相邻构件平整度	梁、楼板底面	外露	3				
				不外露	5				

续表

		验收项目		设计要求与规范规定	样本总数	抽样数量	检查记录	检查结果
一般项目	6	相邻构件平整度	柱、墙板 外露	5				
			柱、墙板 不外露	8				
	7	构件搁置长度	梁板	±10				
	8	支座、支垫中心位置	板、梁、柱、墙板	10				
	9	墙板接缝宽度		±5				
施工单位检查结果			专业工长： 项目专业质量检测员： ××年×月×日					
监理单位验收结论			专业监理工程师： ××年×月×日					

4.8 装配式混凝土结构资料及交付

预制构件的资料应与产品生产同步形成、收集和整理，归档资料宜包括以下内容：

（1）预制混凝土构件加工合同。
（2）预制混凝土构件加工图纸、设计文件、设计洽商、变更或交底文件。
（3）生产方案和质量计划等文件。
（4）原材料质量证明文件、复试试验记录和试验报告。
（5）混凝土试配资料。
（6）混凝土配合比通知单。
（7）混凝土开盘鉴定。
（8）混凝土强度报告。
（9）钢筋检验资料、钢筋接头的试验报告。
（10）模具检验资料。
（11）预应力施工记录。
（12）混凝土浇筑记录。
（13）混凝土养护记录。
（14）构件检验记录。

归档资料

(15) 构件性能检测报告。
(16) 构件出厂合格证。
(17) 质量事故分析和处理资料。
(18) 其他与预制混凝土构件生产和质量有关的重要文件资料。
(19) 预制构件交付的产品质量证明文件应包括以下内容：
1) 出厂合格证；
2) 混凝土强度检验报告；
3) 钢筋套筒等其他构件钢筋连接类型的工艺检验报告；
4) 合同要求的其他质量证明文件。

参考文献

[1] 上海隧道工程有限公司.装配式混凝土结构施工.北京:中国建筑工业出版社,2016.

[2] 郭学明.装配式混凝土结构建筑的设计、制作与施工.北京:机械工业出版社,2017.

[3] 中国建筑标准设计研究院.16G906.装配式混凝土剪力墙结构住宅施工工艺图解.北京:中国计划出版社,2016.

[4] 中国建筑标准设计研究院.全国民用建筑工程设计技术措施建筑产业现代化专篇:装配式混凝土剪力墙结构设计.北京:中国计划出版社,2017.

[5] 中国建筑标准设计研究院.预制混凝土剪力墙外墙板.15G365-1.北京:中国计划出版社,2015.

[6] 中国建筑标准设计研究院.预制混凝土剪力墙内墙板 15G365-2..北京:中国计划出版社,2015.

[7] 中国建筑标准设计研究院.桁架钢筋混凝土叠合板.15G366-1.北京:中国计划出版社,2015.

[8] 中国建筑标准设计研究院.预制钢筋混凝土板式楼梯.15G367-1.北京:中国计划出版社,2015.

[9] 中国建筑标准设计研究院.预制钢筋混凝土阳台板、空调板及女儿墙.15G368-1.北京:中国计划出版社,2015.

[10] 中国建筑标准设计研究院.装配式混凝土结构表示方法及示例(剪力墙结构).15G107-1.北京:中国计划出版社,2015.

[11] 中国建筑标准设计研究院.装配式混凝土结构住宅建筑设计示例(剪力墙结构).15J939-1.北京:中国计划出版社,2015.

[12] 中国建筑标准设计研究院.混凝土结构施工图平面整体表示方法制图规则和构造详图(现浇混凝土框架、剪力墙、梁、板).16G101-1.北京:中国计划出版社,2016.

[13] 中国建筑标准设计研究院.混凝土结构施工图平面整体表示方法制图规则和构造详图(现浇混凝土板式楼梯).16G101-2.北京:中国计划出版社,2016.

[14] 中国建筑标准设计研究院.混凝土结构施工图平面整体表示方法制图规则和构造详图(独立基础、条形基础、筏形基础、桩基础).16G101-3.北京:中国计划出版社,2016.

[15] 中国建筑标准设计研究院.混凝土结构施工钢筋排布规则与构造详图(现浇混凝土框架、剪力墙、梁、板).12G901-1.北京:中国计划出版社,2012.

[16] 中国建筑标准设计研究院.混凝土结构施工钢筋排布规则与构造详图(现浇混凝土板式楼梯).12G901-2.北京:中国计划出版社,2012.

[17] 中国建筑标准设计研究院.混凝土结构施工钢筋排布规则与构造详图(独立基础、条形基础、筏形基础、桩基承台).12G901-3.北京:中国计划出版社,2012.

[18] 中国建筑标准设计研究院.混凝土结构施工钢筋排布规则与构造详图(剪力墙边缘构件).

12G901-4.北京：中国计划出版社,2012.

[19] 王军强.混凝土结构施工.2版.北京:高等教育出版社,2017.

[20] 中华人民共和国行业标准.装配式混凝土结构技术规程.JGJ 1—2014.北京:中国建筑工业出版社.2014.

[21] 中华人民共和国行业标准.钢筋套筒灌浆连接应用技术规程.JGJ 355—2015.北京:中国建筑工业出版社.2015.

[22] 中华人民共和国行业标准钢筋机械连接技术规程.JGJ 107—2010.北京:中国建筑工业出版社.

[23] 中华人民共和国行业标准钢筋焊接及验收规程.JGJ 18—2012.北京:中国建筑工业出版社.

郑重声明

高等教育出版社依法对本书享有专有出版权。任何未经许可的复制、销售行为均违反《中华人民共和国著作权法》,其行为人将承担相应的民事责任和行政责任;构成犯罪的,将被依法追究刑事责任。为了维护市场秩序,保护读者的合法权益,避免读者误用盗版书造成不良后果,我社将配合行政执法部门和司法机关对违法犯罪的单位和个人进行严厉打击。社会各界人士如发现上述侵权行为,希望及时举报,我社将奖励举报有功人员。

反盗版举报电话　（010）58581999　58582371
反盗版举报邮箱　dd@hep.com.cn
通信地址　北京市西城区德外大街4号　高等教育出版社法律事务部
邮政编码　100120

读者意见反馈

为收集对教材的意见建议,进一步完善教材编写并做好服务工作,读者可将对本教材的意见建议通过如下渠道反馈至我社。

咨询电话　400-810-0598
反馈邮箱　gjdzfwb@pub.hep.cn
通信地址　北京市朝阳区惠新东街4号富盛大厦1座
　　　　　高等教育出版社总编辑办公室
邮政编码　100029

防伪查询说明（适用于封底贴有防伪标的图书）

用户购书后刮开封底防伪涂层,使用手机微信等软件扫描二维码,会跳转至防伪查询网页,获得所购图书详细信息。

防伪客服电话　（010）58582300